基礎からの冷凍空調

考え方と応用力が身につく

Refrigeration and air conditioning

平田哲夫・岩田 博・田中 誠
石川正昭・西田耕作　共著

森北出版株式会社

●本書の補足情報・正誤表を公開する場合があります．当社 Web サイト（下記）
　で本書を検索し，書籍ページをご確認ください．
　　　　　　　　　　https://www.morikita.co.jp/

●本書の内容に関するご質問は下記のメールアドレスまでお願いします．なお，
　電話でのご質問には応じかねますので，あらかじめご了承ください．
　　　　　　　　　　editor@morikita.co.jp

●本書により得られた情報の使用から生じるいかなる損害についても，当社およ
　び本書の著者は責任を負わないものとします．

　　[JCOPY]〈(一社)出版者著作権管理機構 委託出版物〉
　　本書の無断複製は，著作権法上での例外を除き禁じられています．複製される
　　場合は，そのつど事前に上記機構（電話 03-5244-5088，FAX 03-5244-5089，
　　e-mail: info@jcopy.or.jp）の許諾を得てください．

はしがき

　経済発展とともに人々の生活は豊かになり，快適さを求めるアメニティ指向が広がってきた．それにともない，冷凍サイクルで運転されるエアコンや冷蔵庫・冷凍庫は各家庭に普及し，一家にある冷凍サイクル台数はテレビと同数かそれ以上といっても過言ではなく，生活から切り離せないものとなっている．冷凍 (冷熱) 技術はきわめて広い分野で応用され，宇宙・半導体・超伝導など極低温を含む先端技術に関するもの，食品・生体・医療など冷凍 (低温) 貯蔵や凍結による細胞膜の破壊に関するもの，さらに，建設・エネルギー・物流など土木工事，冷熱エネルギーの貯蔵や輸送に関するものなど，あらゆる産業で欠かせない技術となっている．

　本書は，大学・高専の学生や冷凍空調工学を初めて学ぶ技術者を対象に執筆した．しかし，高専や大学のカリキュラムをみてみると，冷凍空調工学という科目を教えているところは少ない．ということは，多くの技術者はほとんど独学で習得しているのではないだろうかと思われる．このような観点に立ち，本書ではわかりやすく説明するように配慮した．

　冷凍空調工学の基礎となっている学問は熱力学であり，空気調和の理論においては理想気体の状態式であるボイル–シャルルの法則が基礎になっている．また，冷凍サイクルを理解するためには，モリエ線図，等圧変化，等エンタルピー変化，等エントロピー変化などの状態変化を習得し理解しておく必要がある．本書の特徴の一つとして，蒸気圧縮式冷凍サイクルの代替サイクルとして近年注目されているスターリングサイクル冷凍機について解説する．また，冷凍プロセスの考察には欠かせない凍結伝熱についても記述した．

　冷凍や空調の初学者にとって，その基礎理論を視覚的にわかりやすいものとするために，図には吹き出しを用い，本文と同一の説明を加えた．理解を助けるために，随所に例題 Q&A を挿入して学習した知識を確認できるようにした．さらに，本文として記述するまでもないが知識として必要な事柄は，コラム「ちょっと横道」として記述した．各章末の演習問題には略解を示し，解答の正否を自ら確認できるようにしてある．

　限られた紙数の中で十分に説明できなかった点のあることは否めない．本書で不十分な点は他書を参考とされることをお願いしたい．

おわりに，本書の企画にあたっては森北出版の利根川和男氏に数多くのご助言をいただいた．また，編集・出版にあたっては加藤義之氏に多大なご尽力をいただいた．ここにあらためて御礼申し上げる．

2007 年 2 月

平田哲夫

目　次

冷凍空調工学を学ぶ前に　　　　　　　　　　　　　　　　　　平田哲夫
1　理想気体の状態方程式 ──────────────────── 1
2　比熱，比エンタルピーと比エントロピー ──────────── 1
3　理想気体の状態変化 ───────────────────── 2
4　モリエ線図 ───────────────────────── 4
5　熱移動現象 ───────────────────────── 5

第1章　冷凍サイクル　　　　　　　　　　　　　　　　　　　石川正昭
1.1　冷凍機と冷凍サイクル ───────────────────── 8
1.2　蒸気圧縮式冷凍サイクル ──────────────────── 10
　◆1.2.1　理想冷凍サイクル　10　◆1.2.2　二元冷凍サイクル　15
　◆1.2.3　二段圧縮冷凍サイクル　19
1.3　冷媒と二次冷媒 ────────────────────── 26
　◆1.3.1　冷媒の種類　26　◆1.3.2　炭化水素系冷媒　26　◆1.3.3　自然系冷媒　29　◆1.3.4　二次冷媒　29
1.4　スターリングサイクル冷凍機 ──────────────── 32
　◆1.4.1　動作原理と理論サイクル　32　◆1.4.2　基本構造とシュミットサイクル　34　◆1.4.3　機器の形式と特徴　39　◆1.4.4　実際の機器　41
演習問題 ────────────────────────── 42

第2章　冷凍機器　　　　　　　　　　　　　　　　　　　　　西田耕作
2.1　蒸気圧縮式冷凍機 ───────────────────── 45
　◆2.1.1　圧縮機　45　◆2.1.2　凝縮器　56　◆2.1.3　蒸発器　64
　◆2.1.4　制御機器と付属機器　69　◆2.1.5　ターボ冷凍機　78
2.2　熱駆動冷凍機 ─────────────────────── 82
　◆2.2.1　吸収冷凍機の作動原理とサイクル　83　◆2.2.2　吸収冷凍サイクルと熱収支　87　◆2.2.3　二重効用冷凍機のサイクル　92　◆2.2.4　アンモニア吸収冷凍機　93
2.3　熱電冷凍機 ──────────────────────── 94

iv　目　次

◆ 2.3.1　原理と概要　94　　◆ 2.3.2　性能と特徴　96

2.4　極低温装置 ―――――――――――――――――――――――― 99

◆ 2.4.1　概　要　99　　◆ 2.4.2　極低温領域の熱力学　99　　◆ 2.4.3　クロウドサイクル　101　　◆ 2.4.4　水素とヘリウムの液化　102

演習問題 ――――――――――――――――――――――――――― 103

第3章　空気調和　　　　　　　　　　　　　　　　　　　　　岩田　博

3.1　空気調和の基礎 ―――――――――――――――――――――― 104

◆ 3.1.1　空気調和の考え方　104　　◆ 3.1.2　湿り空気　105　　◆ 3.1.3　湿り空気線図　111

3.2　空気調和装置 ――――――――――――――――――――――― 117

◆ 3.2.1　冷暖房空気調和装置の概要　117　　◆ 3.2.2　加湿と除湿　122　　◆ 3.2.3　空気質調節　125　　◆ 3.2.4　冷却塔　127

3.3　ヒートポンプ空気調和機 ――――――――――――――――――― 128

◆ 3.3.1　ヒートポンプ空気調和機の特徴　128　　◆ 3.3.2　ヒートポンプの基本構成と動作　131　　◆ 3.3.3　ヒートポンプの利用展開　133

3.4　空気調和技術の進展 ―――――――――――――――――――― 136

◆ 3.4.1　冷媒規制の動向と規制への対応　136　　◆ 3.4.2　空気調和機における高効率化の動向　140

演習問題 ――――――――――――――――――――――――――― 144

第4章　伝熱量の計算　　　　　　　　　　　　　　　　　　　田中　誠

4.1　熱伝導による伝熱 ――――――――――――――――――――― 145

◆ 4.1.1　非定常と定常熱伝導　145　　◆ 4.1.2　平板と円筒の定常熱伝導　147　　◆ 4.1.3　熱通過率　151

4.2　対流による伝熱 ―――――――――――――――――――――― 154

◆ 4.2.1　対流伝熱の基本事項　154　　◆ 4.2.2　平板に沿う流れの熱伝達　156　　◆ 4.2.3　円柱表面の熱伝達　160　　◆ 4.2.4　円管内の熱伝達　161　　◆ 4.2.5　自然対流熱伝達　162

4.3　熱交換器の伝熱 ―――――――――――――――――――――― 164

◆ 4.3.1　熱交換器の分類　164　　◆ 4.3.2　熱交換器の特性　165　　◆ 4.3.3　熱交換器の温度効率　168　　◆ 4.3.4　フィンの伝熱　172

4.4　凍結における伝熱 ――――――――――――――――――――― 175

◆ 4.4.1　凍結量計算の基礎理論　175　　◆ 4.4.2　水平面や円管内の凍結　176

演習問題 ——————————————————— 179

付　図 ——————————————————— 180

演習問題略解 —————————————————— 181

参考文献 ——————————————————— 185

索　引 ——————————————————— 188

記　号

アルファベット

記号	意味	単位
a	熱拡散率	m^2/s
A	伝熱面積	m^2
c	比熱	$J/(kg·K)$
c_p	定圧比熱	$J/(kg·K)$
c_v	定容比熱	$J/(kg·K)$
d, D	直径	m
g	重力加速度	m/s^2
G	質量流量（冷媒循環量）	kg/s
h	比エンタルピー	J/kg
h_L	相変化潜熱	J/kg
H	高さ	m
I	電流	A
K	熱通過率	$W/(m^2·K)$
L	長さ，ピストン行程	m
m	質量	kg
n	回転数	rpm
p	圧力	Pa
Q	単位時間あたりの熱量	J/s
q	冷媒1kgあたりの熱量	J/kg
r	半径	m
R	ガス定数（気体定数）	$J/(kg·K)$
s	比エントロピー	$J/(kg·K)$
S	周長	m
t	時間または摂氏温度	s または $°C$
T	温度	K, $°C$
u, v, w	速度	m/s
x, y, z	座標系	m
v	比容積	m^3/kg
V	体積または単位時間あたりのピストン押しのけ量	m^3 または m^3/s
w	冷媒1kgあたりの仕事量	J/kg
W	動力	$W (= J/s)$
x	絶対湿度	kg/kg'
Z	シリンダ数	

ギリシャ文字

記号	意味	単位
α	熱伝達率	$W/(m^2·K)$
β	体膨張係数	$1/K$
δ	厚さ	m
ε	成績係数	—
ϕ	相対湿度	—
η	効率	—
κ	比熱比	—
λ	熱伝導率	$W/(m·K)$
μ	粘性係数	$Pa·s$
ν	動粘性係数	m^2/s
ρ	密度	kg/m^3

添字

記号	意味
a	空気 (air)
f	凝固点 (freezing point)
i	内側 (inner)
l	液体 (liquid)
m	平均 (mean)
max	最大 (maximum)
o	外側 (outer)
s	飽和 (saturation)，固体 (solid)
v	蒸気 (vapor)
w	壁 (wall)
∞	無限 (infinity)

冷凍空調工学を学ぶ前に

　冷凍空調工学を学ぶためには，冷熱を生み出すしくみを理解することが必要であり，その基本的なしくみを冷凍サイクルという．冷凍サイクルでは作動ガスである冷媒が循環し，蒸発，凝縮などの状態変化を繰り返しながら連続的に冷熱を生み出す．また，蒸発器や凝縮器などでは伝熱現象により熱交換を行っている．ここでは，冷凍サイクルの理論を理解するために必要な状態変化と伝熱の基礎について復習する．

◆1◆ 理想気体の状態方程式

　ボイル–シャルル (Boyle-Charles) の法則に従う気体を仮想して**理想気体** (ideal gas) とよび，その状態方程式は圧力 p [Pa]，体積 V [m^3]，温度 T [K] を用いて次式で表される．

$$pV = mRT \tag{1}$$

ここに，m は気体の質量 [kg] であり，R は気体定数 [J/(kg·K)] である．また，式 (1) において p, V, T を**状態量**とよぶ．多くの気体は通常の圧力，温度範囲において近似的にこの法則によく従う．

　気体の質量 1 kg あたりの体積を比容積といい，v [m^3/kg] $= V/m$ で表される．これを用いて式 (1) を表すと次式となる．

$$pv = RT \tag{2}$$

◆2◆ 比熱，比エンタルピーと比エントロピー

　物質の比熱 c はその定義により，質量 1 kg の物質に dq [J] の熱を与えたときに，温度が dT [K] 上昇したとすると，

$$c = \frac{dq}{dT} \tag{3}$$

で与えられる．また，定容比熱 c_v は熱量 dq を与えたときに体積一定のもとでの比熱であり，定圧比熱 c_p は圧力一定のもとでの比熱である．理想気体の場合にはそれ

それ次式で与えられる.

$$c_v = \left(\frac{dq}{dT}\right)_v = \frac{du}{dT} \tag{4}$$

$$c_p = \left(\frac{dq}{dT}\right)_p = \frac{dh}{dT} \tag{5}$$

ここに, u は比内部エネルギー [J/kg] であり, h は**比エンタルピー** [J/kg] である.

定圧比熱と定容比熱の比を比熱比といい, κ で表す.

$$\kappa = \frac{c_p}{c_v} \tag{6}$$

また, **比エントロピー** s [J/(kg·K)] は次式で定義される.

$$ds = \frac{dq}{T} \tag{7}$$

◆3◆ 理想気体の状態変化

気体がその圧力, 体積, 温度などを変化させるとき, それを状態変化という. ここでは, 状態変化のうち等圧変化, 等容変化, 等温変化, 断熱変化などについて述べる.

3.1 等圧変化

等圧変化は圧力を一定に保ちながら行う変化であり, $p = $ 一定 であるから, 理想気体の状態方程式 (1) は次のように表現できる.

$$\frac{T}{V} = \frac{T_1}{V_1} = \frac{T_2}{V_2} = 一定 \tag{8}$$

ここで, 添字 1, 2 はそれぞれ変化の前と後の状態を意味する. 図1 (a) は p–V 線図を用いて等圧変化を示したものであり, この状態変化は水平線で表される.

3.2 等容変化

等容変化は体積を一定に保ちながら行う変化であり, $V = $ 一定 であるから, 状態変化の式は次式となる.

$$\frac{T}{p} = \frac{T_1}{p_1} = \frac{T_2}{p_2} = 一定 \tag{9}$$

このときの状態 1 から状態 2 への変化は, 図1(b) に示すように垂直線で示される.

3 理想気体の状態変化

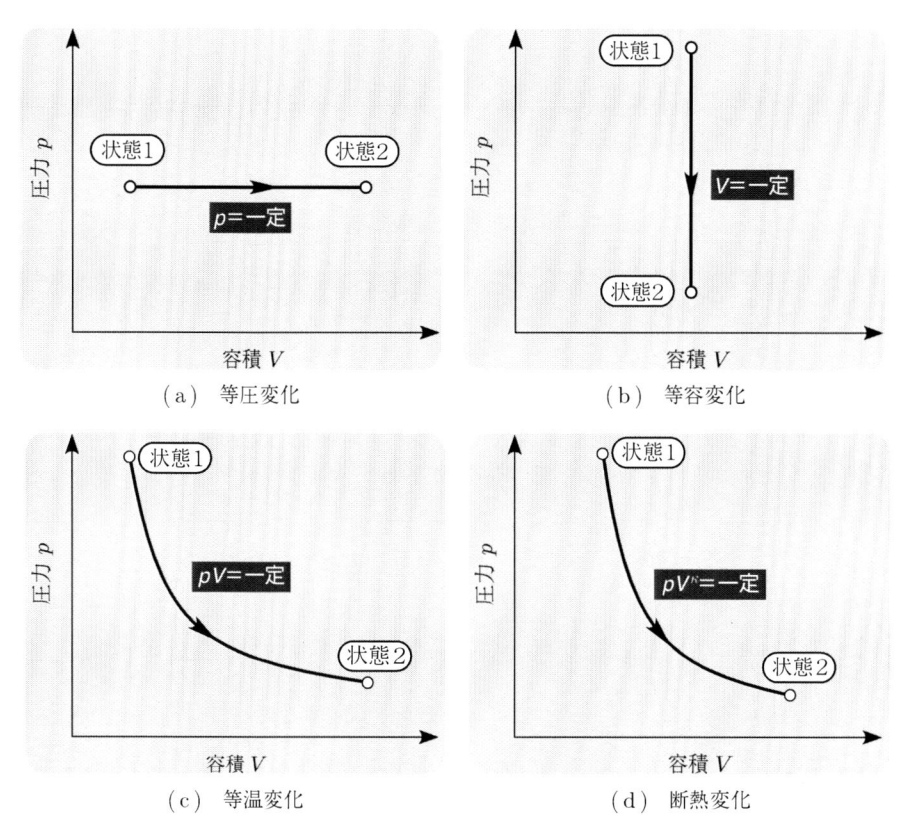

図の説明:
(a) 等圧変化 — $p=$一定
(b) 等容変化 — $V=$一定
(c) 等温変化 — $pV=$一定
(d) 断熱変化 — $pV^\kappa=$一定

図 1 理想気体の状態変化

3.3 等温変化

等温変化は温度を一定に保ちながら行う変化であり，$T=$一定 であるから，状態変化の式は次式となる．

$$pV = p_1 V_1 = p_2 V_2 = \text{一定} \tag{10}$$

式 (10) は双曲線を意味するから変化の過程は図 1 (c) のように表される．

3.4 断熱変化

断熱変化とは外部との間に熱交換がない状態 ($dq=0$) で変化する場合であり，状態変化の式は次式で表される．

$$pV^\kappa = p_1 V_1^\kappa = p_2 V_2^\kappa = \text{一定} \tag{11}$$

ここで，κ は式 (6) で与えられる比熱比である．この変化の過程は図 1 (d) で示されるように等温変化の双曲線よりも右下がりの変化となる．

3.5 等エントロピー変化

可逆断熱変化では，式 (7) において $dq = 0$ とおくと $ds = 0$ となり，等エントロピー変化を表すことになる．冷凍サイクルにおける圧縮仕事は，等エントロピー変化として扱われる．

3.6 等エンタルピー変化

気体が弁などの狭い流路を通過するとき，流体の摩擦や渦の発生などのために圧力降下を生じる．この流路が十分に断熱されており，外部との熱交換がないとき，流れ方向に圧力を降下させる変化を絞りという．気体の定常流れでは，絞りの前後の状態をそれぞれ 1，2 とすると，次のエネルギー保存則がかける．

$$h_1 + \frac{u_1^2}{2} = h_2 + \frac{u_2^2}{2} \tag{12}$$

ここに，u は気体の速度である．気体の速度が約 40 m/s 以下においては，運動エネルギーの項はエンタルピーの項に比べて無視できるので，

$$h_1 = h_2 \tag{13}$$

となり，絞りの前後ではエンタルピーが一定に保たれることになる．

冷凍サイクルの膨張弁における状態変化は，この絞り変化とみなされ，等エンタルピー変化として扱われる．

◆4◆ モリエ線図

一般的に**モリエ線図**（Mollier diagram）というと h–s 線図を指すが，冷凍サイクルを表現する p–h 線図もモリエ線図という．図 2 にモリエ線図における冷媒の状態を示す．

飽和液線より左側では冷媒は液の状態であり，乾き飽和蒸気線より右側では飽和蒸気がさらに加熱された過熱蒸気の状態を表す．また，それらの間の領域は水分を含んだ蒸気であり湿り蒸気とよばれる．冷凍サイクルの作動ガスである冷媒は，圧縮機，凝縮器，膨張弁，蒸発器を循環しながら，過熱蒸気 → 液，液 → 過熱蒸気へと状態変化を連続的に繰り返し，熱サイクルを形成して冷熱を生み出す．

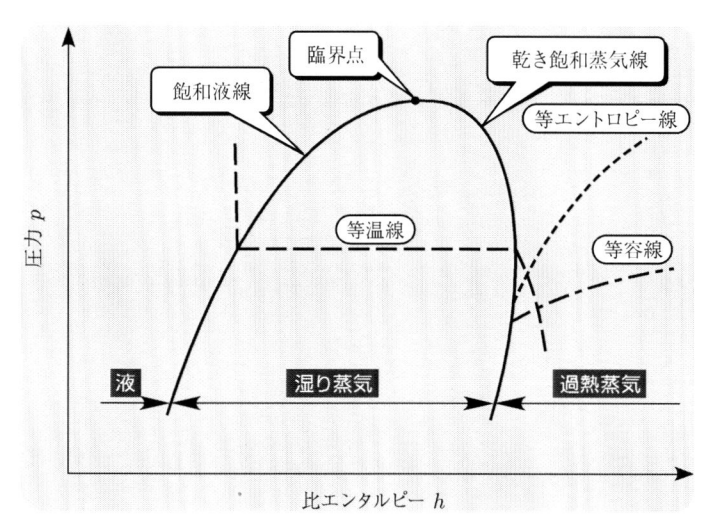

図2 冷媒のモリエ線図

◆5◆ 熱移動現象

　熱は高温物体から低温物体へ伝わる．このときの熱移動には図3に示すように三つの形態があり，それらは熱放射，熱伝導，熱伝達である．冷凍空調工学で用いる温度範囲においては，熱放射は無視できる大きさなので，以下では熱伝導と熱伝達について述べる．

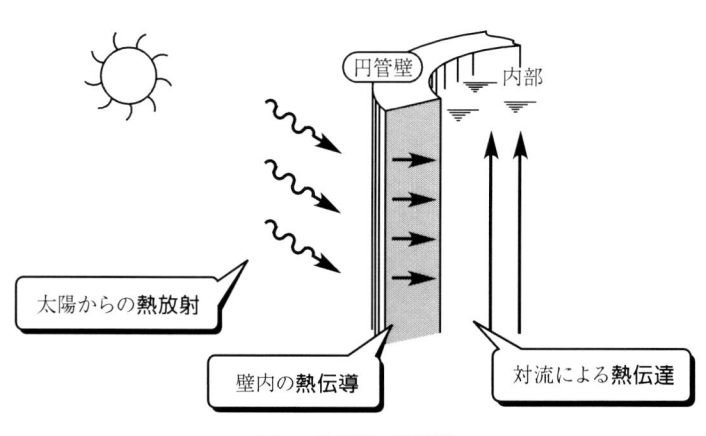

図3　熱移動の三形態

5.1 熱伝導

固体内部の温度が場所によって異なると，高温度部分から低温度部分へと熱の流れが生じる．これは熱が温度の高い分子から低い分子へと伝わるためであり，これを熱伝導という．熱伝導は物体が固体の場合のみでなく，静止した液体や気体においても生じる．

熱が物体内を伝わるとき，定常状態（温度が時間によって変化しない状態）において単位時間あたり伝わる熱量 Q [J/s] は，**フーリエの法則** (Fourier's law) により次式で表される．

$$Q = -A\lambda \frac{dT}{dx} \tag{14}$$

ここに，A は伝熱面積 [m^2]，比例定数 λ は物体の**熱伝導率** (thermal conductivity) [W/(m·K)]，dT/dx は熱流方向への温度勾配 [K/m または °C/m] である．一般的に熱伝導率は温度によって変化する熱物性値であり，その大きさは固体，液体，気体の順となっている．式 (14) 右辺のマイナス記号は，座標を熱流方向にとると温度勾配が負となるために負号をつけ，熱量を正の値にするためのものである．

たとえば，図 4 に示すような定常状態の平板内の伝熱量は，式 (14) を用いて次式で計算できる．

$$Q = -A\lambda \frac{T_w - T_s}{L} \tag{15}$$

ここに，T_w，T_s は平板表面温度 [°C]，L は板厚 [m] である．

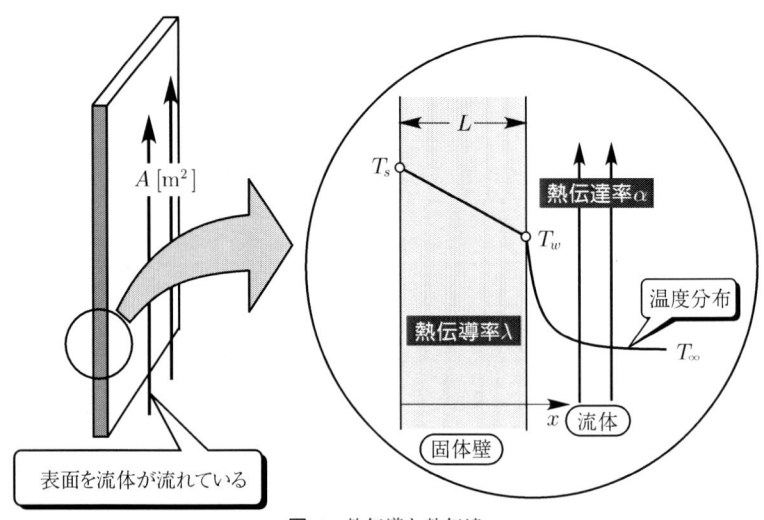

図 4 熱伝導と熱伝達

5.2 熱伝達

　固体壁から流れている流体へ熱が伝わるとき，または逆に流れている流体から固体壁へ熱が伝わるとき，伝熱量は流体の流れ挙動に影響を受ける．これは，熱が流体粒子の運動や混合によって伝達されるためであり，これを熱伝達という．

　図4に示したように，固体表面の流体が流れている場合，流体温度は壁面からの伝熱により変化するため，下流側では壁面との熱移動に影響を与える．そのため温度分布は直線にはならない．この場合，壁面から流体への伝熱量は**ニュートンの冷却法則** (Newton's law of cooling) で求められる．

$$Q = A\alpha(T_w - T_\infty) \tag{16}$$

ここに，α は**熱伝達率** (heat transfer coefficient) [W/(m^2·K)] といい，対流の強さや流体の種類によって変化する値である．流体の種類で比較すると，気体より液体の方が熱伝達率が一般に大きい．

　凝縮器や蒸発器などの熱交換器においては，気体との間の伝熱量の大小が熱交換効率に直接的影響を与える．エアコン室内機や室外機に用いられているフィン付管は，式 (16) 右辺の伝熱面積 A をフィンにより増大させて伝熱量 Q を増加させるためのものである．

第1章

冷凍サイクル

　空調や食品をはじめとする多くの産業において，低温の発生は重要な技術の一つである．作動流体の蒸気圧縮や膨張により低温を得る方法は，古くから用いられてきた．近年は地球温暖化問題やオゾン層破壊の問題などにより，その代替となる作動流体や低温発生方式の研究がさらに盛んになっている．また，エネルギー有効利用という観点から，冷凍サイクルと同じ原理で作動するヒートポンプも注目されてきている．

　本章では，低温を得るための基本的な冷凍サイクルである蒸気圧縮式冷凍サイクルについて，そのサイクル構成や冷凍機効率の求め方などを学ぶ．また，蒸気圧縮式冷凍サイクルには欠かせない作動物質である冷媒ガスについて，その種類や必要とされる性質などを説明する．さらに，近年地球環境保全の観点から蒸気圧縮式冷凍サイクルの代替サイクルとして注目されているスターリング冷凍サイクルについて学習する．

◆ 1.1 ◆ 冷凍機と冷凍サイクル

　自然界では，水は高い方から低い方へと流れる．水を低いところから高いところへくみ上げようとすれば，図 1.1 (a) のように外部から仕事を加える必要がある．外部からの仕事を水のくみ上げに変換する装置をポンプという．熱も自然界では温度の高い方から低い方へと流れる．逆に，温度の低い方から高い方へ熱を移動させようとすれば，図 1.1 (b) のように外部からの仕事と変換装置が必要である．この装置を**冷凍機** (refrigerating machine) または**ヒートポンプ** (heat pump) という．前者の用語は，高温側を大気温度付近にすることで，低温側に大気温度より低い温度を発生する装置として使用する場合に用いられる．後者は逆に低温側を大気温度に近づけ，高温側で大気温度より高い温度を発生する装置として使用する場合に用いられる．装置の使用目的が異なるだけで，本質的には同じものである．

　冷凍機の作用により連続的に低温を発生させることができる．冷凍機を実現する方法の中で，とくに作動流体の状態変化を利用した熱サイクルによる方法を**冷凍サイクル** (refrigeration cycle) とよび，このときの作動流体を**冷媒** (refrigerant) という．また，冷凍サイクルの中でも冷媒の蒸発潜熱を利用するものは，**蒸気圧縮式** (vapor compression) 冷凍サイクルとよばれ，今日の冷凍機のもっとも一般的なものとなっている．1.2 節では蒸気圧縮式冷凍サイクルの基本理論を，1.3 節では冷凍サ

(a) 水ポンプ

(b) 冷凍機・ヒートポンプ

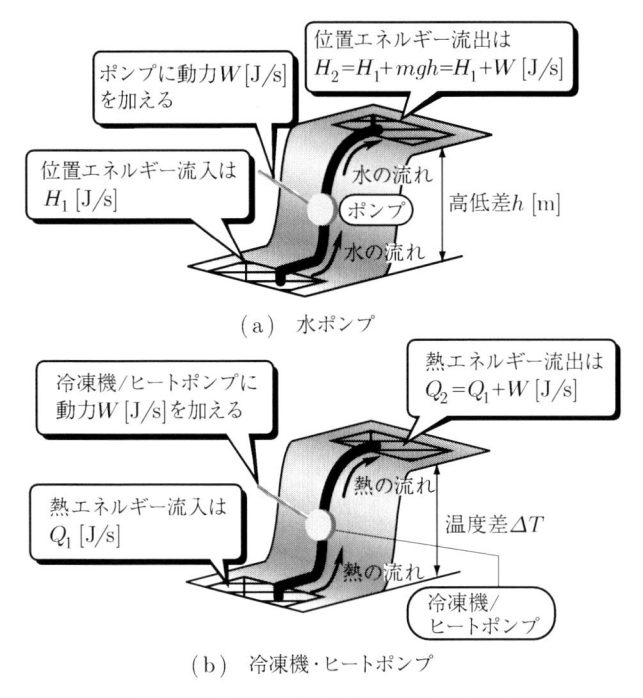

図 1.1 水ポンプと冷凍機・ヒートポンプ

イクルに使用される冷媒の代表的なものを紹介する．また，1.4 節では，蒸気圧縮式ではない冷凍サイクルとして近年注目されている**スターリングサイクル** (Stirling cycle) 冷凍機について解説する．

図 1.1 (b) の冷凍サイクルを冷凍機としてみた場合，その効率は圧縮仕事に対する吸熱量の比で表される．またヒートポンプとしてみた場合，圧縮仕事に対する放熱量の比が効率に相当する．これらをそれぞれ冷凍機，ヒートポンプの**成績係数** (coefficient of performance)，またはその頭文字をとって **COP** といい，図 1.1 (b) の記号を用いて次式のように定義される．

$$冷凍機の COP : \varepsilon_R = \frac{Q_1}{W} \tag{1.1}$$

$$ヒートポンプの COP : \varepsilon_H = \frac{Q_2}{W} \tag{1.2}$$

一方，熱力学の第一法則によれば，

$$Q_2 = Q_1 + W \tag{1.3}$$

が成り立つので，冷凍機，ヒートポンプの各 COP には，以下のような関係がある

ことがわかる．

$$\varepsilon_H = \frac{Q_1 + W}{W} = 1 + \varepsilon_R \tag{1.4}$$

一般的な蒸気圧縮式の冷凍機の場合 ε_R は 3〜4 程度，高性能なヒートポンプでは ε_H が 5 を越えるものもある．

とくに冷凍機の場合，その**冷凍能力**は蒸発器における単位時間あたりの吸熱量で表されることが多い．このとき用いられる単位として**冷凍トン** (Rt：refrigeration ton) があり，24 時間で 0 °C の水 1 トンを 0 °C の氷にする能力が 1 日本冷凍トンとして定義されている．水の凝固潜熱を 333.6 kJ/kg とすると，

$$1\,日本冷凍トン = \frac{333.6 \times 1000}{24 \times 3600} = 3.861\,\text{kW} \tag{1.5}$$

に相当する．なお，質量として lb (ポンド)，熱量として BTU (英熱量) を用いて算出した冷凍トンを米国冷凍トン (1 米国冷凍トン = 3.517 kW) という．

◆ 1.2 ◆ 蒸気圧縮式冷凍サイクル

1.2.1 理想冷凍サイクル

理想的な蒸気圧縮式冷凍サイクルの構成要素を図 1.2 に示す．主に**圧縮機** (compressor)，**凝縮器** (condenser)，**膨張弁** (expansion valve)，**蒸発器** (evaporator) と，冷媒が循環する管路から構成されている．また，冷媒の状態変化を p–h 線図上に表

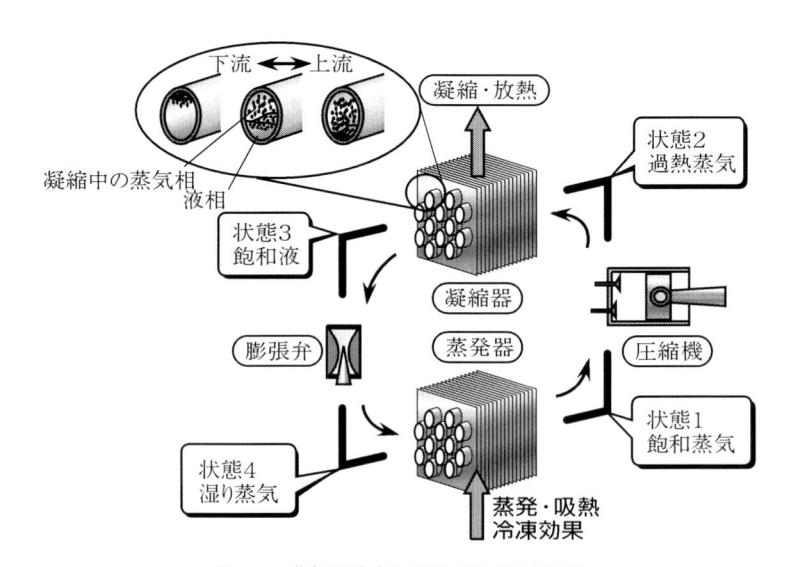

図 1.2 蒸気圧縮式冷凍機の基本構成要素

したモリエ線図 (Mollier diagram) を図 1.3 に示す．図中のサイクルに付いている番号は，図 1.2 の状態の番号と対応している．各過程は次のようになっている．

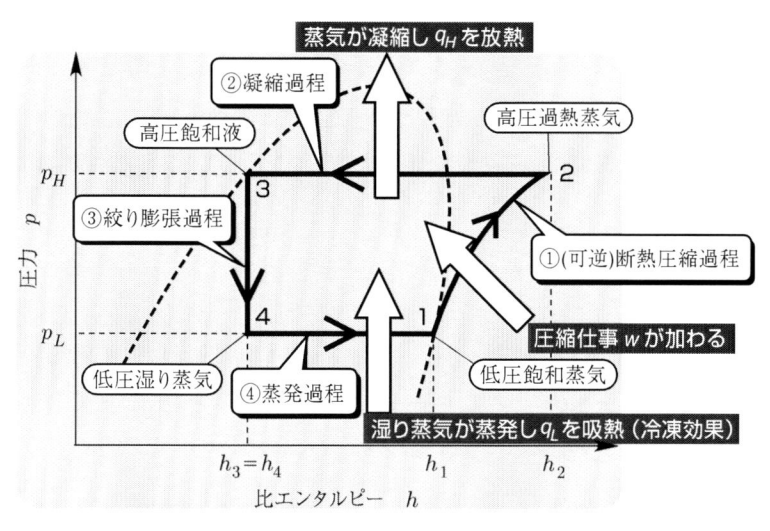

図 1.3 冷凍サイクルとモリエ線図

① 【1→2】断熱圧縮過程：圧力 p_L の飽和蒸気 (状態 1) が圧縮機で可逆断熱圧縮され，圧力 $p_H (> p_L)$ の過熱蒸気 (状態 2) となる．
② 【2→3】凝縮過程：圧力 p_H での等圧過程である．凝縮器で放熱し，飽和蒸気を経て凝縮を開始し，飽和液 (状態 3) となる．ヒートポンプとして使用する場合はこの高温部に注目する．
③ 【3→4】絞り膨張過程：膨張弁を通って圧力 p_L の湿り蒸気 (状態 4) となる．**ジュール-トムソン効果** (Joule-Thomson effect) により温度が低下する．
④ 【4→1】蒸発過程：圧力 p_L での等圧過程である．蒸発器で吸熱し，蒸発して飽和蒸気 (状態 1) となる．冷凍機として使用する場合はこの低温部に注目する．

ちょっと横道

◇**ジュール-トムソン効果とは？**

気体が絞り膨張するとき，速度が小さい場合は絞りの前後でエンタルピーは変わらないが，圧力の降下にともない温度変化が生じる．この現象をジュール-トムソン効果という．

圧縮機における圧縮仕事 w は，冷媒の単位質量あたりの仕事量で表され，次のようになる．

$$w = h_2 - h_1 \tag{1.6}$$

また，凝縮器での放熱量 q_H と蒸発器での吸熱量 q_L は，同様に冷媒単位質量あたりの熱量としてそれぞれ次のように表される．

$$q_H = h_2 - h_3 \tag{1.7}$$

$$q_L = h_1 - h_4 \tag{1.8}$$

ここで，q_L をとくに**冷凍効果** [J/kg] という．したがって，冷凍機，ヒートポンプの COP は次のようになる．

$$\varepsilon_R = \frac{q_L}{w} = \frac{h_1 - h_4}{h_2 - h_1} \tag{1.9}$$

$$\varepsilon_H = \frac{q_H}{w} = \frac{h_2 - h_3}{h_2 - h_1} \tag{1.10}$$

一般に，COP は凝縮温度 T_H と蒸発温度 T_L との差が大きいほど低下する．式 (1.6)〜(1.8) に冷媒循環量 G [kg/s] をかければ，圧縮機所要動力 ($W = w \times G$) と冷凍能力 ($Q_L = q_L \times G$) が算出できる．

Q 1.1 R134a を冷媒とする理想冷凍サイクルがある．凝縮温度を 55 °C，蒸発温度を −10 °C，冷媒循環量を 0.05 kg/s としたとき，冷凍能力，圧縮動力，COP を求めよ．

A 図 1.4 に状態変化を書き込みながら考える．−10 °C における飽和蒸気の比エンタルピーは $h_1 = 393$ kJ/kg と読み取れる．また温度 55 °C における飽和圧力は 1.49 MPa であるから，点 1 から等エントロピー線を右上にたどり，圧力 1.49 MPa との交点を求めるとその比エンタルピーは $h_2 = 435$ kJ/kg となっている．さらに 1.49 MPa の飽和液の比エンタルピーは $h_3 = 279$ kJ/kg である．以上より，冷凍能力 Q_L [kJ/s]，圧縮動力 W [kJ/s]，COP はそれぞれ次のようになる．

$$Q_L = G(h_1 - h_3) = 5.7 \text{ kJ/s}$$
$$W = G(h_2 - h_1) = 2.1 \text{ kJ/s}$$
$$\varepsilon_R = \frac{Q_L}{W} = 2.71$$

Q 1.2 ジュール–トムソン膨張と断熱膨張の違いを説明せよ．

A ジュール–トムソン膨張は，不可逆断熱変化の一つである．熱力学的には絞りによる圧力降下であり，変化前後のエンタルピーがほぼ保存されることが知られている．理想気体ではこの圧力降下による温度変化はないが，一般の実在気体では温度が変化する．こ

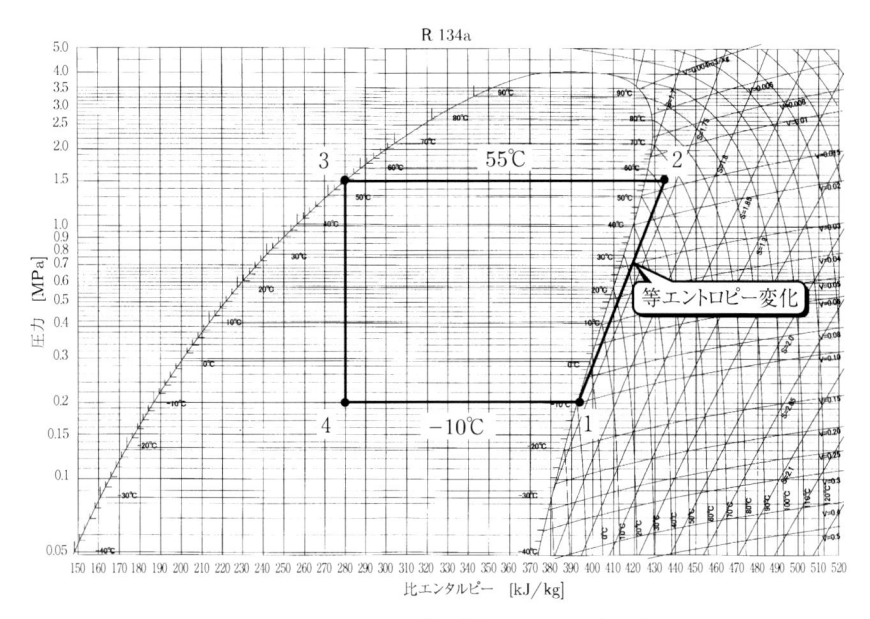

図 1.4 R134a のモリエ線図 [71] (180 ページ付図参照)

のとき，圧力変化に対する温度変化の割合をジュール–トムソン係数 μ (Joule-Thomson coefficient) とよび，次式で定義される．

$$\mu \equiv \left(\frac{dT}{dp}\right)_h \tag{1.11}$$

理想気体では，$\mu = 0$ であるが実在気体では図 1.5 のように変化し，温度と圧力が正の相関となる $\mu > 0$ の領域では，圧力低下にともない温度が低下する．

実際の冷凍サイクルで，凝縮器における放熱量が大きくなると，凝縮器出口が飽和液よりも温度の低い状態となる場合がある．この状態を**過冷却** (subcool) という．このとき，膨張弁には気液二相流ではなく，確実に液相のみが流入することとなり，膨張弁にとっては好ましい状態となる．またこの状態では，蒸発器入口の比エンタルピーが小さくなるので吸熱量を大きくとることができ，冷凍能力や COP が大きくなるので，冷凍サイクルとしてとくに問題が発生することはない．

同様に，実際のサイクルで低温発生部での熱負荷が大きい場合，蒸発器出口が飽和蒸気よりも過熱された状態となる場合がある．これを**過熱** (superheat) という．外部からの蒸発器への入熱量が冷凍サイクルの冷凍能力と比べて大きすぎるときに，このような状態となる．このとき，圧縮機に入る冷媒ガスの比容積は飽和蒸気の状態よりも大きくなっており，圧縮機での圧縮仕事が大きくなるが冷凍効果も増加する．なお，過熱は圧縮機吸入蒸気の過熱度として表される．過冷却や過熱が発生し

ている場合，モリエ線図は図 1.6 のようになっており，冷凍効果や COP などは式 (1.6)〜(1.10) において，

$$h_3 \to h_3', \quad h_1 \to h_1' \tag{1.12}$$

とすれば計算できる．

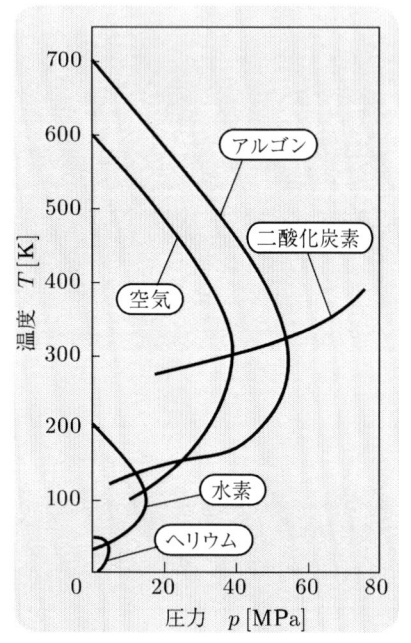

図 1.5 実在気体の逆転曲線

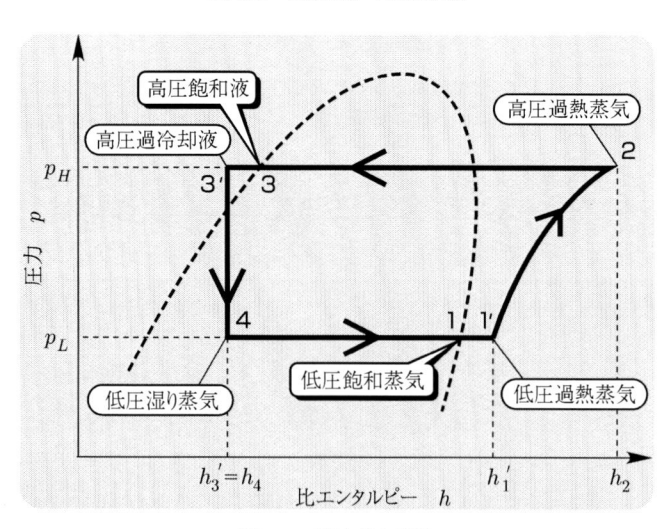

図 1.6 過冷却と過熱

Q 1.3 Q1.1 で過冷却度と過熱度がいずれも 5 ℃ であるときの COP を求めよ.

A 蒸発器出口温度と凝縮器出口温度は,それぞれ –5 ℃ と 50 ℃ となる.図 1.4 において状態 1 から水平右方向に直線を伸ばし,温度 –5 ℃ との交点の比エンタルピーを読み取ると $h'_1 = 397$ kJ/kg である.つぎに,Q1.1 と同様の手順で,圧縮機出口の比エンタルピーを求めると $h_2 = 440$ kJ/kg となっている.さらに,点 3 から水平左方向に直線を伸ばし,50 ℃ との交点を求めると,$h'_3 = 272$ kJ/kg である.以上より COP は次のようになる.

$$\varepsilon_R = \frac{h'_1 - h'_3}{h_2 - h'_1} = \frac{397 - 272}{440 - 397} = 2.91$$

以上のように,蒸気圧縮式冷凍サイクルには二つの基本的な圧力があり,両者は圧縮機と膨張弁で仕切られている.冷媒は圧縮機のポンプ作用で循環し,高圧側熱交換器では凝縮による放熱が,低圧側熱交換器では蒸発による吸熱が連続的に行われている.また一般的に,冷凍能力の制御は膨張弁の開き度で調節されている.開き度が大きい場合,高圧側と低圧側の圧力差が小さくなり,圧縮機への負荷は低くなる.このとき,凝縮器と蒸発器の温度差は小さくなる.すなわち,温度差の小さいところで冷凍機を運転すれば,圧縮機での消費動力が小さくなるということである.冷蔵庫の背後にある放熱部の風通しをよくしたり,冷房用エアコンの室外機を建物の北側に設置したりするのは,消費電力の抑制につながっている.とくに,凝縮側は冷媒の種類や設計温度によって高圧になるので注意が必要である.表 1.1 に,主な冷媒の飽和温度と圧力との関係を示す.

表 1.1 主な冷媒の凝縮圧力 [MPa]

凝縮温度 [℃]	R22	R134a	R407C	R410A	アンモニア
30	1.192	0.770	1.356	1.885	1.166
40	1.534	1.017	1.744	2.419	1.553
50	1.943	1.318	2.210	3.061	2.031

1.2.2 二元冷凍サイクル

図 1.7 (a) に示すように,凝縮器と蒸発器の温度差が大きくなると,両者の圧力差が大きくなり,圧縮機で大きな動力を必要とするばかりでなく,圧縮機効率も低下する.また,それにともなって冷凍サイクル自体の COP が低下する.そこで,複数の冷凍サイクルを図 1.7 (b) のように階段状 (cascade) に組み合わせ,**二元冷凍サイクル** (two-stage cascade refrigeration system) という方法をとることがある.極低温を得る場合に用いられる方法である.高温側サイクルの低温部と低温側サイクルの高温部に設置された熱交換器をカスケード熱交換器という.ここで熱交換をす

16 第 1 章 冷凍サイクル

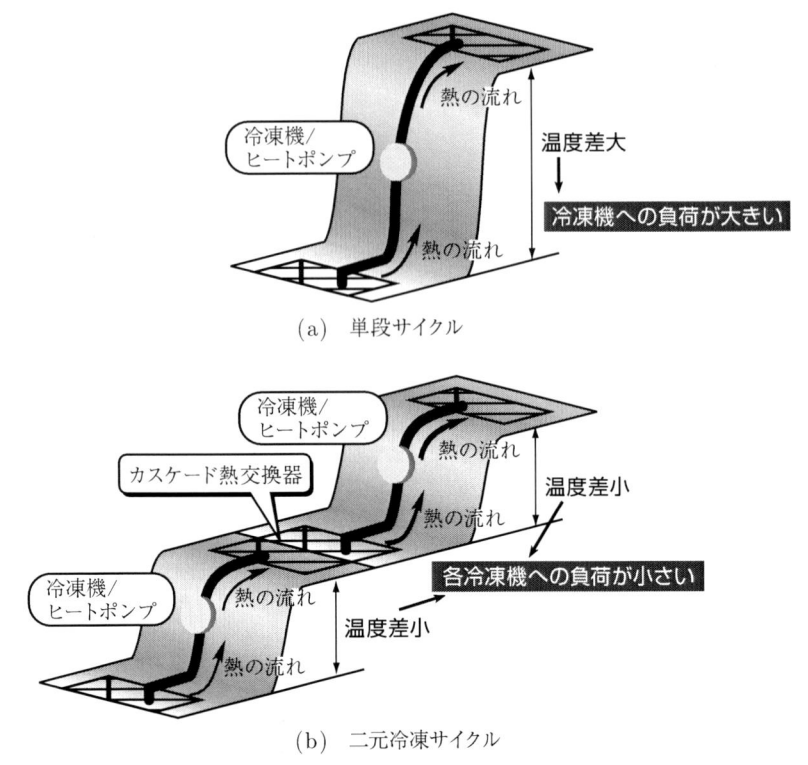

(a) 単段サイクル

(b) 二元冷凍サイクル

図 1.7 二元冷凍サイクル

ることにより，各サイクルの圧力比を低く抑え，圧縮機負荷を低減しつつ高い冷凍性能を実現している．また，このサイクルでは二つの冷凍サイクルが独立に作動しているので，それぞれの適正な圧力範囲に応じた冷媒を使用することが可能となっており，過剰な高圧サイクルを避けることができる．

図 1.8 に二元冷凍サイクルの構成要素，図 1.9 にモリエ線図を示す．このサイクルの COP を求めてみよう．ここで，図 1.8 の状態の番号は，図 1.9 のサイクルに付いている番号と対応している．

凝縮放熱側のサイクルを高温側サイクル，蒸発吸熱側のサイクルを低温側サイクルとよぶ．圧縮仕事は，高温側と低温側の圧縮仕事の合計として表されるが，ここで各サイクルの冷媒循環量が独立であることに注意する必要がある．すなわち，

$$w = w_{12} + w_{56} = (h_2 - h_1) + (h_6 - h_5)$$

は誤りである．高温側と低温側の冷媒循環量 [kg/s] をそれぞれ G_H，G_L とすると，単位時間あたりの圧縮動力 [J/s] の合計 W は次のように表される．

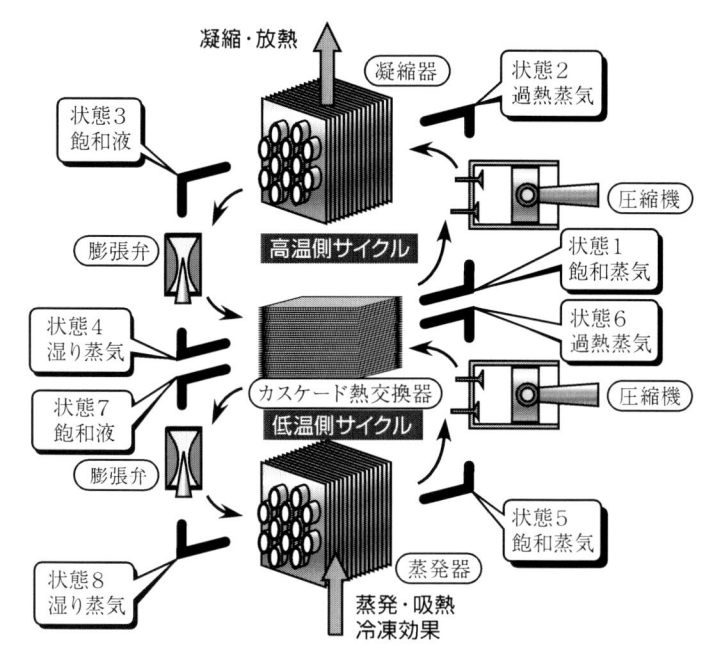

図 1.8 二元冷凍サイクルの構成要素

$$W = G_H w_{12} + G_L w_{56} = G_H(h_2 - h_1) + G_L(h_6 - h_5) \tag{1.13}$$

二元冷凍サイクルとしての冷凍効果は図1.9の q_L [J/kg] であるから，冷凍能力 Q_L [J/s] は次のようになる．

$$Q_L = G_L(h_5 - h_8) \tag{1.14}$$

二元冷凍サイクルの放熱量 Q_H [J/s]，カスケード熱交換器での熱移動量 Q_m [J/s] は，

$$Q_H = G_H(h_2 - h_3) \tag{1.15}$$

$$Q_m = G_L(h_6 - h_7) = G_H(h_1 - h_4) \tag{1.16}$$

である．以上より二元冷凍サイクルの COP は，

$$\varepsilon_R = \frac{Q_L}{W} = \frac{Q_L}{G_H w_{12} + G_L w_{56}} = \frac{G_L(h_5 - h_8)}{G_H(h_2 - h_1) + G_L(h_6 - h_5)} \tag{1.17}$$

となる．

また，高温側，低温側サイクルのそれぞれの COP を ε_{RH}，ε_{RL} とすると，

$$\varepsilon_{RH} = \frac{Q_m}{G_H w_{12}} \tag{1.18}$$

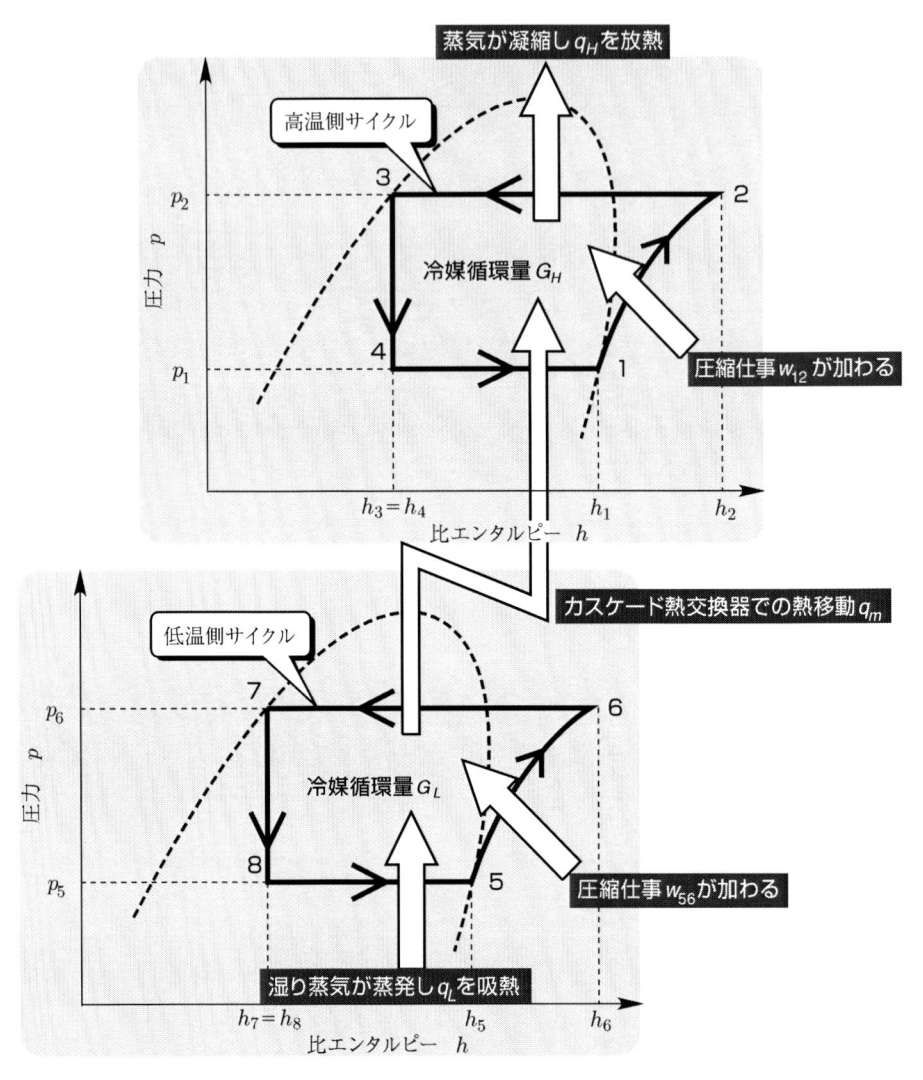

図 1.9 二元冷凍サイクルのモリエ線図

$$\varepsilon_{RL} = \frac{Q_L}{G_L w_{56}} \tag{1.19}$$

となり，式 (1.18)，(1.19) を用いて式 (1.17) を書き直すと，

$$\varepsilon_R = \frac{Q_L}{Q_m/\varepsilon_{RH} + Q_L/\varepsilon_{RL}} = \frac{\varepsilon_{RH}\varepsilon_{RL}}{\varepsilon_{RH} + (Q_m/Q_L)\varepsilon_{RL}} \tag{1.20}$$

となる．ここで，

$$\frac{Q_m}{Q_L} = \frac{Q_L + G_L w_{56}}{Q_L} = 1 + \frac{1}{\varepsilon_{RL}} \tag{1.21}$$

であるから，式 (1.21) を式 (1.20) に代入すると，各サイクルの COP と二元冷凍サイクル全体の COP との関係が次のように求められる．

$$\varepsilon_R = \frac{\varepsilon_{RH} \varepsilon_{RL}}{\varepsilon_{RH} + \varepsilon_{RL} + 1} \tag{1.22}$$

式 (1.16) はカスケード熱交換器での熱損失がないときに成り立つ．この場合，低温側サイクルと高温側サイクルの冷媒循環量との間に次のような関係がある．

$$\frac{G_H}{G_L} = \frac{h_6 - h_7}{h_1 - h_4} \tag{1.23}$$

−80 ℃程度までの低温を得る目的で二元冷凍サイクルが使用される場合，1995年の特定フロン製造中止以前では，冷媒として高温側に R22，低温側に R13 を使用したものが主流であった．現在は R22/R23 が主流であるが，今後さらなる規制の可能性もあり，アンモニア／二酸化炭素 [1] やアンモニア／エタンなどの組み合わせが研究されている．

1.2.3 二段圧縮冷凍サイクル

二元冷凍サイクルにおいて，高温側と低温側の両方で同じ冷媒を使用する場合，カスケード熱交換器の代わりに**混合器** (mixing chamber) を置くことが可能となる．この場合，二元冷凍サイクルと比較して中間での熱交換効率を高くとることができるという特徴がある．このようなシステムを**二段圧縮冷凍サイクル** (two-stage compression refrigeration system) という．

図 1.10 に二段圧縮冷凍サイクルの構成要素を示す．高温側サイクルの膨張弁を出た湿り蒸気 (状態 4) は**汽水分離器** (flash chamber) で汽水分離され，その飽和蒸気 (状態 5) は混合器に導かれる．また飽和液 (状態 6) はさらに膨張弁を通って低温低圧の湿り蒸気 (状態 7) となり，蒸発器で吸熱して飽和蒸気 (状態 8) となる．飽和蒸気は低温側サイクルの圧縮機で圧縮され，過熱蒸気 (状態 9) として混合器に導かれ，中圧の飽和蒸気 (状態 5) と混合されて過熱蒸気 (状態 1) となり，高温側サイクルの圧縮機に入る．

ここで，完全な中間冷却をもつ二段圧縮で理想気体を可逆断熱圧縮するときの p–V 線図を図 1.11 に示す．このとき，圧縮仕事を最小にする中間圧力 p_m [Pa] を求めてみよう．

状態 1 から 2 への開いた系の断熱圧縮仕事 w [J/kg] は，次の式で表される．

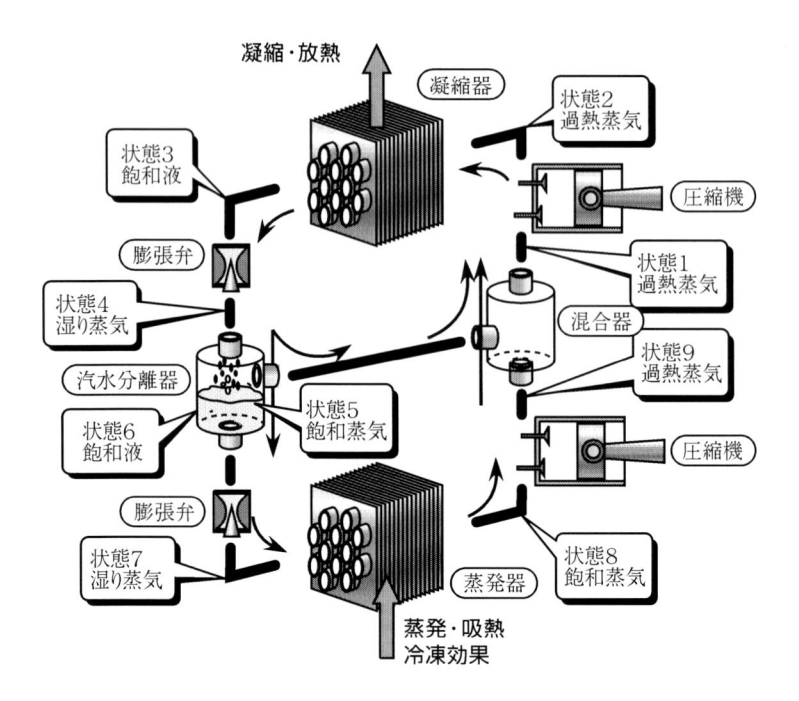

図 1.10 二段圧縮冷凍サイクルの構成要素

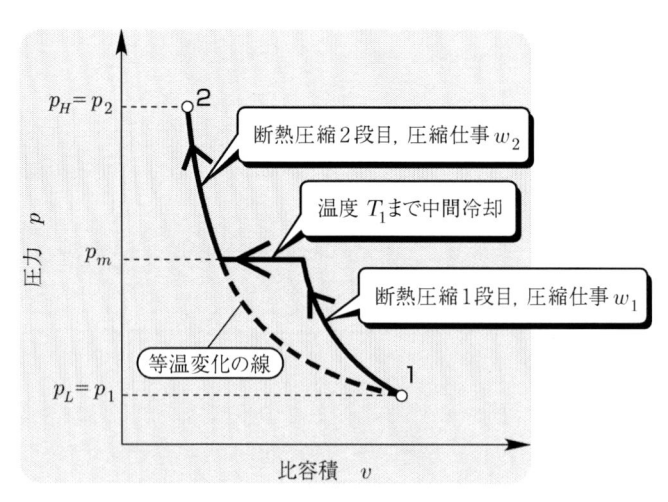

図 1.11 完全な中間冷却のある二段断熱圧縮

$$w = \frac{\kappa}{\kappa-1}RT_1\left[\left(\frac{p_H}{p_L}\right)^{\frac{\kappa-1}{\kappa}} - 1\right] \tag{1.24}$$

図 1.11 の記号を用いて圧縮仕事の合計を表すと，

$$w_1 + w_2 = \frac{\kappa}{\kappa-1}RT_1\left[\left(\frac{p_m}{p_L}\right)^{\frac{\kappa-1}{\kappa}} - 1\right] + \frac{\kappa}{\kappa-1}RT_1\left[\left(\frac{p_H}{p_m}\right)^{\frac{\kappa-1}{\kappa}} - 1\right]$$

$$= \frac{\kappa}{\kappa-1}RT_1\left[\left(\frac{p_m}{p_L}\right)^{\frac{\kappa-1}{\kappa}} + \left(\frac{p_H}{p_m}\right)^{\frac{\kappa-1}{\kappa}} - 2\right] \tag{1.25}$$

となる．式 (1.25) を p_m で微分し，圧縮仕事の合計を最小にする p_m を求めると，

$$p_m = \sqrt{p_L p_H} \tag{1.26}$$

であることがわかる．

　図 1.10 のような二段圧縮では，低温側サイクルと高温側サイクルの冷媒流量が異なり，また各圧縮機の吸入温度も異なるため，式 (1.26) の理論をそのまま適用することはできない．しかし，二つの圧縮機の圧力比を等しくとるということから，

$$\frac{p_m}{p_L} = \frac{p_H}{p_m} \tag{1.27}$$

すなわち，式 (1.26) のように圧力比をとることが多い．

　図 1.10 の二段圧縮冷凍サイクルのモリエ線図を図 1.12 に示す．ここで図中の番号は，図 1.10 の状態の番号に対応している．高温側サイクルで過熱蒸気 (状態 2) が放熱凝縮して飽和液 (状態 3) となる．これがサイクル全体の放熱量 q_H [J/kg] であり，

$$q_H = h_2 - h_3 \tag{1.28}$$

となる．飽和液は，高温側膨張弁によって乾き度 x の湿り蒸気 (状態 4) となる．ここで，汽水分離器に入った冷媒が，流量 G [kg/s] の飽和蒸気 (状態 5) と流量 $(1-G)$ [kg/s] の飽和液 (状態 6) に分離されるとする．低温側サイクルの蒸発器での吸熱量 q_L [J/kg] がサイクル全体の冷凍効果であり，

$$q_L = (1-G)(h_8 - h_7) = (1-G)(h_8 - h_6) \tag{1.29}$$

となる．また低温側圧縮機を出た過熱蒸気 (状態 9) と飽和蒸気が混合し，高温側圧縮機に導入されるので，状態 1 の比エンタルピーは次式で表される．

$$h_1 = (1-G)h_9 + Gh_5 \tag{1.30}$$

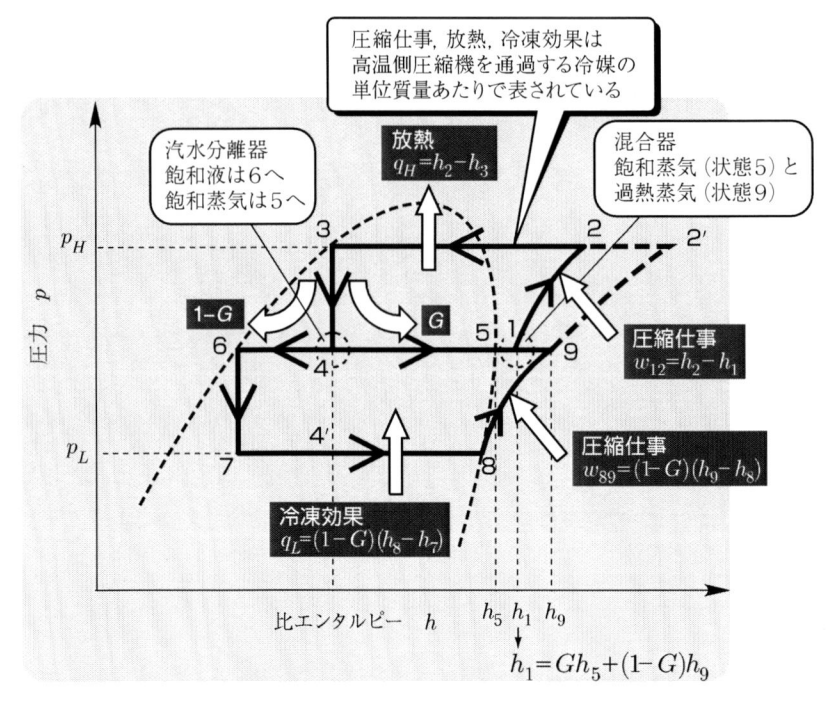

図 1.12 二段圧縮冷凍サイクルのモリエ線図

圧縮仕事は，高温側圧縮機の冷媒流量が 1 kg/s，低温側が $(1-G)$ [kg/s] であることに注意すると，次のようになる．

$$w = (h_2 - h_1) + (1-G)(h_9 - h_8) \tag{1.31}$$

汽水分離器での流量の振り分けを状態 4 の乾き度と関連づけ，

$$G = \frac{h_4 - h_6}{h_5 - h_6} = \frac{h_3 - h_6}{h_5 - h_6} \tag{1.32}$$

を用いると，サイクル全体の冷凍効果，放熱量，圧縮仕事はそれぞれ次のようになる．

$$q_L = \frac{h_5 - h_3}{h_5 - h_6}(h_8 - h_6) \tag{1.33}$$

$$q_H = h_2 - h_3 \tag{1.34}$$

$$w = (h_2 - h_8) + \frac{h_3 - h_6}{h_5 - h_6}(h_8 - h_5) \tag{1.35}$$

したがって，サイクルの COP は次のように表される．

$$\varepsilon_R = \frac{q_L}{w} = \frac{(h_5 - h_3)(h_8 - h_6)}{(h_2 - h_8)(h_5 - h_6) + (h_3 - h_6)(h_8 - h_5)} \tag{1.36}$$

なお，二段圧縮がなかった場合，サイクルは $8 \to 2' \to 3 \to 4' \to 8$ となる．本来ならすべて冷凍効果に使われるはずの比エンタルピー h_4 が，汽水分離器で $(1-G)h_6$ と Gh_5 に分離されており，後者は圧縮途中の過熱蒸気 (状態 9) に加えられて過熱蒸気を状態 1 まで予冷しているとみなすことができる．すなわち，図 1.12 に示す二段圧縮サイクルは，自分の冷熱を用いて不完全な**中間冷却** (intercooling) を行っているサイクルであると考えることができる．しかし，もし中間冷却により状態 1 を飽和状態 (状態 5) に一致させることができれば，高温側圧縮機の入口が飽和蒸気となるため圧縮機効率の低下を防ぐことができる．そのために，図 1.13 のような中間冷却器を用いたシステムを構成する．

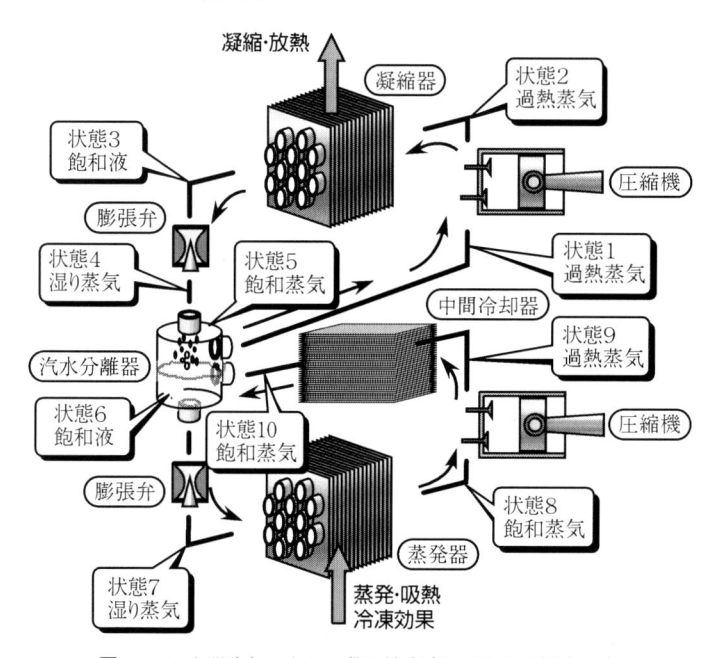

図 1.13 中間冷却のある二段圧縮冷凍サイクルの構成要素

主要な状態は図 1.11 とほとんど同じである．低温側圧縮機を出た過熱蒸気 (状態 9) は中間冷却器によって冷却され，飽和蒸気 (状態 10) となる．質量流量 $(1-G)$ [kg/s] の飽和蒸気と質量流量 G [kg/s] の飽和蒸気 (状態 5) とが合流して飽和蒸気 (状態 1) となり，高温側圧縮機に導入される．このとき，モリエ線図は図 1.14 のようになる．中間冷却器での放熱量 q_m [J/kg] は，

$$q_m = (1-G)(h_9 - h_5) \tag{1.37}$$

である．また，サイクル全体の冷凍効果，放熱量，圧縮仕事，COP は式 (1.33) から (1.36) で計算される．

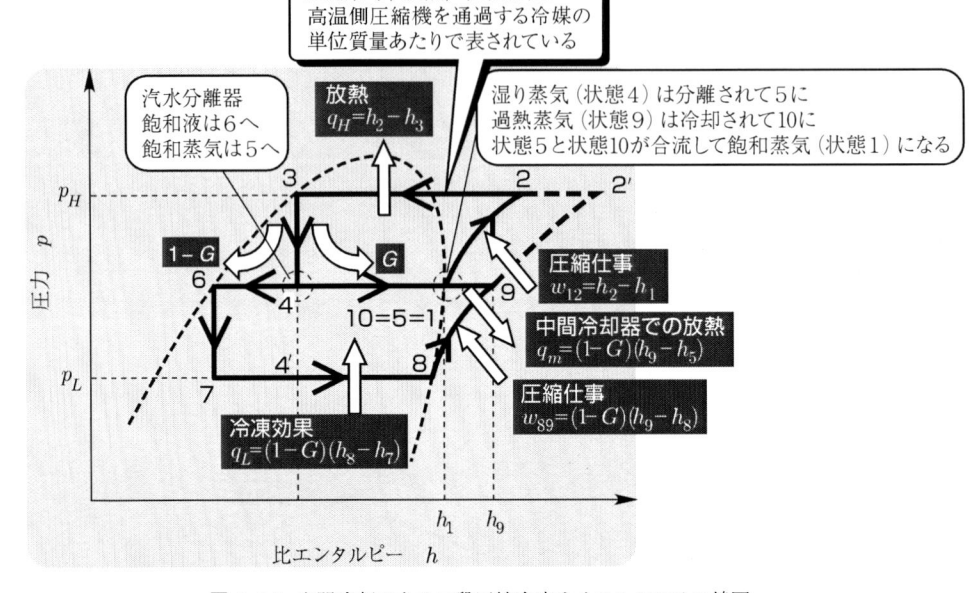

図 1.14 中間冷却のある二段圧縮冷凍サイクルのモリエ線図

Q 1.4 冷媒として R134a を用いた冷凍サイクルを考える．凝縮器での凝縮温度を 50 °C，蒸発器での蒸発温度を −30 °C としたとき，単段圧縮，二段圧縮，中間冷却のある二段圧縮それぞれのサイクルの冷凍効果および COP を求めよ．

A 単段圧縮の場合：図 1.3 の記号で考える．巻末のモリエ線図 (180 ページ) より，

$$h_1 = 380 \text{ kJ/kg}, \quad h_2 = 438 \text{ kJ/kg}, \quad h_4 = 272 \text{ kJ/kg}$$

と読めるので，冷凍効果 q_L [kJ/kg] と COP は次のようになる．

$$q_L = h_1 - h_4 = 108 \text{ kJ/kg}, \quad \varepsilon_R = \frac{q_L}{h_2 - h_1} = 1.86$$

二段圧縮の場合：図 1.12 の記号で点 2, 3, 5, 6, 8 を決めればよいので，モリエ線図を参照し，それらを順に求める．まず h_3 と h_8 は次のように読み取れる．

$$h_3 = 272 \text{ kJ/kg}, \quad h_8 = 380 \text{ kJ/kg}$$

また，凝縮器と蒸発器の圧力はそれぞれ次のように読み取れる．

$$p_H = 1.32 \text{ MPa}, \quad p_L = 0.084 \text{ MPa}$$

中間の圧力 p_m [MPa] を式 (1.27) より次のように仮定する．

$$p_m = \sqrt{p_H p_L} = 0.333 \text{ MPa}$$

この圧力における飽和液と飽和蒸気の比エンタルピーを求めると，

$$h_6 = 204 \text{ kJ/kg}, \quad h_5 = 401 \text{ kJ/kg}$$

となっている．また状態8から等エントロピー線を右上にたどり，圧力 p_m との交点が状態9であるから，その点の比エンタルピーは，

$$h_9 = 408 \text{ kJ/kg}$$

である．またこのとき，汽水分離器での飽和蒸気流量 G [kg/s] は以下のようになる．

$$G = \frac{h_3 - h_6}{h_5 - h_6} = 0.345 \text{ kg/s}$$

したがって，式 (1.30) より h_1 [kJ/kg] は次のようになる．

$$h_1 = (1 - G)h_9 + Gh_5 = 405.6 \text{ kJ/kg}$$

圧力 p_m で比エンタルピーが h_1 である点が状態1となるので，そこから等エントロピー線を右上にたどり，圧力 p_H との交点として状態2が求まる．

$$h_2 = 435 \text{ kJ/kg}$$

以上より冷凍効果 q_L [kJ/kg] と COP は次のようになる．

$$q_L = 115 \text{ kJ/kg}, \quad \varepsilon_R = 2.41$$

中間冷却のある二段圧縮の場合：図1.12の点1が点5に重なると考えればよい．
状態5を起点に状態2を求めると，

$$h_2 = 429 \text{ kJ/kg}$$

となっている．点 3, 5, 6, 8, 9 の値は二段圧縮の場合と同じなので，冷凍効果 q_L [kJ/kg] と COP は次のようになる．

$$q_L = 115 \text{ kJ/kg}, \quad \varepsilon_R = 2.76$$

単段圧縮と比較して，二段圧縮により冷凍効果と COP が向上し，中間冷却によってさらに COP が向上していることがわかる．

ちょっと横道

◇空気の熱でお湯を沸かす？

最近 TV のコマーシャルで耳にするフレーズです．図1.2のようなヒートポンプにおいて，蒸発器に大量の大気を当てれば，中の冷媒の蒸発温度が大気温度に近づくため，凝縮器で高温を得ることができます．その熱を給湯に使うというのがもちろん正しい解釈ですが，誤解を生むフレーズであることに違いありません．冷凍サイクルのことを何も知らなければ「空気を燃料として燃やすのか，それはすばらしい」と思うでしょう．また筆者が少しだけ冷凍サイクルを知っている人に，冷媒として空気を用いたスターリングサイクル冷凍機 (1.4節) を紹介した際「ああ，例の『空気の熱で』ってやつですね」と言われたこともあります．冷凍サイクルの概念を他人に正しく伝えるのは難しいことです．

◆ 1.3 ◆ 冷媒と二次冷媒

1.3.1 冷媒の種類

冷媒に要求される性質として以下のものが挙げられる．

① 適用範囲内での熱物性値が適当であること

飽和圧力が高すぎないこと，粘性係数が小さいこと，比熱や蒸発潜熱が大きいことなどが挙げられる．また当然であるが，ジュール–トムソン係数は正でなくてはならない．

② 安定な物質であること

物質が高温と低温，高圧と低圧，蒸発と凝縮の繰り返し環境におかれ，しかも一般に冷凍サイクル機器は長時間の連続運転となるため，冷媒にとっては苛酷な環境である．そのような環境下でも劣化しないことが必要である．

③ 安全な物質であること

人や生物にとって毒性がなく，また爆発や燃焼などの可能性も低い物質でなくてはならない．また冷凍サイクル機器を構成する材料を劣化させないような物質でなくてはならない．地球環境にとっても，オゾン層破壊や地球温暖化を引き起こさないような物質でなくてはならない．

④ 安価であること

これらの条件すべてを満たす冷媒は困難ではあるが，とくに近年の地球環境問題への意識の高まりとともに，新冷媒や新しい低温発生技術の開発が進められている．現在提案されている冷媒には，大きく分けて炭化水素系とそうでない自然系のものがある．次節からこれらについて簡単に説明する．

1.3.2 炭化水素系冷媒

1987年のモントリオール議定書により，それまで使用されていた**クロロフルオロカーボン**(CFC)5種と特定ハロン3種が規制されることとなった．前者はメタン CH_4 やエタン C_2H_6 など低分子炭化水素の中の水素原子すべてを，塩素 Cl やフッ素 F で置換したものである．また，後者はそれに臭素 Br が含まれるものである．これらの物質は上記の条件のうち地球環境問題以外のほぼすべてを満足しており，自動車用エアコンや冷蔵庫，エアコン，精密部品の洗浄などで広く使用されてきた．しかしオゾン層破壊係数が大きく，現在はすでに生産規制[3]がなされている．

CFC や特定ハロンに代わる物質として，**ハイドロクロロフルオロカーボン**(HCFC, hydro chloro fluoro carbon) や**ハイドロフルオロカーボン**(HFC, hydro fluoro carbon) が使用されてきた．前者は低分子炭化水素の中の水素原子の一部を

塩素 Cl やフッ素 F で置換したもの，後者はフッ素 F で置換したものであり，いずれも炭化水素系冷媒とよばれる．これらは CFC に水素原子を残すことにより，従来の冷媒より潜熱が大きい物質となっている．しかし，元来炭化水素は燃料であり，しかも水素原子が残っているため，炭化水素系冷媒は燃焼性が高いという欠点がある．なお**フロン** (Flon) とは，CFC，HCFC，HFC の総称である．

図 1.15 にメタン CH_4 からの冷媒系統図を，図 1.16 にはエタン C_2H_6 からの系統図を示す．いずれの図でも最上位に炭化水素があり，左下に向かって水素が塩素に置き換わり，右下に向かって水素がフッ素に置き換わっている．各物質の下に表示されている数字は冷媒を識別する番号となっており，R11，R12 のように，冷媒を表す英語 refrigerant の頭文字 R に続けて表記する．

炭化水素系冷媒には，水素が多くなると可燃性物質となり，塩素が多くなると毒

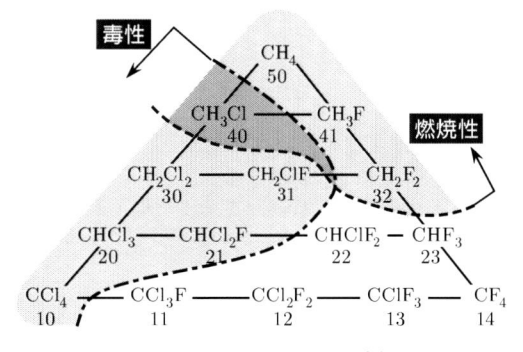

図 1.15 メタン系冷媒 [2]

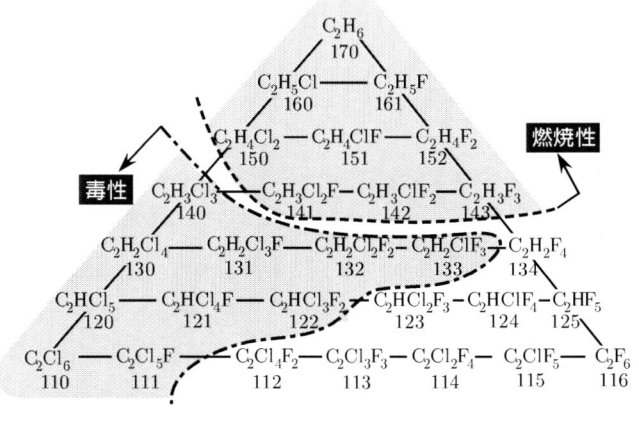

図 1.16 エタン系冷媒 [2]

性が強くなるという共通の性質がある．図1.15と図1.16には燃焼性と毒性の限界線も示されており，各図の右下に近いものが代替冷媒の可能性のあるものである．しかし，最下段のCFCはすでに規制されている．図1.15で可能性のある冷媒のうちHCFCはR22 (図1.17) のみ，HFCはR23のみである．図1.16を同様に調べると，HCFCはR123とR124，HFCはR125とR134が該当する．また，R134とR125には構造異性体R134aやR143a，R152aなどが存在し，燃焼性の低い物質はR134aとR125である．記号の最後にある小文字のaなどは異性体を表している．

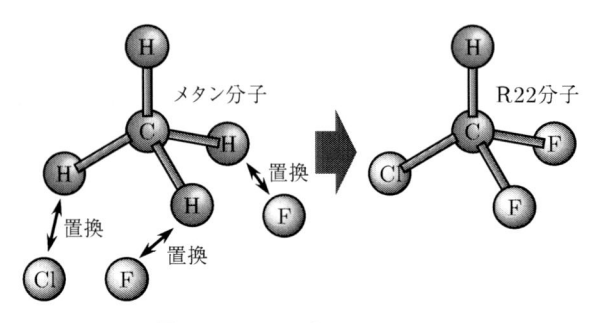

図 1.17 メタン分子からR22へ

さらに，これらの単一物質を適当な比率で混合した**混合冷媒** (mix refrigerant) も提案されている．混合によって単一物質では困難だった特性をもたせようとしたものであり，R410A (R32/R125=50/50) やR407C (R32/R125/R134a=23/25/52) などが使用されはじめている．記号の最後にある大文字のAやCは，冷媒が混合物であることを表している．

R134aの沸点は -26.2 °Cであり，R12の -29.8 °Cに近いので，R12の代替冷媒として使用されている．またR22の沸点は -40.8 °Cであり，これも広く用いられている．さらに，従来R502という混合冷媒 (R12/R115=48.8/51.2) もR12と同じ時代に用いられてきたが，R115というCFCを含むため，R22への置き換えが進められてきた．しかし，HCFCはオゾン層破壊係数がCFCよりは小さいものの零ではないので，新たに生産規制対象となっており，近い将来CFCと同様に全廃となる．そこでオゾン層破壊係数が零であるHFCへの移行が進められ[4]，現在ではR134aや混合冷媒などが使用されている．しかし，HFCは地球温暖化の原因となることが指摘されており，京都議定書の中でも削減対象となっている．したがって，このHFCも近い将来生産規制対象となる可能性がある．図1.18のように，燃焼性と毒性，オゾン層破壊，地球温暖化がすべて相反する方向となっており，炭化水素系で新たな冷媒を開発することは事実上困難となっている．

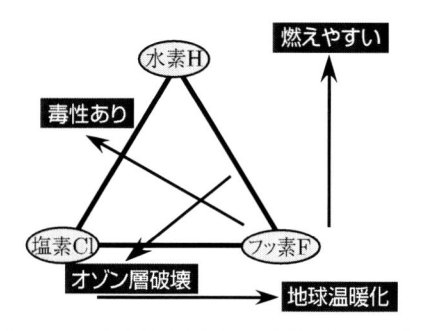

図 1.18 炭素原子まわりの原子と冷媒の性質

1.3.3 自然系冷媒

自然界に存在する物質の中で，冷媒として使用可能なものを自然冷媒という．代表的なものにアンモニア NH_3，二酸化炭素 CO_2 などが挙げられる[5]．

アンモニアはオゾン層破壊係数，温暖化係数ともに零であり，蒸発潜熱が大きい．飽和圧力は R134a よりやや高く，若干の可燃性をもっている．毒性が強いことはよく知られているが吸収式冷凍機には古くから用いられており，漏洩の問題を解決できれば有望な冷媒である．圧縮機を圧力容器の中に閉じ込めたハーメティック型圧縮機や，負荷と冷凍サイクルとの間に二次冷媒を循環させる方法などでの開発[6]が進められている．

二酸化炭素は，通常の冷凍機やヒートポンプで想定される温度範囲で使用した場合，その圧力が非常に高く，最高で約 9 MPa 近くにまで達する．高圧での冷媒ガス封入となるために機器の大型化は困難であるが，カーエアコンなど小型の機器[7, 8]として，あるいは二元冷凍サイクルの低温側サイクルとして有望である．

また，前項で可燃性ガスとしてきた炭化水素は自然冷媒そのものであり，プロパンやブタンは熱力学的な特性が従来の冷媒に近く，可燃性物質であるという点を解決できれば有望である．可燃性であることを前提としての設計やアンモニアと同様の漏洩対策などが進めば，二酸化炭素のような小容量での利用[9]が中心になるものと予想される．

1.3.4 二次冷媒

冷凍サイクルにアンモニアを用いた場合，漏洩時の事故を最小限にするための工夫が必要である．そのため，図 1.19 のようにアンモニア冷凍サイクルと負荷との間に別系統の熱輸送媒体を循環させ，冷凍サイクルと負荷を完全に分離する方法がとられることがある．このとき，中間の媒体を**二次冷媒** (secondary refrigerant) または**ブライン** (brine) とよぶ．二次冷媒としては主に水が用いられ，温度範囲によっ

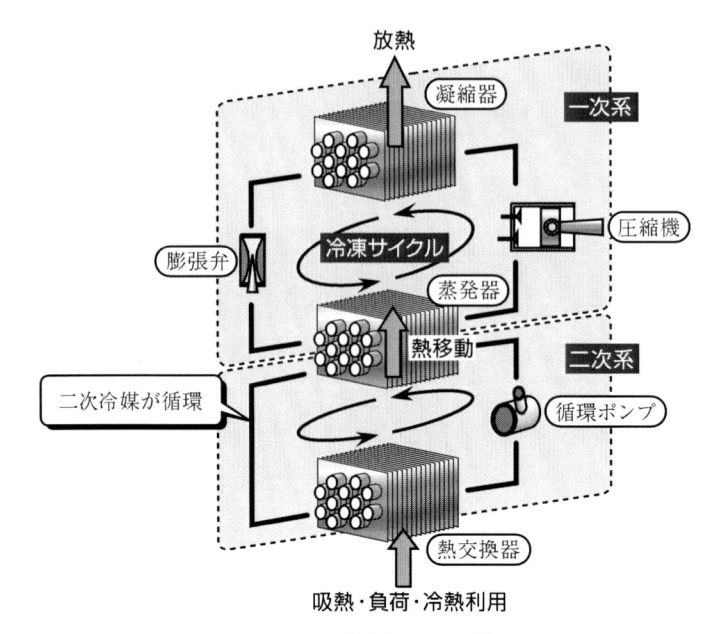

図1.19 二次冷媒の利用形態

てはアルコールやグリコールなどの不凍液が用いられる．

　また，冷凍サイクルで冷熱を発生する時間や場所と，冷熱を必要としている時間や場所に不一致があるとき，発生した冷熱を一時的に蓄えておき，それを必要に応じて取り出すというシステムが必要になる．このような蓄熱システムは，負荷の変動があった場合でも冷凍サイクル側は一定負荷で運転することができ，熱効率やCOPを低下させないという特徴がある．図1.20のように，冷熱を貯蔵する媒体と負荷との間に二次冷媒を循環させるシステムとなるが，熱輸送機能だけでなく，蓄熱機能などを兼ね備えた二次冷媒を**機能性二次冷媒** (functionally secondary refrigerant)という[10, 11]．

　機能性二次冷媒の代表的なものに**アイススラリー** (ice slurry) があり，氷蓄熱システムの一部を構成している．アイススラリーを二次冷媒とした氷蓄熱システムの例を図1.21に示す．冷凍サイクルで冷熱が発生すると，二次冷媒がその蒸発器まわりを循環し，それまで液相だった二次冷媒中に100 μm以下の氷の小片が多数発生してアイススラリーとなる．アイススラリーはそれ自体が氷蓄熱媒体であると同時に，負荷側に冷熱を運搬する熱輸送媒体でもある．アイススラリーはこのように，媒体中に水-氷相変化潜熱蓄熱という機能をもちながら，流動性を保持している機能性媒体である．液相単相の顕熱蓄熱と比べて潜熱を利用するため，少ない循環量

1.3 冷媒と二次冷媒　31

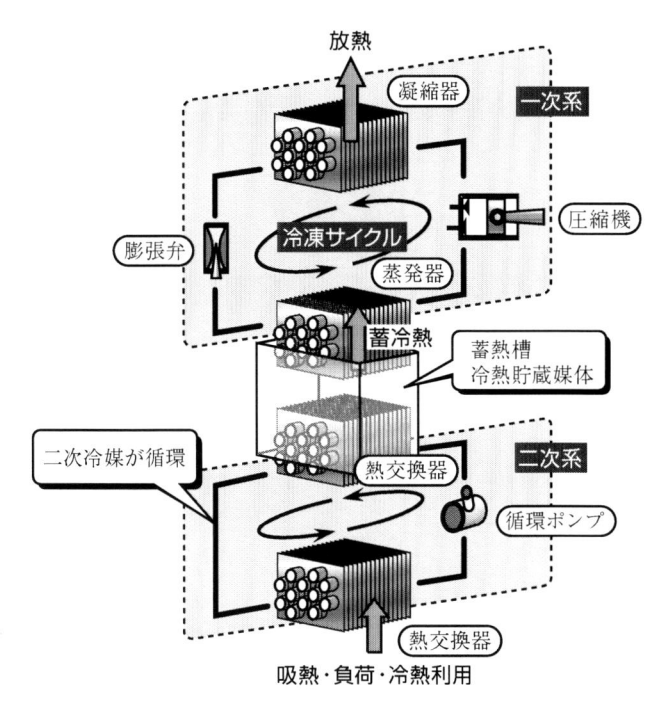

図 1.20 蓄冷熱システムをもつ二次冷媒の利用形態

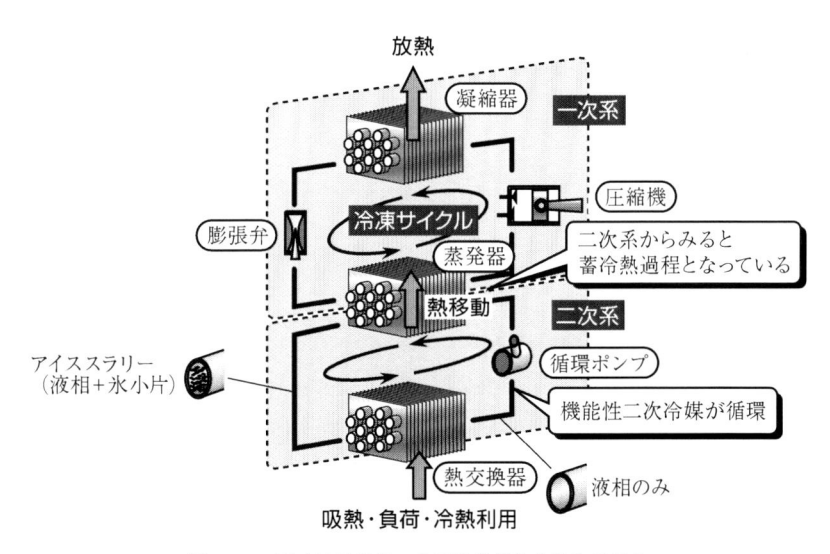

図 1.21 アイススラリーを二次冷媒とするシステム

で大きい蓄熱容量をもっており，また，流動性があるため負荷に近いところで氷片が融解し，伝熱特性が良い．アイススラリーの生成法には，過冷却水を用いる方法や水溶液凍結層を用いる方法[12]などがある．同様の機能性二次冷媒には，水とシリコンオイルを混合した相変化エマルジョンや相変化マイクロカプセル流体[13]，クラスレート[14]などがあり，伝熱特性や流動特性，凍結閉塞限界[15]などが研究されている．

◆ 1.4 ◆ スターリングサイクル冷凍機

1.4.1 動作原理と理論サイクル

スターリングサイクル冷凍機は，冷媒の蒸発潜熱ではなく，気体の顕熱を用いる方法であるため，冷媒の単位質量あたりの輸送可能熱量が小さく，蒸気圧縮式冷凍サイクルと比べると機器が大型になりやすい．実用的な冷凍能力をもたせつつ小型化を実現するためには，冷媒を 10 MPa 程度の高圧で封入する必要がある．しかし，気体の状態変化が低温発生の基本となっているため，蒸気圧縮式でみられたような冷媒の飽和圧力など熱物性の問題は，スターリングサイクル冷凍機ではほとんど発生しない．すなわち，蒸気圧縮式と比較して冷媒選択の範囲が非常に広く，可能性の高い代替サイクルとして近年注目されている．

スターリング冷凍サイクルは，図 1.22 に示すように等温変化と等容変化から成り

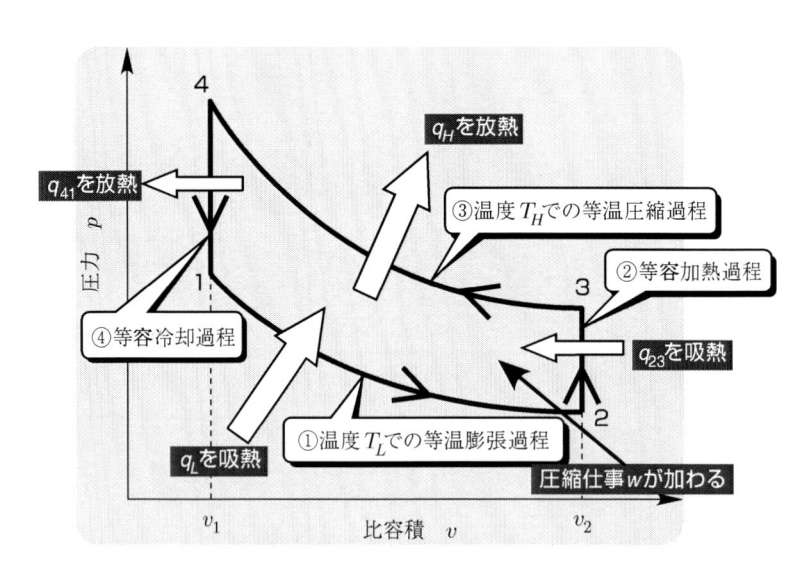

図 1.22 スターリング冷凍サイクル

立っており，各過程は次のようになっている．

① 【1→2】温度 T_L での等温膨張過程：温度 T_L を保ったままガスを膨張させる．理想気体の場合，内部エネルギーは変化しないので，ガスが外部に対してする仕事がそのまま吸熱量 q_L [J/kg] となる．

② 【2→3】等容加熱過程：体積一定のまま熱量 q_{23} [J/kg] を加え，圧力が上昇し温度が T_H [K] となる．外部との仕事のやりとりはない．

③ 【3→4】温度 T_H での等温圧縮過程：温度 T_H を保ったままガスを圧縮する．理想気体の場合，内部エネルギーは変化しないので，ガスに外部から加える仕事がそのまま放熱量 q_H [J/kg] となる．

④ 【4→1】等容冷却過程：体積一定のまま熱量 q_{41} [J/kg] を放出し，圧力が低下し温度が T_L [K] となる．外部との仕事のやりとりはない．

このとき，各過程での熱の出入りを図 1.22 の記号を用いて表すと以下のようになる．

$$q_L = RT_L \ln \frac{v_2}{v_1} \tag{1.38}$$

$$q_{23} = c_v(T_H - T_L) \tag{1.39}$$

$$q_H = RT_H \ln \frac{v_3}{v_4} = RT_H \ln \frac{v_2}{v_1} \tag{1.40}$$

$$q_{41} = c_v(T_H - T_L) \tag{1.41}$$

$$w = q_H + q_{41} - q_L - q_{23} \tag{1.42}$$

さらに，冷凍サイクルの COP は次のようになる．

$$\varepsilon_R = \frac{q_L + q_{23}}{w} \tag{1.43}$$

また，c_v が一定なら $q_{41} = q_{23}$ となるので，

$$w = q_H - q_L \tag{1.44}$$

となる．ここで，$q_{41} = q_{23}$ であることに注目すると，q_{41} を一時的にどこかに蓄えておいて，q_{23} にまわすという方法も考えられる．これを完全再生サイクルという．

Q 1.5 完全再生サイクルの理論 COP (冷凍サイクルとして) を求めよ．

A 冷凍サイクルとして考えるから，総吸熱量は $q_L + q_{23}$ で与えられる．しかし，完全再生サイクルであれば q_{23} は外部からの吸熱ではなく，q_{41} から提供されるものである．したがって，正味の吸熱量は q_L のみとなる．すなわち，

$$\varepsilon_R = \frac{q_L}{w} \tag{1.45}$$

である.ここで,式 (1.38), (1.40), (1.44) を式 (1.45) に代入すると,求める COP は

$$\varepsilon_R = \frac{T_L}{T_H - T_L} \tag{1.46}$$

となる.

このような蓄熱再生を担う機構を**再生器** (regenerator) という.再生器がなくても冷凍サイクルとしては成立するが,実際のスターリングサイクル冷凍機では再生器を備えたものが標準的となっている.

1.4.2 基本構造とシュミットサイクル

前述のような冷凍サイクルを実現する装置の例を図 1.23 に示す.これがスターリングサイクル冷凍機の基本構造である.**ディスプレーサ** (displacer) とよばれるシリンダ内にディスプレーサピストンがあり,ピストンの上側と下側の空間は再生器を通して連結されている.ディスプレーサピストンの上下動にともない,内部のガスは再生器を通過し,ピストンの反対側に流れ込むようになっている.また,ディスプレーサの片側の空間には別のシリンダが連結されている.こちらに設置されたピストンは**パワーピストン** (power piston) とよばれており,ここに外部から仕事を加えることで系内のガスを減圧・膨張させ,ディスプレーサ内のガスに低温を発生させる.再生器は通常 #100 程度の金網を何枚も重ねた構造となっている.

図 1.24 は図 1.23 を簡略化してピストンの動きをわかりやすく示したものである.図 1.22 の p–V 線図と図 1.24 に従って各過程を説明する.

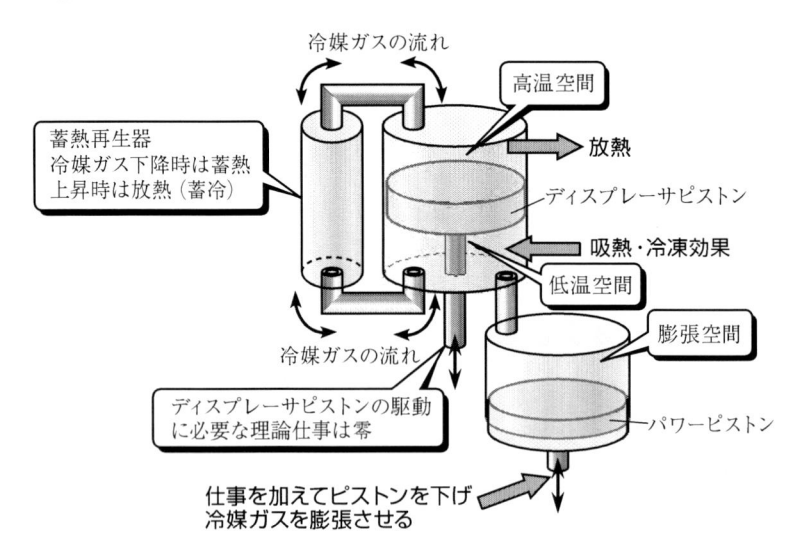

図 1.23 スターリングサイクル冷凍機の構成要素

1.4 スターリングサイクル冷凍機　35

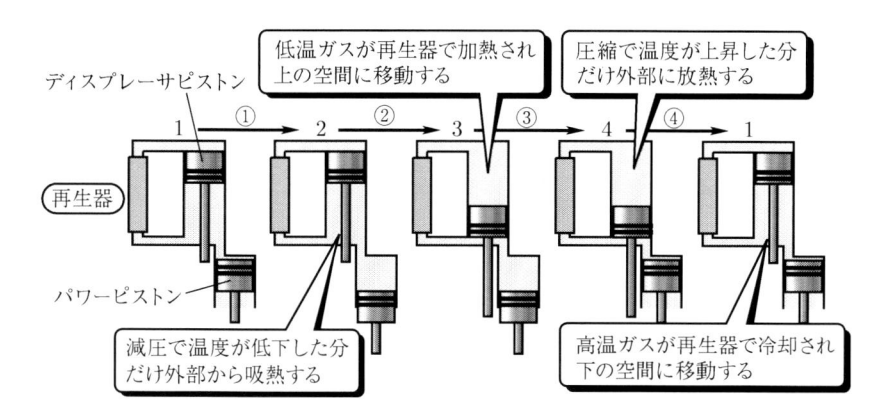

図 1.24 スターリングサイクル冷凍機の動作原理

① 【1→2】等温膨張過程：冷媒ガスの大部分はディスプレーサピストンの下側にある．ここでパワーピストンを引き出すことにより中のガスを減圧膨張させると，温度が低下し内部エネルギーが減少する．ここで，ガスはシリンダ外部から，内部エネルギー減少分に相当する熱を吸収することにより，理論的には温度 T_L で一定のままの膨張過程となる．

② 【2→3】等容加熱過程：ディスプレーサピストンが下へ移動し，低温空間にあるガスを再生器へ送り込む．再生器を通過する低温ガスは，すでに温度 T_H となっている再生器内の蓄熱材により加熱され温度 T_H となり，ピストンの上側の空間に移動する．この過程では，単にガスの存在場所が変わるだけで体積は一定であり，したがって，ディスプレーサピストンの駆動に必要な仕事は理論上零である．

③ 【3→4】等温圧縮過程：パワーピストンを押し込みガスを圧縮する．ガスの温度が上昇し，内部エネルギーが上昇するが，ここでガスは内部エネルギー上昇分に相当する熱をシリンダ外部に放熱し，理論的には温度 T_H での放熱過程となる．

④ 【4→1】等容冷却過程：ディスプレーサピストンが上昇し，高温空間にあるガスを再生器へ送り込む．このとき高温ガスは再生器の蓄熱材に熱を蓄え，ガス自身は温度 T_L となって低温空間に移動する．この過程で蓄えた熱量が式(1.41)であり，式(1.39)と合わせて熱再生の機能をもっていることになる．再生器内には温度 T_H と T_L との間で温度勾配ができており，より確実な蓄熱・熱再生を行うことでサイクルの成績係数は向上する．

図 1.24 において，ディスプレーサピストンとパワーピストンとの位相関係を調べると図 1.25 のようになる．両ピストンには 90°の位相差があり，ディスプレーサでガスの位置を決めた後，パワーピストンで圧力変化を発生し，吸熱と放熱を行うというサイクルであることがわかる．しかし，実際の機器では図のような位相の変化を与えることはなく，ピストンの駆動には回転運動を直線運動に変えるためのクランク機構やスコッチヨーク機構などが用いられている．すなわち実際の各ピストンの位相は図 1.26 のようになっている．

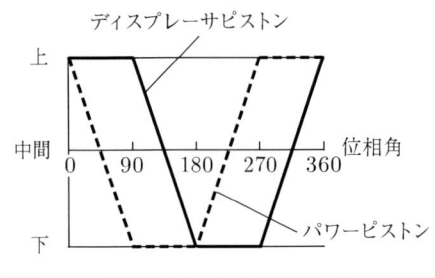

図 1.25 理論サイクルにおけるピストンの動き

図 1.26 実際の機器におけるピストンの動き

このようなピストンの連続的な動きを反映した理論サイクルは**シュミットサイクル** (Schmidt cycle) とよばれており，スターリングサイクルの性能予測法として広く用いられている．以下にシュミットサイクルの概要を説明する．

図 1.24 のような形式の冷凍機を考える．各部の記号を図 1.27 に示す．また冷媒ガスの状態について以下のような仮定を設ける．

① 冷媒ガスを理想気体とする．
② 圧縮および膨張過程を等温変化とし，再生熱交換は完全とする．

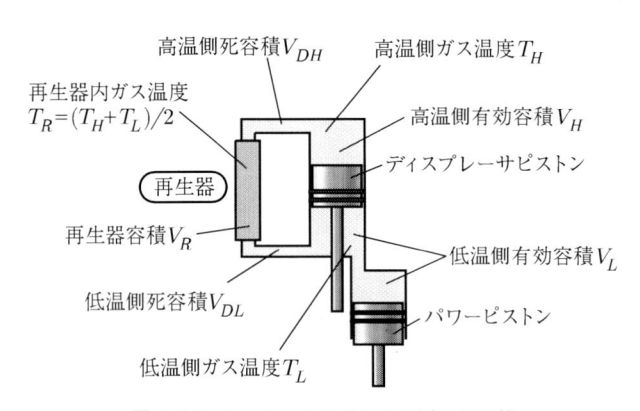

図 1.27 シュミットサイクルで用いる記号

③ 各部の圧力損失を無視し，系内の圧力は一様であるとする．
④ 高温空間と低温空間のガス温度は，それぞれ T_H, T_L で一様であるとする．また，再生器内と死容積部の温度は T_H と T_L の平均であるとする．
⑤ 高温空間と低温空間の容積が正弦波状に変化し，ガスの漏れはないものとする．ディスプレーサピストンが上死点にあるときのクランク角 θ を $0°$ とすると，高温空間と低温空間の有効容積はそれぞれ以下のようになる．

$$V_H = \frac{1}{2}V_D(1 - \cos\theta) \tag{1.47}$$

$$V_L = \frac{1}{2}V_D(1 + \cos\theta) + \frac{1}{2}V_P[1 - \cos(\theta - \alpha)] \tag{1.48}$$

ただし，V_D, V_P はそれぞれディスプレーサピストンとパワーピストンの行程容積である．また，α は両ピストンの位相差である．ガス全体の容積 V は次のようになる．

$$V = V_H + V_{DH} + V_R + V_{DL} + V_L \tag{1.49}$$

初期のガス封入量を m [kg] とすると，高温部，再生器部，低温部それぞれの状態方程式を考えることにより以下の式を得る．

$$p = mR\left(\frac{V_H}{T_H} + \frac{V_{DH} + V_R + V_{DL}}{T_R} + \frac{V_L}{T_L}\right)^{-1} \tag{1.50}$$

θ を $0°$ から $360°$ で変化させ，式 (1.49) と (1.50) からそれぞれ V と p を計算することにより，p–V 線図を描くことができる．実際に描いた p–V 線図の例を図 1.28 に，その諸元を表 1.2 に示す．

ここで，以下のような無次元数を導入する．

温度比：$\tau = \dfrac{T_L}{T_H}$ \hfill (1.51)

行程容積比：$\kappa = \dfrac{V_P}{V_D}$ \hfill (1.52)

無効容積比：$X = \dfrac{V_{DH} + V_R + V_{DL}}{V_D}$ \hfill (1.53)

これらを用いて式 (1.50) を書き直すと次のようになる．

$$p = \frac{2mRT_L}{V_D[S - B\cos(\theta - \phi)]} \tag{1.54}$$

$$\phi = \tan^{-1}\frac{\kappa\sin\alpha}{\tau + \kappa\cos\alpha - 1} \tag{1.55}$$

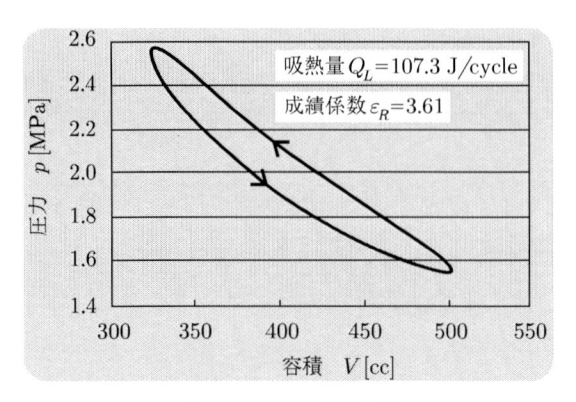

図 1.28 p–V 線図の例

表 1.2 p–V 線図例の冷凍機の諸元

放熱側ガス温度	+50 °C
吸熱側ガス温度	−20 °C
ディスプレーサピストン行程容積	180 cc
パワーピストン行程容積	180 cc
無効容積比	0.8
ガス定数	2077 J/(kg·K) ヘリウム
平均圧力	2.0 MPa
位相差	90°

$$S = \tau + \frac{4\tau X}{1+\tau} + \kappa + 1 \tag{1.56}$$

$$B = \sqrt{\tau^2 + 2\kappa(\tau-1)\cos\alpha + \kappa^2 - 2\tau + 1} \tag{1.57}$$

また，サイクルの平均圧力 p_{mean} [Pa] は次のように表される．

$$p_{\text{mean}} = \frac{1}{2\pi}\oint p\,d\theta = \frac{2mRT_L}{V_D\sqrt{S^2-B^2}} \tag{1.58}$$

つぎに，低温側の吸熱量 Q_L [J/cycle] と高温側からの放熱量 Q_H [J/cycle] を求める．サイクル全体の中で，熱再生の部分はサイクル内部での熱交換であるから，外部との熱交換の過程には該当しない．サイクルとしての吸熱過程と放熱過程は，いずれも等温変化であるから，吸熱量は低温側ガスが外部にした仕事量に等しく，また放熱量は高温側ガスが外部から受けた仕事に等しい．すなわち，以下の式が成り立つ．

$$Q_L = \oint pdV_L = \frac{p_{\text{mean}}V_D\pi B\tau\sin\phi}{S[1+\sqrt{1-(B/S)^2}]} \tag{1.59}$$

$$Q_H = -\oint pdV_H = \frac{p_{\text{mean}}V_D\pi B\sin\phi}{S[1+\sqrt{1-(B/S)^2}]} \tag{1.60}$$

Q 1.6 シュミットサイクルの理論 COP を求めよ．

A 図 1.28 において p–V 線図に囲まれた面積は，ガスに与えられた仕事を表す．また，その仕事量 W [J/cycle] は次のようになる．

$$W = Q_H - Q_L \tag{1.61}$$

式 (1.59)～(1.61) を合わせると求める COP は以下のようになる．

$$\varepsilon_R = \frac{Q_L}{W} = \frac{\tau}{1-\tau} \tag{1.62}$$

式 (1.51) を用いると，

$$\varepsilon_R = \frac{T_L}{T_H - T_L} \tag{1.63}$$

となり，式 (1.46) すなわち逆カルノーサイクルの成績係数と一致する．

1.4.3　機器の形式と特徴

　スターリングサイクル冷凍機の形式は，いわゆるスターリングエンジンと同様で三つの形式がある．

　（1）α型　　図 1.29 のように，膨張空間と圧縮空間としてそれぞれにシリンダがあり，各シリンダ内のガスは再生器を通してお互いに移動できるようになっている．2 ピストン型ともよばれ，両ピストンの位相差は 1.4.2 項で説明したように 90°となっている．構造はシンプルであるが，膨張と圧縮をそれぞれのピストンで行うため，各ピストンには大きな力がかかる．

　（2）β型　　図 1.30 のような構造となっており，図 1.27 のディスプレーサシリンダとパワーシリンダが縦に重なった形式となっている．熱交換器形式の自由度が高いという特徴を保ちつつ，さらにシリンダが一つであるため小型化や機械損失の低減が可能であるという特徴がある．しかし，二つのピストンが重なっているため，ディスプレーサピストンのロッドがパワーピストンを貫通するという複雑な構造となっている．

　（3）γ型　　図 1.23 や図 1.27 に示したものが γ 型である．各シリンダの配置や熱交換器形式の選択に自由度がある．しかし，全体が大型になりやすく，また死容積も大きくなりやすい構造である．ディスプレーサピストンのロッドシール部の設計に注意が必要である．

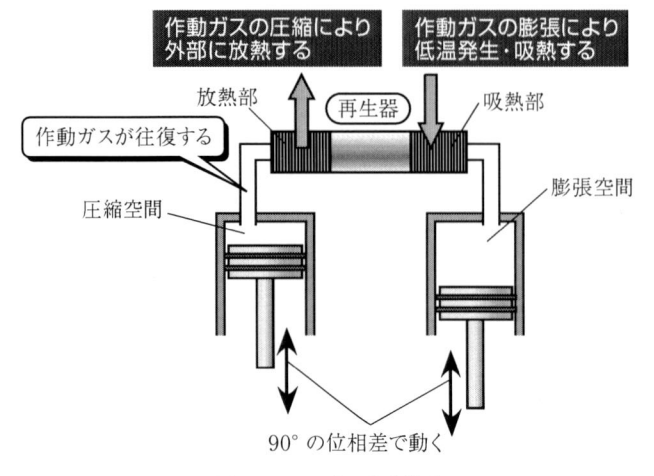

図 1.29 α型の基本構造

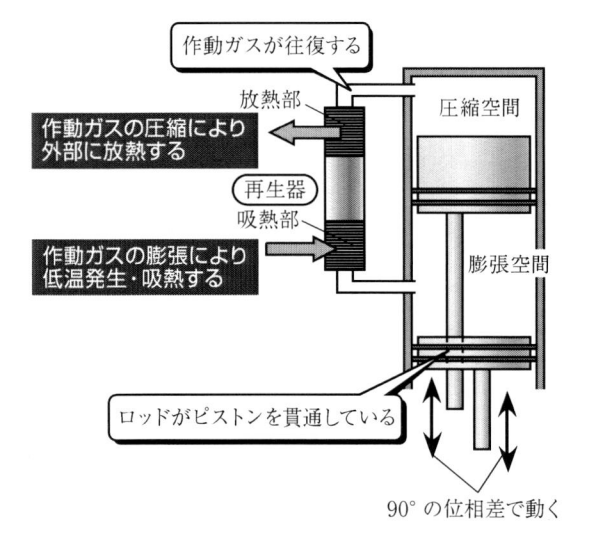

図 1.30 β型の基本構造

　冷媒は密閉された空間内で状態変化をするため，理想的にはピストンとシリンダの隙間やシリンダとディスプレーサピストンのロッドなどから，冷媒の漏れがあってはならない．また，小さい容積で大きな冷凍能力をもたせるために，冷媒は高圧で封入されることが望ましい．しかし，実際にはピストンリングやロッドシールなどを用いても，漏れを完全に止めることは不可能である．そこで，通常はピストンの裏側にあたるクランクケースに**背圧**(back pressure, buffer pressure)をかけ，冷

媒の作動空間内での平均圧力を高く保っている．この部分をバッファ空間とよび，バッファ空間も高圧の冷媒が封入された状態となるが，クランク機構を駆動するモータとともに圧力容器内に密閉する**ハーメティック型**(hermetic type)とすることが多い．これは蒸気圧縮式の冷凍機において，圧縮機を圧力容器内に閉じ込めるのと同じことである．また，バッファ空間の容積はピストンの排除体積に対して十分大きくする必要がある．パワーピストンが上死点から下死点に来るとき，バッファ内のガスは厳密には圧縮されるため，バッファ空間の容積が小さい場合，この圧縮仕事が無視できなくなってしまうのである．

β 型と γ 型ではさらに機器の小型化のため，ディスプレーサピストン内に再生器を内蔵するタイプのものもある．シリンダ外部に再生メッシュを設置した例を図1.31 に，ディスプレーサピストン内部に再生メッシュを埋め込んだ例を図1.32に示す．後者では装置の小型化が可能であるが，再生メッシュの充填量が大きいとディスプレーサピストンが重くなるため，最適設計が重要となる．

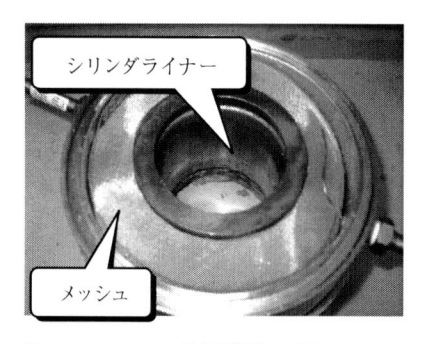

図 1.31 シリンダ外部設置の再生メッシュ

図 1.32 ピストン内部設置の再生メッシュ

1.4.4 実際の機器

これまで，スターリングサイクル冷凍機は，冷媒種類を選ばないという特徴があった．しかし，HFC などを用いた蒸気圧縮式冷凍機と比べて，冷媒封入圧力が約1桁大きいことや，蒸発潜熱を用いないので，機器が大型化しやすいなどの理由から，蒸気圧縮式にとって代わることは困難だった．

しかし，蒸気圧縮式で苦手とする極低温の分野では開発[16]が進められており，冷凍能力は数十ワット以下であるが，到達温度が 30〜73 K 程度のものも開発されている．また，そのような極低温でも，蒸気圧縮式と比較して COP が高いという特徴がある．さらに，蒸気圧縮式で使用される冷媒が次々と規制される中で，冷媒種類を選ばないという最大の利点が注目されており，蒸気圧縮式が中心であった冷凍庫や空調という温度レベルでも，スターリングサイクル冷凍機が開発[17]されて

きている．実際の機器のデータ例を表 1.3 に示す．装置の単位容積あたりの冷凍能力は，まだ蒸気圧縮式と比較してほぼ 1 桁小さいが，COP は蒸気圧縮式と比較して遜色ない．

表 1.3 蒸気圧縮式との比較[18]

方式	蒸気圧縮	スターリング	
型番	R134a	V160	NS03T
凝縮／蒸発温度 [K]	303.15/258.15		
COP	4.83	5.77	5.73
冷凍効果 [MJ/kg]	0.1737	0.205	0.210

蒸気圧縮式における代替冷媒の研究開発は盛んであるが，一方で蒸気圧縮式でない冷凍方式の研究も進められており，スターリングサイクル冷凍機は代替冷凍サイクルとして有力な候補の一つである．極低温需要の増加や冷媒問題などに対応できるサイクルであり，今後，乗用車用エアコンや電子機器冷却など[19]多くの場面に登場することが予想される．

◇スターリングサイクル冷凍機の冷媒は何？ ちょっと横道

スターリングサイクル冷凍機では，冷媒の種類を選びません．しかし，実際の機器で使用されている冷媒はほとんどがヘリウムか空気です．当初は極低温が目的であったため，沸点の低いヘリウムが利用されてきましたが，常温範囲ではどちらが良いのでしょうか．

同一容積で同一圧力の場合，ガスの密度や比熱，粘性係数などを考えると，単位体積あたりの熱容量や再生器内の流動抵抗はあまり変わりません．動粘性係数はヘリウムの方が大きく，同じ流速であればレイノルズ数は小さいので，熱交換器でのヌッセルト数はむしろヘリウムの方が小さくなります．しかし，熱伝導率が空気の約 6 倍大きく，ヌッセルト数の低下分を超えて高い熱伝達率をもたらすので，熱交換器の小型化などにはヘリウムは確かに優れているといえます．ただし，ヘリウムは空気と比べて機器から漏れやすく，それに対応した機器の設計が必要になります．

◆ 演習問題 ◆

1.1 R134a を用いた単段冷凍サイクルがある．凝縮温度 45 °C，蒸発温度 10 °C としたときの COP を求めよ．また，同温度で 2 kW の冷凍能力をもたせるために必要な冷媒循環量を求めよ．

1.2 前問の条件で，過冷却度が 5 °C のとき，また過熱度が 5 °C であるとき，それぞれの

COP を求めよ．

1.3 R134a を用いた中間冷却つき二段圧縮冷凍サイクルがある．凝縮温度 45 °C，蒸発温度 −25 °C としたときの COP を求めよ．また，同温度で 2 冷凍トンの冷凍能力をもたせるために必要な冷媒循環量を求めよ．

1.4 演習問題 1.1 の条件で，圧縮機の圧縮効率が 0.8，また圧縮機モータの機械効率が 0.85 であるとき，正味の COP を求めよ．

1.5 高温側，低温側それぞれのガス温度が 45 °C と −10 °C であるようなスターリングサイクル冷凍機がある．この理論 COP を求めよ．また，R134a を用いた蒸気圧縮式単段冷凍サイクルを用いた場合と比較せよ．

第2章

冷凍機器

　我々の生活の上で，冷蔵庫，エアコンなど冷凍機器は欠くことのできない身近なものとなっている．また，食品の製造などの工場生産ラインの冷却設備や，商業施設の空調，超伝導電磁石の冷却まで多岐にわたり利用されている．これらの冷凍技術は近年，オゾン層の破壊や地球温暖化の環境問題を背景に，環境に配慮した冷媒の選択と，より一層の省エネルギー化が進められてきている．

　本章では，蒸気圧縮式冷凍機を始め，熱駆動冷凍機 (吸収冷凍機) や熱電冷凍機など，さまざまな方式の冷凍機について学ぶ．また，それらの構成機器とその役割について解説するとともに冷凍機の機械効率，体積効率などから冷凍機駆動動力の求め方などの学習を行い，冷凍サイクルの効率に大きな影響を与える蒸発器や凝縮器の熱交換のしくみについても説明する．さらに，きわめて低い温度 (極低温) を得るための方法について学習する．

　現在使用されている冷凍機を分類すると，表 2.1 のようになる．

表 2.1　冷凍機の分類

冷凍機の種類			方式	用途
蒸気圧縮式冷凍機	容積式圧縮機	往復式	ピストン・クランク方式	冷凍，ルームエアコン，ヒートポンプ
			ピストン傾板式	カーエアコン
		回転式	ロータリー式	電気冷蔵庫，カーエアコン，ルームエアコン
			スクロール式	冷凍，カーエアコン，ルームエアコン
			スクリュー式	空調，冷凍，ヒートポンプ
	遠心式圧縮機 (ターボ冷凍機)			空調，冷凍，ヒートポンプ
熱駆動冷凍機	吸収冷凍機，吸着冷凍機			空調，冷凍
熱電冷凍機			ペルチェ式	小型冷蔵庫，CPU の冷却
蒸気噴射式冷凍機			エジェクタ式	空調

◆2.1◆ 蒸気圧縮式冷凍機

一般的な冷凍サイクルの機器構成を図2.1に示す．蒸気圧縮式冷凍機は圧縮機，凝縮器，膨張弁，蒸発器から構成されている．

圧縮機：蒸発器において冷凍作用を行った低圧・低温の冷媒蒸気を圧縮して，高圧・高温の蒸気にする．
凝縮器：冷却水などの冷却媒体により，高温の蒸気を冷却して液化する．
膨張弁：高圧の冷媒液を減圧して湿り蒸気にする．
蒸発器：冷媒が蒸発して空気や水などから熱を奪い，冷凍作用を行う．

蒸気圧縮式冷凍機の圧縮機は，機械的に蒸気を圧縮するものであり，ピストンの往復運動によって蒸気を圧縮する往復式，ピストンが回転運動して蒸気を圧縮する回転式，オス・メスの歯型をもったロータが噛み合って蒸気を圧縮するスクリュー式，冷媒ガスを高速回転の羽根車で圧縮する遠心式などがある．

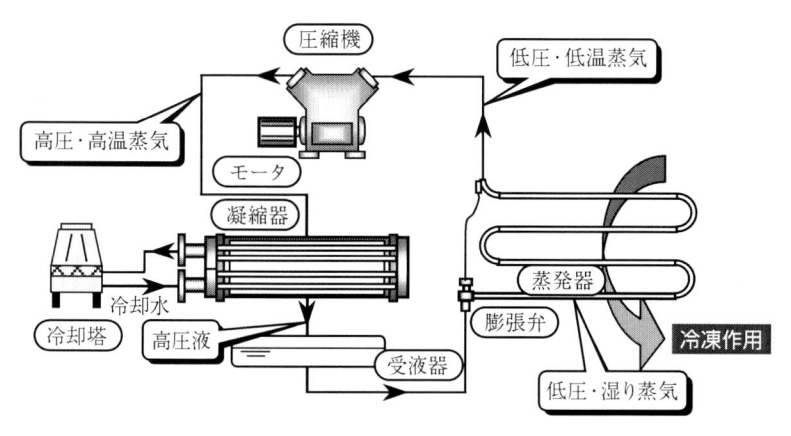

図2.1 冷凍サイクル

2.1.1 圧 縮 機

（1）往復式圧縮機　クランク軸の回転運動をピストンの往復運動に変え，ピストンの下降行程で蒸発器から冷媒ガスを吸入し，上昇行程でガスを圧縮して吐出管から凝縮器に冷媒を送る圧縮機が**往復式圧縮機** (reciprocating compressor) である．クランク軸の回転には主として**電動機** (motor) が用いられ，電動機との連結方法によって以下のように開放形，密閉形，半密閉形に分類されている．

（a）開放形圧縮機：フロンやアンモニアを冷媒とする業務用，産業用の大型冷凍装置に多く用いられている方式が**開放形圧縮機** (open type compressor) である．図2.2のように，ベルトまたはカップリングにより電動機と連結されており，クラ

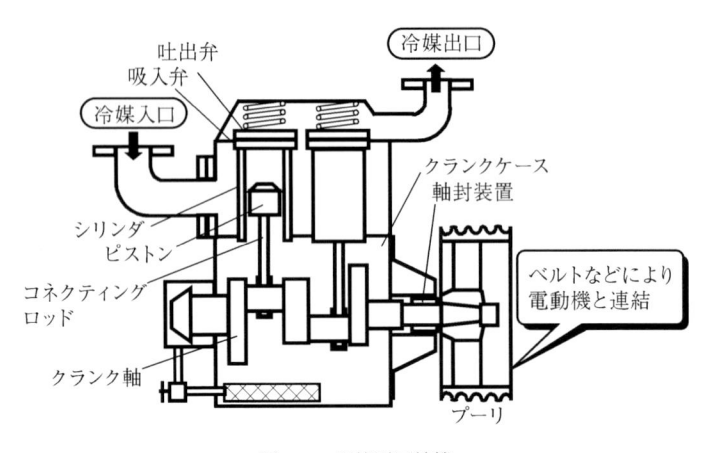

図 2.2 開放形圧縮機

ンク軸が圧縮機のクランクケースを貫通している構造をもつ．この部分からの冷媒の漏洩を防止するために**軸封装置** (shaft seal) が取り付けられている．

（b） 密閉形圧縮機：圧縮機と電動機が同じ軸上に連結されて一つのケーシング内に収められて，ケーシングが溶接密封されている構造をもつ圧縮機が**密閉形圧縮機** (hermetic compressor) である．電動機の巻線は冷媒蒸気と接するため，適切な絶縁が施されている．15 kW 未満程度の小・中型の圧縮機に用いられている．

（c） 半密閉形圧縮機：密閉形と同様に電動機と圧縮機が一つのケーシング内に組み込まれているもので，ボルトを外すことによって圧縮機内部の点検・修理を可能としたのが**半密閉形圧縮機** (semi-hermetic compressor) である．アンモニア圧縮機では，電動機巻線を冷媒に触れないようにしたキャンドモータを用いて，圧縮機と電動機を直結した半密閉形の圧縮機がある．

ちょっと横道

◇**圧縮機を開放形にするか密閉形にするか？**

　圧縮機を開放形にするか密閉形にするかは，どのように決まるのでしょうか．家庭用の冷蔵庫やエアコンなど保守点検の必要がない圧縮機は密閉形としています．開放形は，定期的な保守点検や部品の交換を必要とする大型の冷凍機に主として用いられ，ボルト締めの構造により簡単に分解点検ができます．半密閉形は軸封装置がないため，冷媒漏れの危険性をなくしたものですので，故障や点検の際には分解修理が可能な構造にしています．また，カーエアコンは小型であり基本的に点検は必要ないですが，エンジンのクランク軸からベルトを用いて圧縮機の駆動を行うため，圧縮機は開放形が用いられています．

その他に，標準回転数を 1500 rpm 程度の高速回転にし，気筒の配置を V 形や W 形にした**多気筒冷凍機** (multi-cylinder compressor) や，低段圧縮機と高段圧縮機を一つにまとめた**コンパウンド圧縮機** (compound compressor) がある．

（２） 往復式圧縮機の性能

（a） ピストン押しのけ量と冷媒循環量：冷凍装置における冷凍能力を求めるためには，まず圧縮機のピストンが押し出す冷媒の量である**ピストン押しのけ量** (piston displacement) を算出する必要がある．単位時間あたりのピストン押しのけ量 V [m^3/s] は，次式のようにシリンダ容積と回転数によって求められる．

$$V = \frac{\pi D^2}{4} L Z \frac{n}{60} \ [\text{m}^3/\text{s}] \tag{2.1}$$

ここで，D は気筒の内径 [m]，L はピストンの行程 [m]，Z は気筒数，n は毎分の回転数 [rpm] である．式 (2.1) は，理論ピストン押しのけ量とよばれている．

往復式圧縮機が実際に吸入する冷媒量は，V よりも小さくなる．この理由には以下のことが挙げられる．

① 圧縮機が蒸気をシリンダに吸い込むときに，吸入流路とシリンダ，ピストンの壁面で吸入蒸気が加熱される．また，吸入流路と弁で絞り抵抗がある．
② 蒸気を圧縮するときに，ピストンからクランクケースへの漏れがある．
③ 圧縮された蒸気が吐出されるときに，吐出弁の絞り抵抗がある．
④ ピストンが上死点の位置にあるときに，シリンダ上部にはクリアランスを保持するための隙間容積があり，ピストンが下降するときに圧縮したガスが再膨張される．
⑤ 吸入弁と吐出弁には開閉の動作遅れや漏れがある．

実際にシリンダ内に吸い込まれる冷媒蒸気量 V_r と理論ピストン押しのけ量 V の比は，**体積効率** (volumetric efficiency) η_v と定義され，次式のようになる．

$$\eta_v = \frac{\text{実際の吸入蒸気量}\,(V_r)}{\text{理論ピストンの押しのけ量}\,(V)} \tag{2.2}$$

この体積効率は，圧縮機の性能を表す指標となっている．前述した理由の中で，圧縮機に吸い込まれる冷媒量を低下させる主な原因は，隙間容積内の冷媒の再膨張であり，再膨張の影響のみを理論的に考えた体積効率 η_{vo} は，吸入圧力を p_L，吐出圧力を p_H，隙間容積を ΔV [m^3]，ピストン行程容積を V_p [m^3] とすると，

$$\eta_{vo} = 1 - \frac{\Delta V}{V_p}\left[\left(\frac{p_H}{p_L}\right)^{\frac{1}{\kappa}} - 1\right] \tag{2.3}$$

となる．ここで，κ は圧縮する蒸気の比熱比 (c_p/c_v) である．式 (2.3) から体積効率

η_{vo} は，隙間容積比 $\Delta V/V_p$ や，圧力比 p_H/p_L が大きくなると，体積効率は低下することになる．しかし，体積効率は再膨張以外にも前述したように，さまざまな原因が関わってくるため，計算で求めることは困難である．そこで，実用的には圧縮機の吸入量 V_r を実測して体積効率 η_v を求めている．図 2.3 に圧力比と体積効率の関係を示す．

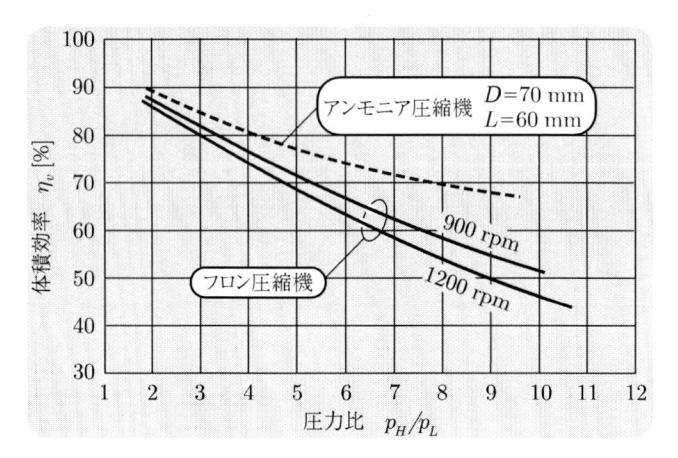

図 2.3 圧縮機の体積効率 [20]

単位時間あたりの質量流量で表した冷媒循環量 G は，圧縮機の吸入蒸気の比容積を v [m³/kg] とすると，

$$G = \frac{V\eta_v}{v} = \frac{V_r}{v} \text{ [kg/s]} \tag{2.4}$$

で求めることができる．吸入蒸気の比容積は密度の逆数であり，吸入圧力が低いほど，また，吸入蒸気の過熱度が大きくなるほど，蒸気の密度は低下するため，比容積 v は大きくなり，冷媒循環量が減少することになる．

（b）圧縮機の軸動力：圧縮機を駆動するのに要する動力 W（軸動力，モータ出力）は，圧縮機の吸入比エンタルピーを h_1，吐出比エンタルピーを h_2'，冷媒循環量を G とすると，

$$W = G(h_2' - h_1) \tag{2.5}$$

となる．このときの吐出比エンタルピー h_2' は，図 2.4 に示すように，圧縮過程が断熱圧縮と考えた場合の比エンタルピー h_2 よりも増加することになり，断熱圧縮の動力（理論断熱圧縮動力），

$$W_{th} = G(h_2 - h_1) \tag{2.6}$$

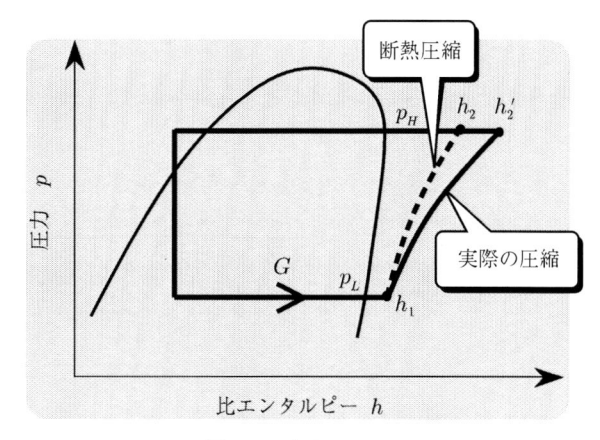

図 2.4 冷凍サイクル

よりも大きくなる．これは，吸入弁と吐出弁の流れにおける抵抗や作動の遅れ，蒸気とシリンダ壁との間の熱交換などが原因となっている．また，圧縮機の機械的な摩擦損失にも原因がある．

理論断熱圧縮動力 W_{th} と実際の圧縮機での蒸気の圧縮に必要な動力 W_c との比は，**圧縮効率** (compression efficiency)η_c，または**断熱効率** (isentropic efficiency) といわれており次式で定義される．

$$\eta_c = \frac{W_{th}}{W_c} \tag{2.7}$$

この圧縮効率は，一般に体積効率と同様に，圧力比が大きくなると小さくなる．一方，機械的な摩擦損失による動力は，圧縮機の駆動に伴う摩擦仕事によるものであり，蒸気の圧縮に必要な圧縮動力 W_c と軸動力 W との比を，**機械効率** (mechanical efficiency)η_m として次式のように表す．

$$\eta_m = \frac{W_c}{W} \tag{2.8}$$

機械効率は圧力比が大きくなると若干小さくなるが，$\eta_m = 0.8 \sim 0.9$ 程度である．

式 (2.7) と式 (2.8) から，圧縮機を駆動するのに必要となる軸動力 W は，

$$W = \frac{W_c}{\eta_m} = \frac{W_{th}}{\eta_c \eta_m} = \frac{W_{th}}{\eta_{tad}} \tag{2.9}$$

となる．η_{tad} は**全断熱効率** (overall isentropic efficiency) といわれている．また，式 (2.5)，(2.6)，(2.9) から，

$$\eta_{tad} = \frac{W_{th}}{W} = \frac{G(h_2 - h_1)}{G(h_2' - h_1)} = \frac{h_2 - h_1}{h_2' - h_1} \tag{2.10}$$

Q 2.1 アンモニアを冷媒とした蒸気圧縮式冷凍機が，図 2.5 に示した冷凍サイクルで運転されている．このときの圧縮機の軸動力 W を求めよ．ただし，理論ピストン押しのけ量 V は $0.3 \text{ m}^3/\text{s}$，体積効率 η_v は 0.8，圧縮効率 η_c は 0.8，機械効率 η_m は 0.9 とする．

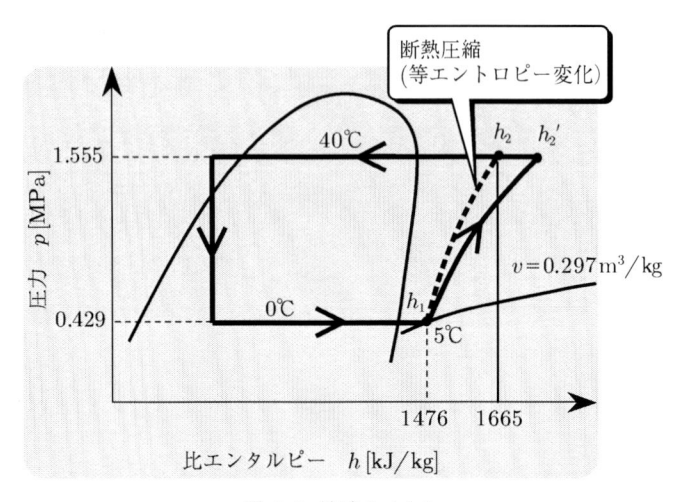

図 2.5 冷凍サイクル

A 圧縮機の吸入蒸気の比容積は，図中に示してある $v = 0.297 \text{ m}^3/\text{kg}$ である．式 (2.4) から，この冷凍サイクルの冷媒循環量 G は，

$$G = \frac{V\eta_v}{v} = \frac{0.3 \times 0.8}{0.297} = 0.808 \text{ kg/s}$$

圧縮機の吸入蒸気の比エンタルピー h_1 は 1476 kJ/kg であり，断熱圧縮における吐出蒸気の比エンタルピー h_2 は 1665 kJ/kg であるから，式 (2.6) から理論断熱圧縮動力 W_{th} は，

$$W_{th} = G(h_2 - h_1) = 0.808 \times (1665 - 1476) = 152.7 \text{ kJ/s}$$

となる．よって，圧縮機の軸動力は式 (2.9) から

$$W = \frac{W_{th}}{\eta_c \eta_m} = \frac{152.7}{0.8 \times 0.9} = 212.1 \text{ kJ/s}$$

となる．

なお，圧縮機の吐出ガス温度は，式 (2.10) を変形した次式を用いて吐出比エンタルピー h_2' を求め，吐出圧力 p_H との関係からモリエ線図などにより求められる．

$$h_2' = \frac{h_2 - h_1}{\eta_{tad}} + h_1 \tag{2.11}$$

吐出ガス温度は，圧力比 p_H/p_L が大きいほど高温になる．とくにアンモニア冷媒の吐出ガス温度は高温になりやすく，吐出温度が 140 °C 以上の高温になると，圧縮機の中の冷凍機油が炭化する問題が生じるので，注意が必要である．

圧縮機の軸動力というのは，圧縮機を駆動するのに必要となる動力を表している．圧縮機は電動機で動かすものが多いが，軸動力は電動機の出力である．上記で示した圧縮機の計算は電動機がケーシングの外にある開放形の場合であり，電動機がケーシングに内蔵される密閉形の場合には，冷媒によって電動機の冷却がなされるため，電動機の発熱も考慮する必要がある．電動機の冷却方式には圧縮前の吸入蒸気で冷却する方式と，圧縮後の吐出蒸気で冷却する方式がある．前者は吸入蒸気の過熱度が大きくなり，後者は吐出温度が高くなる．これらの性能式には電動機の発熱を含んだ全断熱効率が用いられることが多い．

(3) 回転式圧縮機

(a) ロータリー圧縮機：ルームエアコンや電気冷蔵庫，カーエアコンに多く使用されているのが，**ロータリー圧縮機** (rotary compressor) である．カーエアコンは開放形であるが，その他はほとんど全密閉形である．ピストンが回転運動して蒸気を圧縮するこの方式は振動が少なく，高速小型化が可能である．ロータリー圧縮機には，シングルベーン形 (single vane type) または回転ピストン形 (rolling piston type) とよばれるものと，スライディングベーン形 (sliding vane type) がある．

シングルベーン形は図 2.6 に示すように，シリンダ内部に偏心したローラ (回転ピストン) があり，ローラがシリンダの中心を軸とした回転運動を行うことにより，冷媒蒸気は両者間の隙間に吸入され，圧縮されて吐出される．吸入側と圧縮側の境にはすべり弁となっている仕切り弁 (ベーン) があり，常にローラの表面に接していることで，圧縮蒸気が吸入側に漏れないようにしている．

スライディングベーン形は，図 2.7 に示すように，シリンダに対して上方向にローラが偏心しており，ローラに組み込まれたベーンがシリンダ内壁に密接して摺動することにより，シリンダとローラ間のガスが圧縮される．ベーンが二つの場合は回転軸 1 回転で吸入と圧縮行程が 2 回行われる．

ロータリー圧縮機の理論押しのけ量 V は，シングルベーン形では，

$$V = \pi(R^2 - r^2)L\frac{n}{60} \ [\mathrm{m^3/s}] \tag{2.12}$$

である．ここで，R はシリンダ半径 [m]，r はローラ半径 [m]，L はシリンダ長さ [m]，n は回転数 [rpm] である．

スライディングベーン形の場合は，

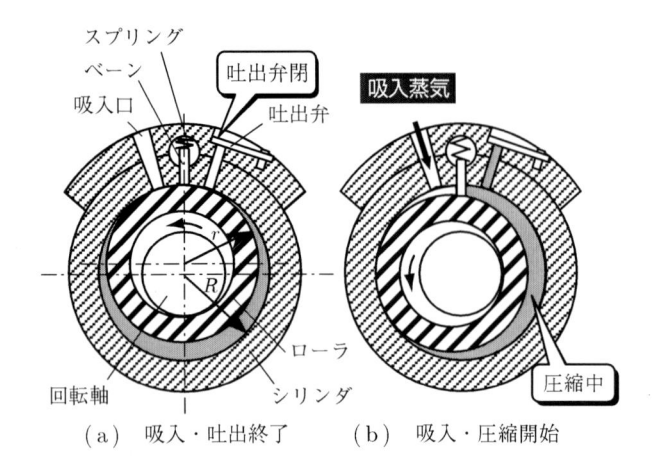

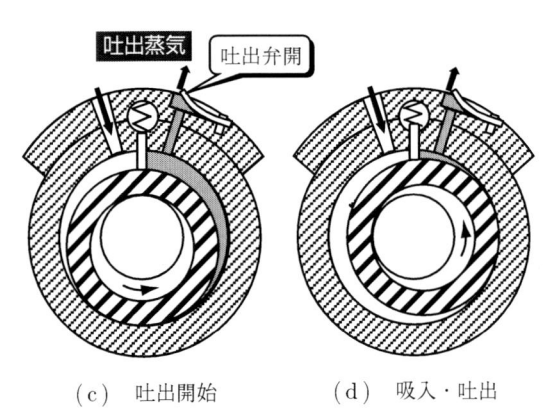

図 2.6　シングルベーン形ロータリー圧縮機の動き

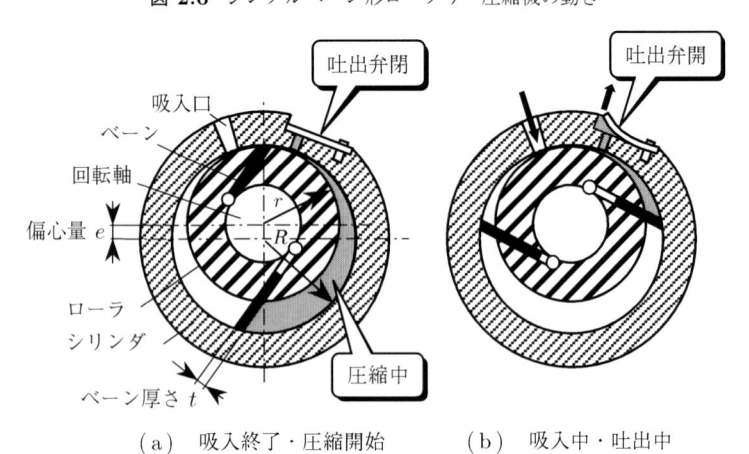

(a) 吸入・吐出終了
(b) 吸入・圧縮開始
(c) 吐出開始
(d) 吸入・吐出

図 2.7　スライディングベーン形ロータリー圧縮機の動き

(a) 吸入終了・圧縮開始
(b) 吸入中・吐出中

$$V = NL\left[eR\sin\left(\frac{\pi}{N}+\alpha\right) + R^2\left(\frac{\pi}{N}+\alpha\right) - r^2\left(\frac{\pi}{N}-tl\right)\right]\frac{n}{60} \,[\text{m}^3/\text{s}] \tag{2.13}$$

である．ここで，N はベーンの数，e は偏心量 [m]，t はベーンの厚さ [m]，l は最大吸入時のベーン飛び出し長さ [m]，$\sin\alpha = \dfrac{e}{R}\sin\left(\dfrac{\pi}{N}\right)$ である．

ロータリー圧縮機の特徴を以下に示す．

① 全密閉形のロータリー圧縮機の容器は高圧になっており，電動機も高圧ガス中に置かれ，吐出ガスによって冷却される構造になっている．したがって，電動機の発生熱が吸入蒸気を加熱することがないので，これによる体積効率の低下が少ない．しかし，吐出温度が高くなりやすく，中間冷却方式やインジェクション冷却方式などによる過熱防止手段が採用されている[21]．

② 容器内を高圧とすることで，潤滑油の溜まり部も高圧となり，軸に設けた簡単な遠心式の油ポンプによってくみ上げた油は，差圧によって低圧側のシリンダ内に流れ込み，潤滑される．

③ 吸入管が直接シリンダに接続されているため，液圧縮を起こしやすい．そこで，吸入側にアキュムレータ (液分離器) を付けて液を分離し，液圧縮を防止している．

④ シリンダの吸入口の閉塞はローラ自体によってなされるため，吸入弁を必要としない．また，吐出弁での流路抵抗が小さいことから，往復式圧縮機に比べてクリアランスの体積効率への影響も 1/30 程度と少なくなり，体積効率は図 2.8 のように往復式圧縮機に比べて高い値となる．

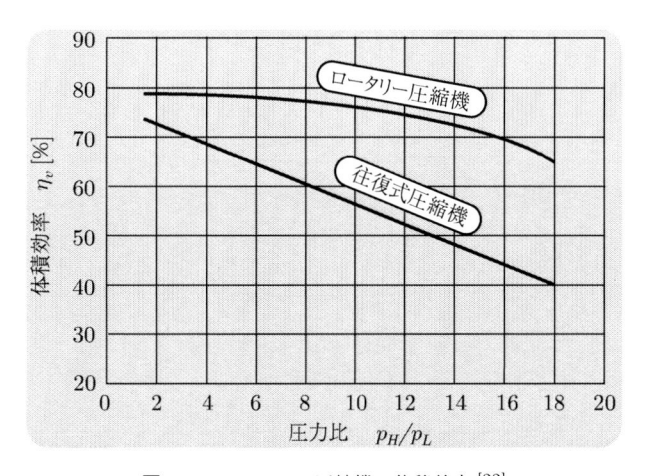

図 2.8 ロータリー圧縮機の体積効率[22]

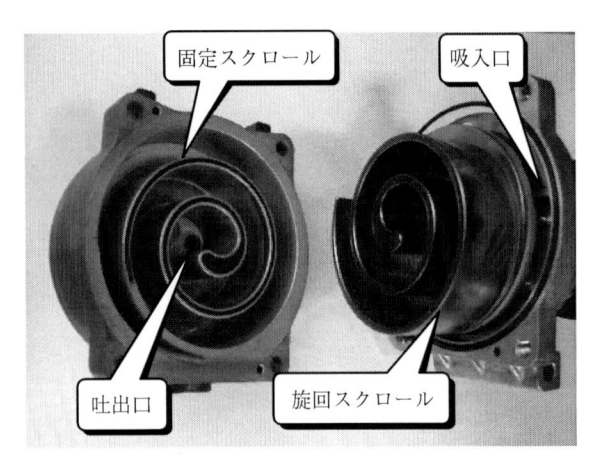

図 2.9 スクロール圧縮機

（b）スクロール圧縮機：ロータリー圧縮機と同様に，ルームエアコンやカーエアコンに使用されているのが，**スクロール圧縮機** (scroll compressor) である．また，冷凍・冷蔵用の冷凍機や業務用の空調機などにも多く用いられるようになってきている．カーエアコンは開放形であるが，その他はほとんど全密閉形である．容量範囲 (圧縮機定格出力) は，開放形で 0.75～2.2 kW，密閉形で 2.2～15 kW の範囲のものがあり，使用されている冷媒は R22, R134a, R404A, R407C, R410A, R744 (CO_2) など，さまざまな種類のものがある．

スクロール圧縮機は図 2.9 のように，渦巻状の曲線で構成された固定スクロールと，ほぼ同じ形の旋回スクロールを組み合わせ，両スクロールの間に形成された圧縮空間を旋回とともに減少させて，吸い込んだ蒸気を圧縮する．圧縮空間は次第に減少しながら中心部に移動し，最終的にはスクロール中心部にある吐出口から圧縮蒸気が吐出される．この圧縮機は，スクロールの設計構造で圧縮の開始と終了の容積比 (内部容積比) や圧力比が決まる．よって，圧力比が大きく異なる運転条件の用途に対しては，別設計の圧縮機を用いる必要がある．スクロール圧縮機には以下の特徴がある．

① 吸入弁と吐出弁を必要としないが，停止時には高低圧の差圧で圧縮機ロータが逆回転するので，逆回転防止のために逆止弁を設けたものが多い．
② 液戻りは好ましくないが，比較的液圧縮に強い．
③ 吸入と吐出の動作が滑らかでトルク変動が少なく，とくに振動や騒音が少ない．
④ 体積効率，機械効率がともに高く，高速回転に適しており，全密閉形では 3000 rpm 程度で回転している．

（c） スクリュー圧縮機：図 2.10 のように，**スクリュー圧縮機** (screw compressor) は，オスロータとメスロータの二つの歯形をもったロータが噛み合うことにより，溝の中に吸入された冷媒蒸気が吐出口に出るまで圧縮され続ける．油噴射によってロータ間やロータとケーシングの間のシールを行い，動力の伝達はスクリューのロータ自体で行っている．構造は簡単であるが，ロータの加工には極度に精密さが要求される．冷媒は R22, R134a, R502, アンモニアなどが用いられ，大容量の機種に向いており，また，1段の圧力比が高くとれるため，高温ヒートポンプや低温冷凍装置用として使用されている．

吸入行程は，ロータが回転するにつれて軸方向に設けられた吸入口から冷媒ガスが流入し，歯形空間に吸い込まれ，噛み合いが吐出方向にいくにつれて空間の体積は増加し，完全に満たされたときにケーシングの壁に遮られ吸入が終了する．

吸い込まれたガスは歯形空間に閉じ込められると同時に，ロータの回転によって体積は減少し，圧縮される．この圧縮行程でロータ下部から噴射される油により，冷却，ロータの潤滑とシールがなされる．ロータの回転によって吐出圧力に達した蒸気は，ケーシングに設けられた吐出口から吐き出される．吐出が終了したロータは再び吸入側に現れ，吸入が繰り返される．

スクリュー圧縮機は以下の特徴がある．

① 設計によって圧力比が定まっているので，高温用と低温用とでは設計の異なる圧縮機が用いられている．

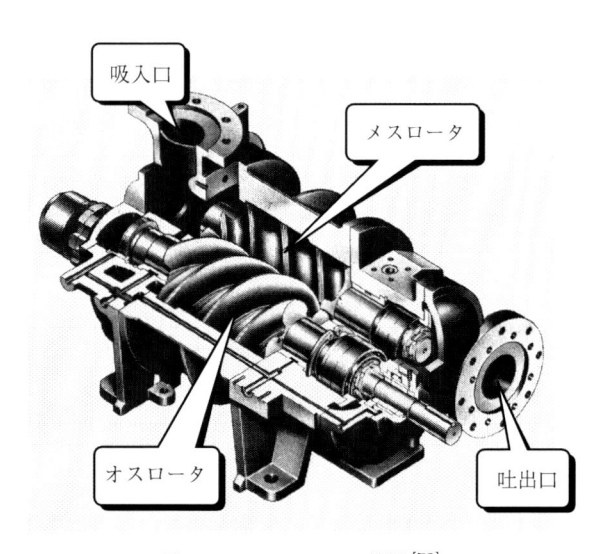

図 2.10 スクリュー圧縮機 [72]

② 吸入弁と吐出弁がないため，液戻りには比較的強い．
③ 油を多量に噴射しながら圧縮し，油で熱を除去するので，吐出ガス温度を断熱圧縮よりも低くすることができる．しかし，油分離器と油冷却器を必要とする．
④ 同じ容量の往復式よりも小型化でき，振動と騒音も少ない．
⑤ 圧縮機の容量制御が，スライド弁の使用によって 10〜100% まで無段階に制御可能である．

> **ちょっと横道**
>
> ◇ CO_2 ヒートポンプ給湯器の圧縮機
>
> 　最近，CO_2 を冷媒として用いた給湯器 (エコキュート) がメーカ各社から商品化されています．この給湯器は蒸発器を用いて空気から熱を集め，圧縮機で冷媒を高温の超臨界ガスに圧縮して，90 °C 程度のお湯を作るものです．この圧縮機には往復式圧縮機，ロータリー圧縮機，スクロール圧縮機，スクリュー圧縮機のさまざまな圧縮機が用いられています．また，圧縮機の吐出圧力は，約 12 MPa (120 kg/cm^2) と非常に高い圧力で用いられています．このように吐出圧力が高圧になっても高い効率をもつ圧縮機が作れる技術を圧縮機メーカ各社はもっています．

2.1.2 凝縮器

凝縮器 (condenser) は圧縮機から吐出された高圧・高温の冷媒蒸気を冷却し，液化させる熱交換器である．この冷却過程で冷媒から放出される凝縮熱量 Q_c は，図 2.11 のように，冷媒が蒸発器で吸熱した冷凍能力 Q_e に，圧縮機の所要動力 W を加えたものとなり，次式で求められる．

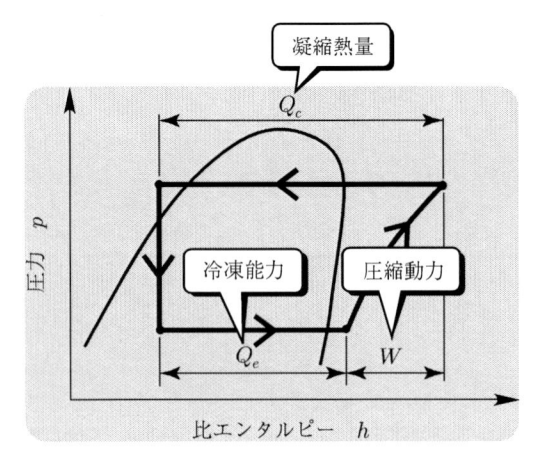

図 2.11 冷凍サイクルの熱量

$$Q_c = Q_e + W \ [\mathrm{kJ/s}] \tag{2.14}$$

ここで，W は圧縮機が開放形の場合は圧縮機の軸動力であり，電動機が圧縮機のケーシング内に収められている密閉形や半密閉形の場合には，圧縮機の軸動力に電動機の発熱量が加わったものになる．また，スクリュー圧縮機では，ロータやケーシングのシールのために噴霧された潤滑油により圧縮機は冷却され，油冷却器(オイルクーラ)により外部に放出されるため，この放熱量を Q_m とすると，凝縮熱量 Q_c は，

$$Q_c = Q_e + W - Q_m \ [\mathrm{kJ/s}] \tag{2.15}$$

となる．この凝縮熱量は，冷房や冷凍装置では空気や水を熱媒体として外部に放熱されるが，温熱を利用するヒートポンプサイクルでは，空気や水を加熱するための熱源として利用される．凝縮器は使用される冷却媒体や伝熱方式により，空冷式凝縮器，水冷式凝縮器，蒸発式凝縮器の三方式に分類される．

(1) 空冷式凝縮器

（a）構　造：**空冷式凝縮器** (air cooled type condenser) は冷却管内に冷媒蒸気を流し，外面を空気で冷却して冷媒を凝縮させる．エアコンのようにファンで空気を送風する強制通風式と，家庭用冷蔵庫のようにファンを用いない自然対流式がある．この熱交換器の性能は管内の冷媒蒸気の凝縮熱伝達，冷却管の熱伝導，空気側の熱伝達によるが，空気側の熱伝達は冷媒側の約 1/40 程度と小さいことから，図 2.12 のように，冷却管の空気側にフィンを付けて伝熱面積を増加させている．また，冷却管が長くなると冷媒の圧力損失により凝縮温度が低下してしまい，空気との温度差が小さくなる．これを防ぐために管を複数に分割し，並列に接続して圧力降下が許容範囲内になるようにしている．一般に，冷却管の材質は銅管，フィンは 0.1

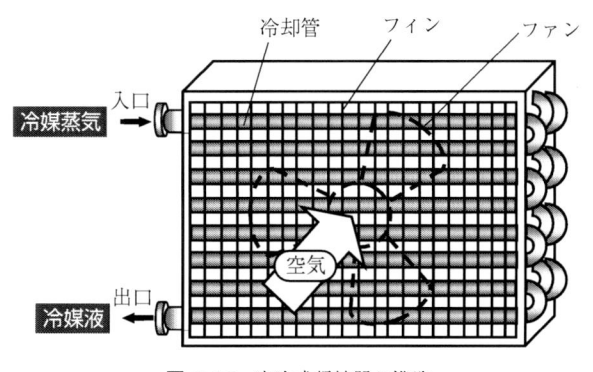

図 **2.12** 空冷式凝縮器の構造

~0.2 mm 厚さのアルミニウム板を使用しており，フィンは2 mm 程度のピッチで管を拡管することで圧着し，固定している．また，冷却管の内面に微細な螺旋状の溝を加工した内面溝付管を用いて冷媒の熱伝達を向上させたものもある．送風機は凝縮器での空気抵抗が比較的小さいことからプロペラファンを用いることが多い．ファンを用いた熱交換器の通過風速は，熱伝達を大きく保ちながら騒音を抑えるために 1.5～2.5 m/s 程度の値となっている．

（b）伝熱計算：空冷式凝縮器における空気と冷媒の温度変化を図 2.13 に示す．圧縮機から吐出された冷媒は，吐出圧力の飽和温度 (凝縮温度) よりも高い温度である過熱蒸気 (温度 T_{r1}，比エンタルピー h_1) になっている．これが凝縮器に入ると空気により冷却され，飽和温度 T_c まで冷却されると凝縮が始まる．その後，冷媒蒸気がすべて液になると，飽和温度よりも温度が低い過冷却液 (温度 T_{r2}，比エンタルピー h_2) まで冷却され，凝縮器出口に達する．

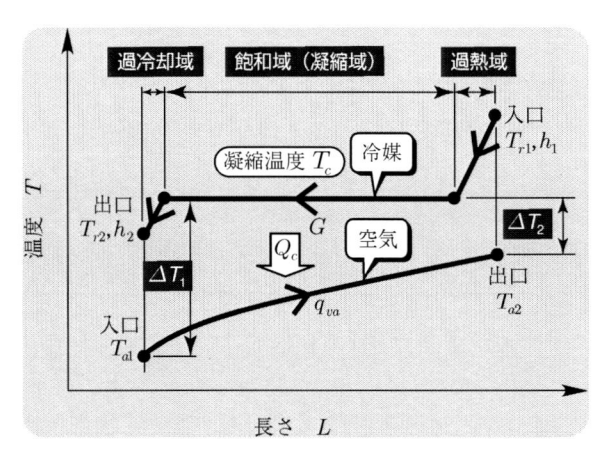

図 2.13 空冷式凝縮器の温度変化

この凝縮過程で冷媒が放出する熱量は，冷媒循環量を G [kg/s] とすると次式のようになる．

$$Q_c = G(h_1 - h_2) \text{ [kJ/s]} \tag{2.16}$$

一方，空気は凝縮器に温度 T_{a1} で入り，冷媒により加熱されて温度 T_{a2} まで昇温して凝縮器から出て行く．空気の流量を q_{va} [m³/s]，比熱を $c_a = 1.00$ kJ/(kg·K)，密度を $\rho_a = 1.2$ kg/m³ とすると，空気が受け取る熱量は，

$$Q_c = q_{va} \rho_a c_a (T_{a2} - T_{a1}) \text{ [kJ/s]} \tag{2.17}$$

となる．

凝縮器の冷媒側の大部分は飽和域であり，冷媒と空気の温度差を考える場合には，冷媒温度は凝縮温度 T_c に等しいと見なすことができる．この温度差を用いて冷媒から空気への伝熱量を表すと，次式のようになる．

$$Q_c = KA\Delta T_m = KA\frac{\Delta T_1 - \Delta T_2}{\ln\dfrac{\Delta T_1}{\Delta T_2}} \text{ [kJ/s]} \tag{2.18}$$

ここで，K は平均熱通過率 [kW/(m^2·K)]（4.1.3 項参照），A は伝熱面積 [m^2]，ΔT_m は対数平均温度差 [K] であり，$\Delta T_1 = T_c - T_{a1}$，$\Delta T_2 = T_c - T_{a2}$ である．

平均熱通過率 K は，一般に式 (2.18) の対数平均温度差 ΔT_m を用いて定義されているが，$\Delta T_1/\Delta T_2 < 2$ の場合には，対数平均温度差の代わりに算術平均温度差 $\Delta T_m = (\Delta T_1 + \Delta T_2)/2$ を用いて計算しても，その誤差は 4% 以内であることから，算術平均温度差が用いられることが多い．

式 (2.16)～(2.18) を連立させると，凝縮器の伝熱面積などの設計仕様を求めることができる．一般的な空冷式凝縮器の平均熱通過率 K は，空気側（冷却管外表面）の伝熱面積を基準とすると，0.020～0.035 kW/(m^2·K) 程度であり，冷媒と空気の温度差は 10～15 °C 程度で設計されている．

Q 2.2 R134a を冷媒とした空冷式凝縮器の伝熱面積を求めよ．だたし，圧縮機の吐出蒸気の比エンタルピーを 446.5 kJ/kg，凝縮温度を 40 °C，凝縮器出口の冷媒液の比エンタルピーを 249.0 kJ/kg（過冷却度 5 °C），冷媒循環量を 0.060 kg/s とし，空気の入口温度を 25 °C，風量を 2.0 m^3/s，密度を 1.2 kg/m^3，比熱を 1.00 kJ/(kg·K)，平均熱通過率を 0.020 kW/(m^2·K) とする．なお，冷媒と空気の温度差には算術平均温度差を用いるものとする．

A 冷媒が放熱する凝縮熱量 Q_c は，式 (2.16) を用いて

$$Q_c = G(h_1 - h_2) = 0.060 \times (446.5 - 249.0) = 11.85 \text{ kJ/s}$$

となる．

空気が受け取る熱量は，冷媒が放熱する熱量に等しいから，式 (2.17) により凝縮器の空気出口温度 T_{a2} を求めることができる．

$$T_{a2} = \frac{Q_c}{q_{va}\rho_a c_a} + T_{a1} = \frac{11.85}{2.0 \times 1.2 \times 1.00} + 25 = 29.94 \text{ °C}$$

冷媒と空気間の温度差に算術平均温度差を用いると，温度差 ΔT_m は，

$$\Delta T_m = \frac{\Delta T_1 + \Delta T_2}{2}$$
$$= \frac{(T_c - T_{a1}) + (T_c - T_{a2})}{2} = \frac{(40 - 25) + (40 - 29.94)}{2} = 12.53 \text{ °C}$$

となる．平均熱通過率 K が 0.020 kW/(m^2·K) であるから，式 (2.18) を用いて伝熱面積 A は，

$$A = \frac{Q_c}{K \Delta T_m} = \frac{11.85}{0.020 \times 12.53} = 47.29 \text{ m}^2$$

となる．

（2） 水冷式凝縮器　冷媒を水により冷却する方式で，中・大型の冷凍機に多く用いられているのが，**水冷式凝縮器** (water cooled type condenser) である．一般に，冷却塔と組み合わせて用いることが多く，空冷式に比べて熱通過率は大幅に向上するので，凝縮温度を低くすることができる．ただし，冷却水の水質管理，腐食防止や水あかの除去などの保守作業が必要となる．水冷式凝縮器は，シェルアンドチューブ式，二重管式，プレート式が多く用いられている．

（a）シェルアンドチューブ凝縮器の構造：**シェルアンドチューブ凝縮器** (shell-and-tube condenser) には，縦型と横型があるが，縦型は現在ほとんど使用されていないので，横型について説明する．構造は図 2.14 に示すように，横置きされた円筒胴（シェル）内に多数の冷却管（チューブ）を入れ，冷却管を両端の管板に拡管して圧着し，固定している．管板の外側は水の流路となる水室と，出入口となるフランジにより構成されている．冷却水は冷却管の内側を流れ，圧縮機からの冷媒蒸気は胴の上から入り冷却管の外側で凝縮し，胴の下部に溜まる．液化した冷媒は胴の下に設けられた出口より排出される．冷却水は管内の流路抵抗によるポンプ動力，腐食や振動を考慮して適切な流速にする必要がある．そこで，端部の水室内に仕切り板を設け，数回折り返して出口に達するようにしている．管内水の流速は一般に 1～3 m/s になるように設計されている．冷却管はフロン冷媒の場合は，主として冷却管の外面にフィンをもつ銅製のチューブが用いられ，アンモニアの場合は銅系材料の腐食を考慮して鋼製のローフィンチューブや裸管が用いられる．また，管内の水あかなどの洗浄や冷却管の交換ができるように，水室カバーはフランジで取り付けられている．

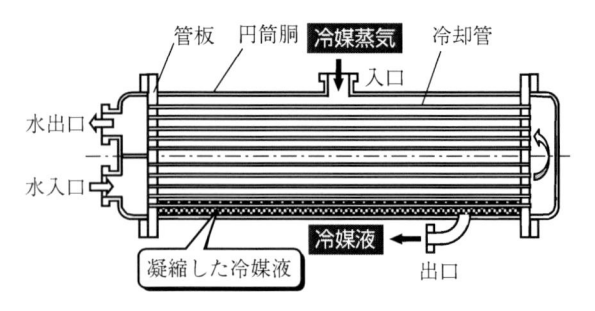

図 2.14　横型シェルアンドチューブ凝縮器

（b）シェルアンドチューブ凝縮器の伝熱計算：水冷式凝縮器の伝熱計算は，空冷式の伝熱計算式で用いた式 (2.16)〜(2.18) と同様である．ただし，空冷式凝縮器の平均熱通過率 K は，空気の熱伝達率が小さいため，0.020〜0.035 kW/(m²·K) 程度の値であったが，水冷式は水の熱伝達率が空気の 10 倍以上大きいため，K 値は 0.8〜1.0 kW/(m²·K) 程度の値となる．冷媒と空気の温度差は，一般にフロン冷媒で $\Delta T_m = 7$〜8 °C，アンモニア冷媒で $\Delta T_m = 5$ °C 程度で設計されている．水冷式凝縮器は管内に，さびや水あかが堆積すると伝熱抵抗が増して熱通過率 K が低下し，冷媒の凝縮温度が高くなり，冷凍機の性能が低下する．この伝熱抵抗は水質や流速によって異なり，設計においては，汚れ係数 f [m²·K/kW] という値を用いてこの影響を考慮している．熱通過率 K を汚れ係数 f を考慮して簡易的に表すと次式のようになる．

$$K = \dfrac{1}{\dfrac{1}{\alpha_r} + \dfrac{A_r}{A_w}\left(\dfrac{1}{\alpha_w} + f\right)} \quad [\mathrm{kW/(m^2 \cdot K)}] \tag{2.19}$$

ここで，α_r は冷媒側熱伝達率 [kW/(m²·K)]，α_w は水側熱伝達率 [kW/(m²·K)]，A_r は冷媒側伝熱面積 [m²]，A_w は水側伝熱面積 [m²] である．適切に管理された冷却水の一般的な汚れ係数 f の値は約 0.1〜0.2 m²·K/kW である．なお，熱通過率 K は，冷媒側の伝熱面積基準であり，式 (2.18) を用いるときには伝熱面積 A には A_r を用いる．

Q 2.3 冷媒側伝熱面積 $A_r = 40$ m²，水側伝熱面積 $A_w = 10$ m² のローフィンチューブを用いたシェルアンドチューブ凝縮器があり，冷媒側熱伝達率が $\alpha_r = 3.0$ kW/(m²·K)，冷却水側の熱伝達率が $\alpha_w = 9.0$ kW/(m²·K)，冷却水の汚れ係数 f は冷却塔を用いて処理した水を想定し，0.15 m²·K/kW，冷媒と水の間の温度差 $\Delta T_m = 5$ °C で設計されている．冷却塔の水が汚れることにより冷却水の汚れ係数が 0.50 m²·K/kW になったときに冷媒と水の間の温度差がいくらになるか求めよ．ただし，凝縮熱量は変わらないものとする．

A 設計における熱交換器の熱通過率 K は式 (2.19) を用いて，

$$K = \dfrac{1}{\dfrac{1}{\alpha_r} + \dfrac{A_r}{A_w}\left(\dfrac{1}{\alpha_w} + f\right)} = \dfrac{1}{\dfrac{1}{3.0} + \dfrac{40}{10} \times \left(\dfrac{1}{9.0} + 0.15\right)} = 0.726 \ \mathrm{kW/(m^2 \cdot K)}$$

となる．冷媒と水の間の温度差が $\Delta T_m = 5$ °C であり，凝縮熱量を計算するための伝熱面積は冷媒側の伝熱面積 $A_r = 40$ m² を用いることから，凝縮熱量は式 (2.18) を用いて，

$$Q_c = K A_r \Delta T_m = 0.726 \times 40 \times 5 = 145.2 \ \mathrm{kJ/s}$$

となる．汚れた冷却水を用いたときの熱通過率 K' を求めると，

$$K' = \cfrac{1}{\cfrac{1}{3.0} + \cfrac{40}{10} \times \left(\cfrac{1}{9.0} + 0.50\right)} = 0.360 \text{ kW/(m}^2\cdot\text{K)}$$

となるから温度差 $\Delta T'_m$ は，

$$\Delta T'_m = \frac{Q_c}{K'A_r} = \frac{145.2}{0.360 \times 40} = 10.08 \text{ °C}$$

となり，設計における温度差の約2倍となる．このように凝縮器の冷却水が汚れると，凝縮温度すなわち凝縮圧力が上がり，圧縮機の動力が増加して経済的な運転ができなくなる．また，凝縮圧力が高くなり過ぎると圧縮機などを保護するために，冷凍機が高圧異常で自動的に運転が停止する．よって，冷却水の水質管理をするとともに，定期的な熱交換器と冷却塔の洗浄が重要になる．

（c） 二重管凝縮器の構造：図2.15に示すように，**二重管凝縮器** (double-tube condenser) は同心の二重管からなり，冷却水は内管内を下から上に流れ，冷媒は二つの管の間を水とは逆に上から下に流れることにより凝縮する．冷却管には裸管を用いることもあるが，シェルアンドチューブ熱交換器と同様に冷媒側の熱伝達率が低いため，冷媒が凝縮する内管の外側にフィンを設けているものもある．冷媒の流速が比較的速くなるため，フィンは圧力損失が小さいワイヤーフィンなどが用いられる．また，冷媒側の圧力損失を考慮して管の長さが制限されるため，凝縮熱量が大きい場合には凝縮器を複数台に分割して並列に接続する．配管が複雑になることや設置スペースの問題から，小型の水冷パッケージエアコンなどに使用されていることが多い．

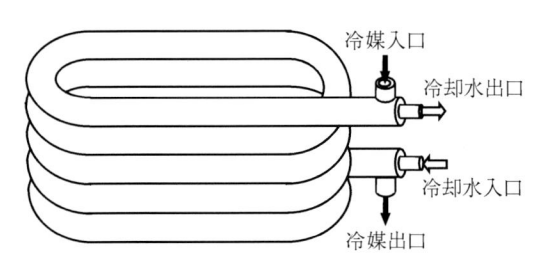

図 2.15 二重管凝縮器

（d） プレート式凝縮器の構造：**プレート式凝縮器** (plate type condenser) は，波形にプレス加工された長方形の金属製薄板を複数枚重ねることで構成している．熱交換される流体は各プレート間にできる隙間を交互に流れ，プレートを介して熱交換を行う．プレート間の隙間は周囲をガスケット，レーザ溶接またはロウ付けによりシールしている．ガスケットを用いる方式は，図2.16のように両端をフレームと締め付けボルトで固定しており，必要に応じて交換や数量の変更が可能になってい

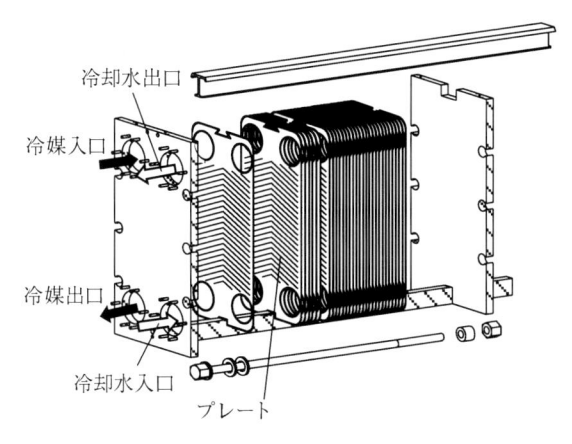

図 2.16 プレート式凝縮器

る．プレートはステンレス製であり，小型のプレート式凝縮器はフロン冷媒では銅のロウ付け，アンモニア冷媒用としてはニッケルロウ付けにより接合されている．プレート式凝縮器は，シェルアンドチューブ凝縮器に比べて容積の小型化が可能であり，省スペースのユニットに多く使用されている．

（3）**蒸発式凝縮器** 冷却塔と凝縮器を組み合わせたような凝縮器で，通称エバコンとよばれているのが，**蒸発式凝縮器** (evaporation type condenser) である．本凝縮器は，図2.17のように冷却管内に冷媒を流し，管外の上部から冷却水を散水

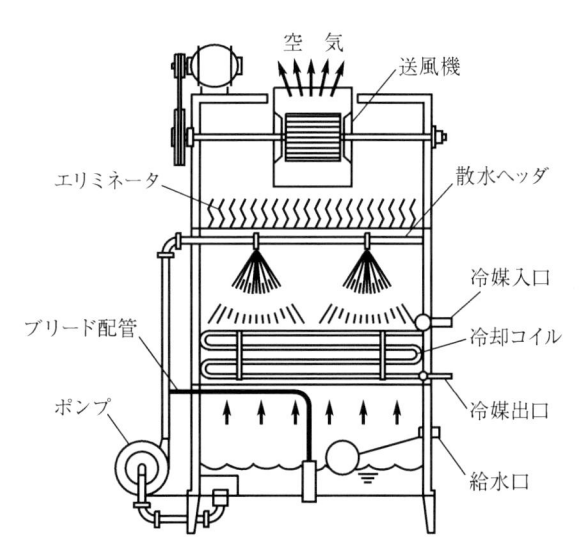

図 2.17 蒸発式凝縮器

し，送風機で下部から上部に空気を吹き上げることにより，冷却管外で冷却水の一部を蒸発させて，主として水の蒸発潜熱を用いて冷媒を冷却して凝縮させる．また，同時に冷却には水と空気の顕熱も使用される．散水は冷却管と空気との接触面積を多くするために，冷却管の表面が全面にわたって濡れるだけの水量としている．蒸発しなかった散水は下部の水槽に戻り，ポンプでくみ上げられて再び散水される．冷却管の上部には，空気による水の飛散を少なくするためにエリミネータで水滴を分離している．蒸発や飛散によって失われた冷却水は，冷却塔と同様に給水口から補給される．この凝縮器は冷却水量が十分得られない場所で使用され，アンモニア冷媒の凝縮器では，アンモニア漏洩の除外設備を兼用して用いられることがある．

2.1.3 蒸発器

蒸発器(evaporator)は，冷媒が低温・低圧で蒸発して冷凍作用を行う熱交換器である．図2.18の冷凍サイクルに示すように，凝縮器によって冷却され液化した高圧冷媒液は，膨張弁などの絞りにより減圧され，低圧・低温の湿り蒸気の状態になる．この冷媒が蒸発器に送られ，蒸発器で被冷却物から熱を奪って蒸発し，飽和温度よりも若干高い温度の過熱蒸気になって圧縮機に吸入される．なお，図2.18の状態1(膨張弁減圧後の冷媒)は，飽和液線と飽和蒸気線の間に位置するため，低圧液と蒸気が混合した状態となる．蒸発器は用途に合わせて種々のものがあり，冷媒の供給方式で分類すると，乾式蒸発器，満液式蒸発器，冷媒液強制循環式蒸発器がある．乾式蒸発器は，膨張弁で減圧させた液と蒸気が混合した冷媒を蒸発器の入口に供給し，出口では乾き蒸気や過熱蒸気にする方式である．満液式蒸発器は，膨張弁出口

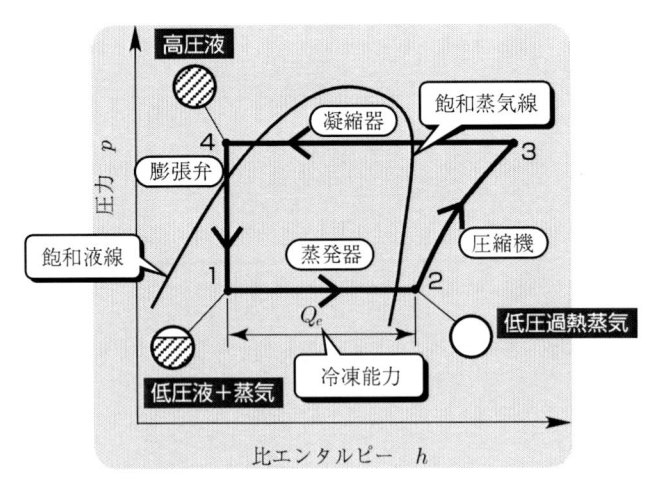

図 2.18 冷凍サイクル

の冷媒を蒸気と液に分離して蒸気を圧縮機に返し，液のみを蒸発器に供給する方式である．冷媒液強制循環式蒸発器は，満液式蒸発器と同様に冷媒を蒸気と液に分離した後，ポンプを用いて蒸発量の 3～5 倍の冷媒を強制的に蒸発器内に循環させる方式である．

（1）蒸発器の伝熱計算　　蒸発器内における水や空気などの被冷却物と冷媒との伝熱を，図 2.19 に示す．蒸発器入口の冷媒 (温度 T_{r1}，比エンタルピー h_1) は，蒸発温度 T_e よりも温度の高い被冷却物から熱を受け，蒸発しながら流量 G [kg/s] で流れる．蒸発器出口では冷媒はすべての液が蒸発し，蒸気は蒸発温度よりも僅かに高い温度まで加熱される (温度 T_{r2}，比エンタルピー h_2)．このとき，蒸発器で冷媒が受ける熱量 Q_e は次式のようになる．

$$Q_e = G(h_2 - h_1) \text{ [kJ/s]} \tag{2.20}$$

被冷却物は蒸発器に温度 T_{a1} で入り，冷媒により冷却されて温度 T_{a2} となり，蒸発器から出ていく．被冷却物の流量を q_{ma} [kg/s]，比熱を c_a [kJ/(kg·K)] とすると，被冷却物が放出する熱量は，

$$Q_e = q_{ma} c_a (T_{a1} - T_{a2}) \text{ [kJ/s]} \tag{2.21}$$

となる．また，被冷却物と冷媒の間の伝熱は次式となる．

$$Q_e = KA\Delta T_m = KA \frac{\Delta T_1 - \Delta T_2}{\ln \dfrac{\Delta T_1}{\Delta T_2}} \text{ [kJ/s]} \tag{2.22}$$

ここで，K は平均熱通過率 [kW/(m²·K)]，A は伝熱面積 [m²]，ΔT_m は対数平均

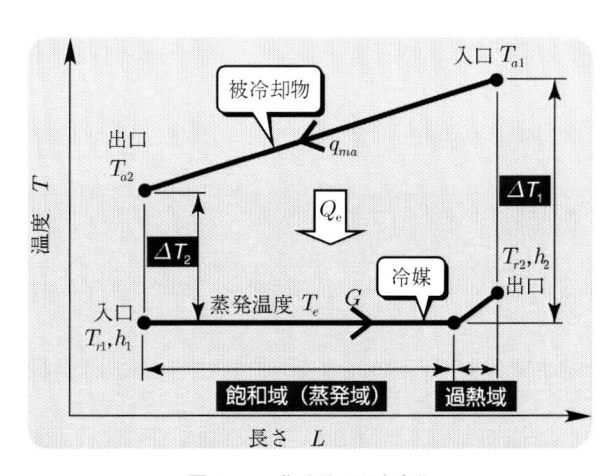

図 2.19　蒸発器の温度変化

温度差 [K] であり，$\Delta T_1 = T_{a1} - T_e$，$\Delta T_2 = T_{a2} - T_e$ である．凝縮器と同様に，$\Delta T_1/\Delta T_2 < 2$ の場合には，式 (2.22) の対数平均温度差の代わりに算術平均温度差 $\Delta T_m = (\Delta T_1 + \Delta T_2)/2$ を用いて計算しても，その誤差は小さい．平均熱通過率 K の値は蒸発器の構造，被冷却物の種類，使用条件によって大きく異なってくる．とくに，冷凍倉庫の冷却や空調機の冬季暖房運転など，蒸発温度がマイナスの条件で空気を冷却する場合には，蒸発器の伝熱面に着霜が生じ，K 値は著しく低下するので注意が必要である．

（2） 乾式蒸発器　　乾式蒸発器には，エアコンや冷凍・冷蔵倉庫のユニットクーラなどに用いられているフィンコイル蒸発器，水やブラインのような液体の冷却に用いられるシェルアンドチューブ蒸発器，家庭用冷蔵庫や液体の冷却などに用いられているプレート式蒸発器などがある．どの蒸発器も冷媒が通る冷却管または流路の中に，膨張弁など絞り膨張機構によって減圧した冷媒を直接流し，空気や水などの被冷却物から熱を奪って蒸発した後，蒸発器出口では若干過熱度をもつようにしている．蒸発器への冷媒の供給量の調節は，一般的に蒸発器出口の温度を検知して，5 ℃程度に設定した過熱度になるように膨張弁の開度を調節することにより行っている．また，冷媒が冷却管内を流れるため圧力降下が起こり，冷却管が長い場合には蒸発器入口と出口近辺の蒸発温度が異なることが生じるので，注意が必要である．また，圧縮機から吐出される冷媒には冷凍機油が混入しており，冷媒とともに凝縮器や膨張弁を経て蒸発器に供給される．乾式蒸発器では，冷媒速度が比較的速いため，油は蒸発した冷媒とともに圧縮機の吸入管へ運ばれるため，特別な油戻し装置は必要としない．

（a） フィンコイル蒸発器：図 2.20 に示すように，冷媒を冷却管 (コイル) 内に流し，管外に空気を流すことによって，空気を冷却する蒸発器を**フィンコイル蒸発**

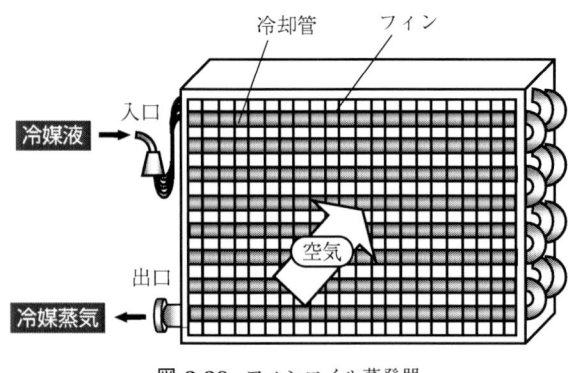

図 2.20　フィンコイル蒸発器

器 (finned coil type evaporator) という．冷媒に比べて空気側の熱伝達率が小さいため，管外に円形またはプレート状のアルミニウム製のフィンを取り付けて伝熱量を増加させている．しかし，蒸発器に着霜すると空気の流れが悪くなり伝熱量が低下するので，自動的に除霜 (デフロスト) する装置が必要になる．送風にはファンを用いて強制的に空気を循環させる方式と，天井に吊るして自然対流で冷却する方式がある．フィンコイル方式のおおよその平均熱通過率 K は，ファンを用いる冷凍用で $0.018〜0.035$ kW/(m²·K)，空調用で $0.045〜0.080$ kW/(m²·K)，ファンを用いない自然対流式で $0.006〜0.010$ kW/(m²·K) である．なお，K 値は伝熱面積 A としてフィンを含む冷却管外の表面積を用いたときの値としている．

(b) シェルアンドチューブ蒸発器：図 2.21 に示すように円筒シェル内に多数の U 字管を入れ，管内に冷媒を，管外のシェル内に被冷却物である水またはブラインを流して熱交換させるものを**シェルアンドチューブ蒸発器** (shell-and-tube evaporator) という．シェル内にはバッフルプレートを入れ，水が冷却管に対して直角に近い形で流れるようにして，熱伝達率を向上させている．また，一般にシェルアンドチューブ蒸発器では，管内である冷媒側の熱伝達率が管外の被冷却物よりも小さいため，冷却管は管内にフィンをもつインナーフィンチューブが用いられることが多い．内面溝付管や螺旋形の溝を付けたコルゲートチューブなどが用いられることもある．平均熱通過率は冷媒に混入する蒸気の影響を受け，被冷却物が水の場合は $0.7〜1.4$ kW/(m²·K)，ブラインの場合は $0.23〜0.7$ kW/(m²·K) 程度の値となる．

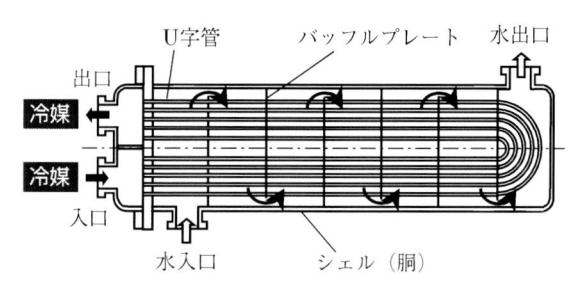

図 **2.21** シェルアンドチューブ蒸発器

(c) プレート式蒸発器：**プレート式蒸発器** (plate type evaporator) には，家庭用の冷蔵庫において使用されているような空気を冷却するものと，水またはブラインを冷却するものがある．前者は二枚のアルミ板を圧接して成形したものであり，平均熱通過率は無着霜状態で $0.011〜0.014$ kW/(m²·K) 程度である．後者は図 2.16 に示したプレート式凝縮器と同じ構造であり，冷媒がアンモニア，被冷却物が水の場合には平均熱通過率は $2.3〜4.6$ kW/(m²·K) 程度と高い値となる．また，冷媒保

有量をシェルアンドチューブ蒸発器に比べて25～40％程度にすることができることや，据え付け面積を小さくできるなどの利点もある．

（3） 満液式蒸発器　　ビルの空調設備や食品工場の冷却装置など，比較的大きな設備に用いられているのが，満液式蒸発器である．図2.22に示すように，膨張弁などで減圧された冷媒は，液を分離するアキュムレータで，蒸気と液に分離されて，蒸気は圧縮機の吸入側に供給され，液のみが蒸発器に供給されるようにしたものである．蒸発器の冷媒流路内の液量が多くなることや，冷媒の熱伝達が核沸騰熱伝達となり乾式に比べて伝熱が良好であり，熱交換器内の圧力損失も小さいなどの利点がある．一方，欠点として，冷媒保有量が多くなることや，冷媒とともに蒸発器に流れ込んだ冷凍機油が蒸発器に留まり，冷媒側の熱伝達の低下を引き起こす．また，最悪の場合は圧縮機内の潤滑油の不足を起こし，故障の原因にもなる．そこで，圧縮機に冷凍機油を戻す対策が必要となる．満液式蒸発器は蒸発器出口の冷媒がほぼ飽和状態であるので，蒸発器出口の過熱度で冷媒量を制御できない．そこでフロート弁などで液面レベルを検出して，蒸発器内の液面位置が一定になるように冷媒流量を制御している．満液式蒸発器の種類には，空調や工業用の冷却水またはブラインを冷却するシェルアンドチューブ形，食品工場の水や牛乳などの冷却に用いられているボーデロー形などがある．

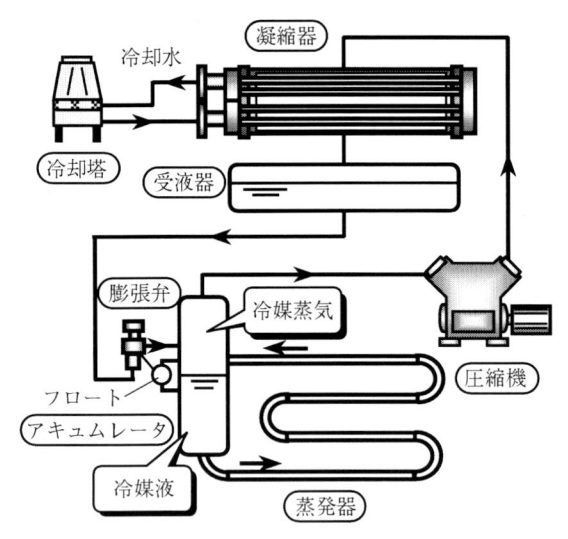

図 2.22　満液式蒸発器

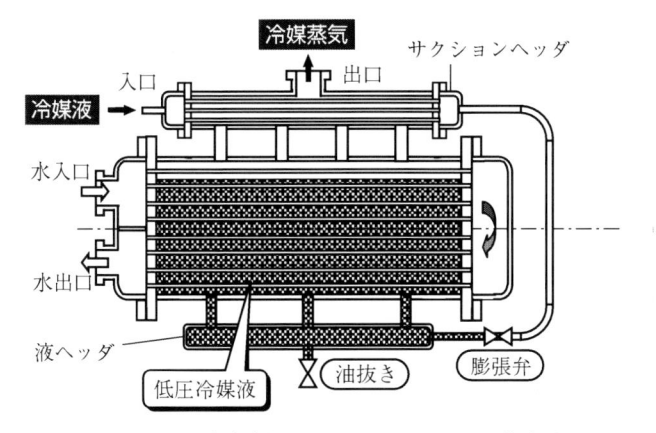

図 2.23 満液式横型シェルアンドチューブ蒸発器

　図 2.23 に横型のシェルアンドチューブ形の蒸発器を示す．管板に多数の伝熱管を取り付け，管内に被冷却物，管外に冷媒が流れる．冷却管の 70％程度は冷媒液に浸漬され，主に核沸騰により冷媒が蒸発する．冷媒の分布を一様にするために，蒸発器への液の供給には液ヘッダが，蒸気の出口にはサクションヘッダが付いている．管内を流れる水やブラインの被冷却物の凍結には十分注意する必要があり，蒸発温度を調整する蒸発圧力調整弁などの制御機器が用いられている．

2.1.4 制御機器と付属機器

　家庭用の冷蔵庫を考えるとわかるように，食品の出し入れや扉の開閉などにより冷凍装置の熱負荷には時間的な変化がある．また，季節により室温が変わり庫外への放熱の条件が異なってくる．このような運転条件の変化の中で，熱負荷に応じて的確であり，かつ経済的な運転を行うために自動制御機器が必要となる．また，運転に際しては装置の保安がもっとも重要であり，異常時には装置を安全に停止させる機器が必要である．図 2.24 に制御機器や付属機器を入れた冷凍サイクルを示す．図中の機器は冷凍装置を製造する上ですべてが必要ではなく，使用目的，機能，性能，保安を考慮して判断し，選定する必要がある．

① 制御機器としては膨張弁，容量制御装置，蒸発圧力調整弁，吸入圧力調整弁，電磁弁，圧力スイッチなどがある．
② 安全装置としては安全弁，高圧遮断装置，低圧遮断装置，油圧保護装置，断水リレーがある．
③ 付属機器としては油分離器，受液器，ろ過乾燥器，アキュムレータ，除霜装置がある．

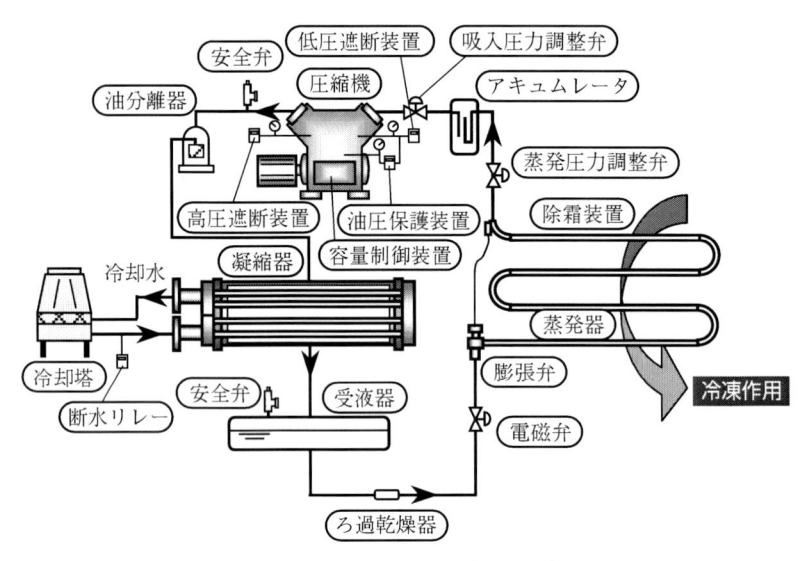

図 2.24 冷凍サイクルの制御・付属機器

（1） 制御機器

（a） 膨張弁：凝縮器において液化した高圧の冷媒液を，絞り膨張により減圧して低圧・低温の冷媒として蒸発器に送る機能と，蒸発器の冷凍負荷に応じて冷媒流量を調節する二つの役割をもつ重要な機器を，**膨張弁** (expansion valve) という．蒸発器の熱負荷に対して，膨張弁から供給される冷媒の流量が多すぎると，蒸発器で蒸発しきれない冷媒液が圧縮機に戻り故障の原因となる．逆に，冷媒の供給量が少ないと，蒸発圧力の低下や圧縮機の吸入過熱度の増加をもたらし，冷凍能力が低下して装置の効率が低下する．これらの理由から，膨張弁は蒸発器の負荷変動に応じて冷媒流量を適切に調節する必要がある．乾式蒸発器では，温度自動膨張弁，定圧膨張弁，電子膨張弁，キャピラリチューブが一般的に用いられ，蒸発器出口の冷媒過熱度が 3～8 ℃ に制御されている．また満液式蒸発器では，フロート弁により蒸発器内の液面位置が安定するように調節されている．

① **温度自動膨張弁** (thermostatic expansion valve)：もっとも多く用いられている膨張弁であり，オリフィスを冷媒液が通過する際の流れの抵抗による圧力降下により絞り膨張を起こす．冷媒の種類，蒸発器の温度条件によってさまざまな種類のものがあり，駆動形式はダイアフラム形，ベローズ形がある．図 2.25 に温度自動膨張弁を示す．蒸発器出口の温度を検知する感温筒は毛細管で弁頭部のダイアフラム上面側に接続されており，中には冷媒が充填されている．ダイアフラム下面側には蒸発器内の圧力とバネの圧力により押し上げる力が働く．

蒸発器出口の過熱度が低いと感温筒内の冷媒の圧力が低下し，ダイアフラム下面からの圧力の方が大きくなり，弁が閉じることにより冷媒供給量が低下する．逆に，過熱度が高いとダイアフラム上面の圧力が大きくなり，弁が開く方向に動いて冷媒供給量が増加する．過熱度の調節は膨張弁についている調節ネジでバネの力を調節することにより行われる．

図 2.25 (a) は，膨張弁内のオリフィス通過後の圧力を蒸発器内の圧力とする内部均圧式である．蒸発器の管路が長い場合など蒸発器内で冷媒の圧力損失が大きい場合には過熱度に狂いが生じるため，図 2.25 (b) のように，蒸発器出口から細管を取り出して圧力を検出する外部均圧式が用いられる．

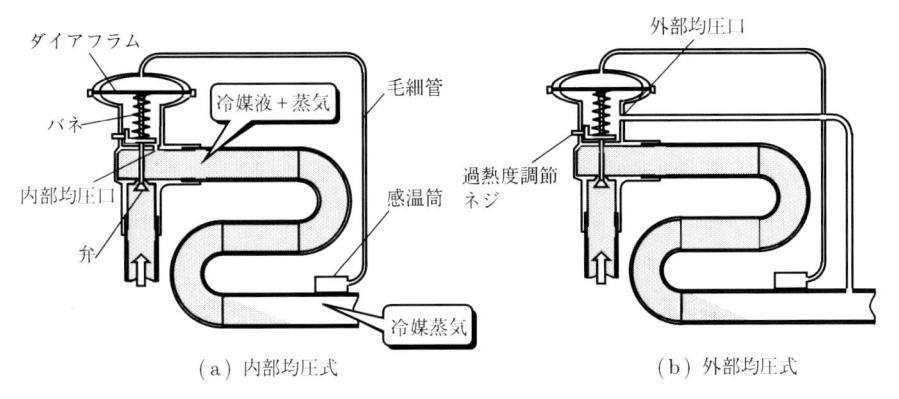

図 2.25 温度自動膨張弁

② **定圧膨張弁** (constant pressure expansion valve)：温度自動膨張弁のダイアフラム上面側の圧力をバネに代えたものであり，その他の構造は温度自動膨張弁と同じである．ダイアフラム上面側の圧力としてバネを用いることにより，蒸発器の圧力は一定の圧力になるように調整される．この定圧膨張弁は負荷変動の少ない比較的小型の冷凍装置に用いられており，蒸発器出口の過熱度の調整はできない．

③ **電子膨張弁** (electronic expansion valve)：図 2.26 のように，蒸発器入口と出口の配管外周にそれぞれサーミスタなどの温度センサを取り付け，センサの温度信号から過熱度をマイクロコンピュータを内蔵した調節器で演算して，過熱度の設定値との偏差に応じて膨張弁の開閉の操作を行う．膨張弁の弁の駆動方法はさまざまな方式があるが，ステッピング(パルス)モータ駆動方式がもっとも多く使用されている．温度自動膨張弁は機械式であるため構造と作動原理から定まる固有の制御特性があり，過熱度の変動が収まらない場合があるのに対

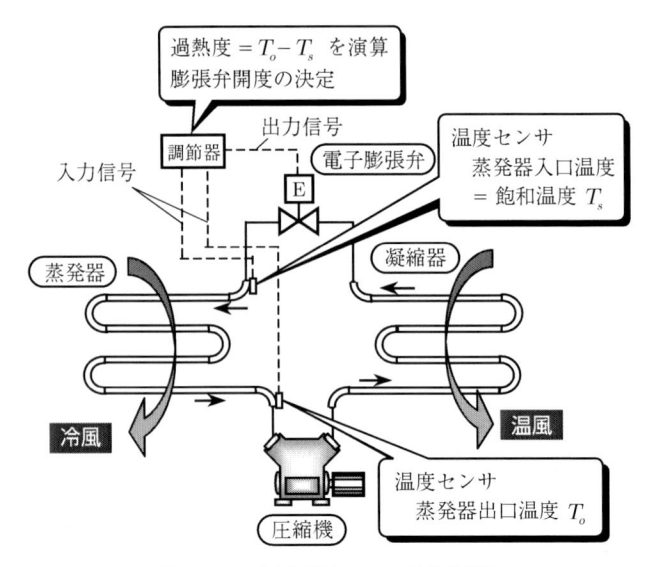

図 2.26 電子膨張弁による過熱度制御

して，電子膨張弁は調節器によって幅広い制御特性にすることができ，PID 制御などにより過熱度を安定して運転することが可能となる．

④ **キャピラリチューブ** (capillary tube)：毛細管のことであり，図 2.27 のように，内径 0.6〜2 mm の銅の細管を用いて，凝縮器出口と蒸発器入口の間を接続し，チューブ内での冷媒の流体摩擦抵抗による圧力降下により，膨張弁と同じ絞り膨張作用を行わせるものである．キャピラリチューブは，チューブ入口である凝縮器の圧力と過冷却度が大きくなると流量が増加する特性をもっており，受

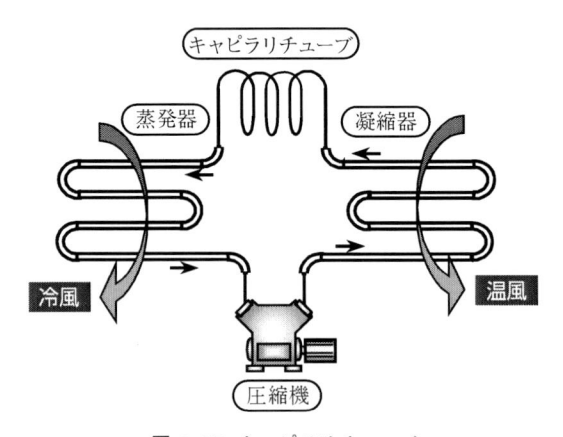

図 2.27 キャピラリチューブ

液器をもたない冷凍装置に用いると，凝縮器の圧力と過冷却度を制御できる特性をもっている．以上のことから，熱負荷変動の少ない小容量の受液器をもたない冷凍装置では，凝縮器の制御により蒸発器の冷媒量の適正な制御を行うことが可能となる．また，膨張弁に比べて安価であることや故障が少ないことから，主として家庭用冷蔵庫やルームエアコンなどに多く用いられている．

> **ちょっと横道**
>
> ◆**膨張時のエネルギーの利用**
>
> 　膨張弁による高圧冷媒液の減圧は，図 2.28 に示すように，等エンタルピー変化 ($h_3 \rightarrow h_4$) です．高圧冷媒液を断熱膨張 (等エントロピー膨張) にすると，膨張後の比エンタルピーは h_4 よりも小さい h_4' となり，$h_4 - h_4'$ だけ冷凍能力を上げることが可能となります．このエネルギーは膨張弁による損失であり，近年このエネルギーを回収して利用するシステムが研究されています．そのシステムは膨張機と二相流エジェクタです．膨張機は圧縮機の作用とは逆に，冷媒の圧力差を用いて膨張機を動かし，エネルギーを仕事として取り出します．取り出した仕事は圧縮機の動力の一部として利用することにより，冷凍サイクルの効率を向上させています．膨張機には回転式圧縮機を使用した研究が報告されています．二相流エジェクタは，断熱膨張に近いノズルで加速・減圧することにより得られるエネルギーで圧縮機の吸入圧力の加圧を行い，圧縮機の動力を低減させるものです．これはフロン冷媒や CO_2 冷媒の冷凍サイクルに用いられ，冷凍機や給湯器として商品化されています．
>
> 図 2.28　等エントロピー膨張サイクル

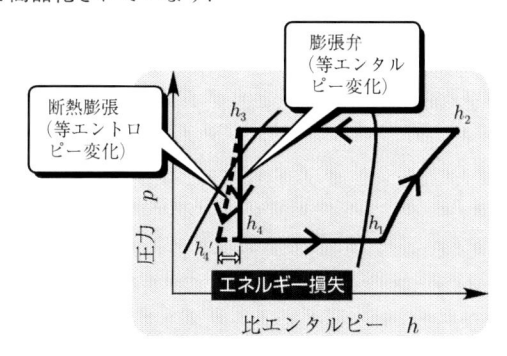

(b) **圧縮機の容量制御装置**：冷凍負荷が減少して圧縮機の能力が過大になった場合には，圧縮機の**容量制御** (capacity regulating) を行わないと，蒸発圧力の低下など所定の条件での運転ができなくなり，装置の経済的な運転ができず，また故障や異常が生じることになる．主な容量制御の方法には以下の方法がある．

① 圧縮機を始動・停止させる方法：圧縮機吸入側の圧力の低下または被冷却物の温度を検出して，自動的に圧縮機を始動・停止させる．小型冷凍装置に多く用

いられている．もっとも簡単な方法であるが，圧縮機が短時間に始動・停止を繰り返すと，効率の低下，圧縮機の油上がり，電動機の過熱や焼損を生じる恐れがある．

② 圧縮機の運転台数を変える方法：複数の圧縮機をもつ冷凍装置では，吸入圧力の変動を検出して圧縮機を順次始動・停止させることにより段階的に容量制御を行う．

③ 圧縮機の回転数を変動させる方法：インバータを用いて電源周波数を変えることにより，圧縮機の回転数を変動させて容量制御を行う．

④ 多気筒圧縮機の容量を制御する方法：一部のシリンダの吸入弁を開放して，圧縮を行う作動気筒数を減らすことにより容量制御を行う．気筒数によるが25〜100％の範囲で段階的に変えられるようになっている．圧縮機始動時の負荷軽減装置としても使われている．

（c） 蒸発圧力調整弁：**蒸発圧力調整弁** (evaporating pressure regulator) は EPR とよばれている．水またはブラインを冷却する蒸発器の凍結防止や，一台の圧縮機で複数の蒸発温度の異なる蒸発器を運転するときに用いられる．EPR は蒸発器出口と圧縮機の吸入側との間の配管に取り付ける．蒸発器の圧力が設定圧力以下になると弁が閉まる方向に動き，圧縮機の吸入圧力の低下すなわち吸入蒸気の比容積が増加（蒸気密度が減少）し，冷凍能力が低下する．これを利用して蒸発器の圧力が設定圧力以下に低下しないように調整する弁である．

（d） 吸入圧力調整弁：**吸入圧力調整弁** (suction pressure regulator) は SPR とよばれている．圧縮機の吸入圧力が高くなりすぎると，電動機が過負荷になり過熱または焼損の恐れがある．SPR は圧縮機の吸入圧力を一定値以上に上昇させないように制御する調整弁であり，圧縮機吸入管に取り付ける．

（e） 電磁弁：冷媒，冷凍機油，ブラインなどの配管に取り付けられ，流路を自動または遠隔操作により開閉するときに用いられるのが**電磁弁** (solenoid valve) である．電磁弁は，電磁コイルに通電したときの磁場により鉄心が引き上げられる電磁力を利用して弁を開閉するものである．

（2） 安全装置　　冷凍装置にはさまざまな安全装置が付いており，その設置基準は冷凍保安規則で詳しく定められている．ここでは，主要な安全装置の概要について述べる．

（a） 安全弁：冷凍装置が異常高圧になったときに，その圧力を許容圧力以下に戻すために外部に冷媒を放出する弁が**安全弁** (safety valve) である．設置箇所は冷凍能力，凝縮器などの機器の種類や大きさにより定められており，安全弁の代わりに破裂板または溶栓が用いられることがある．

（b）高圧遮断装置：圧縮機から吐出される冷媒の圧力が異常に高くなり、装置の許容圧力を超える危険があるときに、高圧圧力スイッチにより、電動機の電気回路を切って圧縮機を停止させる装置である。安全弁よりも低い圧力で作動するようにしておき、高圧遮断装置が故障した場合に安全弁が作動するようにしておく。

（c）低圧遮断装置：圧縮機の吸入圧力が異常に低下したときに、圧力を検出するスイッチにより電動機の電気回路を切って圧縮機を停止させる装置である。冷媒への空気の吸入防止、水冷却装置の凍結防止、冷凍機器の異常時の停止措置として用いる。

（d）油圧保護装置：圧縮機の回転部などの可動部には潤滑油の給油が必要である。圧縮機内の圧力差を利用して給油している方式などでは、圧力が低下すると給油量が減少し、圧縮機の焼付きや破損の恐れがある。これを避けるために油圧を圧力スイッチで検出し、低下したときには圧縮機の電動機を自動停止させる装置である。

（e）断水リレー：水冷式の凝縮器では冷却水が減少または停止すると、凝縮圧力が急激に上昇し危険である。断水リレーは冷却水の流量が低下したときに、圧縮機の電動機を自動的に停止させる装置である。

（3）付属機器

（a）油分離器：**油分離器**はオイルセパレータ (oil separator) ともよばれる。圧縮機にある冷凍機油は少しずつ圧縮機から冷媒蒸気とともに吐き出される。図2.29のように、油分離器は圧縮機と凝縮器の間に設置し、吐出蒸気中に含まれる油滴を分離して、凝縮器への油の流出を防止する機器である。油滴の分離方法は、旋回運

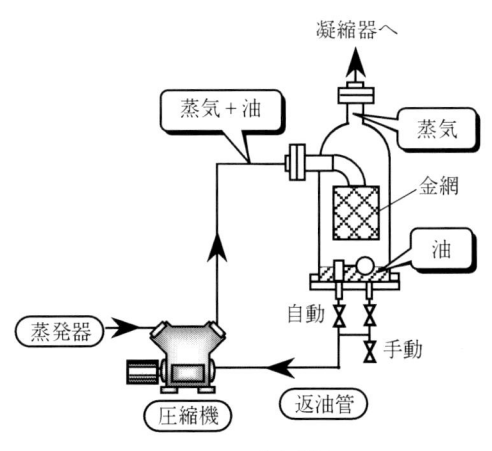

図 **2.29** 油分離器

動により分離する遠心分離式，小穴が多数ある数枚のじゃま板により分離するバッフル式，円筒状の金網を用いて分離する金網式などがある．分離した油は，フロン冷媒ではフロート弁により自動的に圧縮機クランクケースに返す．アンモニア冷媒は蒸発温度が高い場合やスクリュー圧縮機では，吐出温度が低いためフロン冷媒と同様に分離回収して圧縮機に戻すが，吐出蒸気温度が高い場合には油が劣化するので直接圧縮機に戻さず，油溜め器に戻して再使用はしない．

Q 2.4 油分離器がないと，どのような問題が生じるのかを述べよ．

A 凝縮器や蒸発器に油が多く存在すると，伝熱面が油で包まれて伝熱の阻害要因となり，凝縮温度の上昇や蒸発温度の低下を引き起こし，冷凍能力の不足や経済的な運転ができなくなる．また，圧縮機内の潤滑油量の不足を引き起こし，圧縮機が故障する原因になる．

（b）受液器：図 2.30 のように，**受液器** (receiver) は凝縮器と膨張弁の間に設置し，凝縮した高圧冷媒液を蓄える容器である．蒸発器での被冷却物の温度や，冷凍機を冷却する空気または水の温度が変化したときには，蒸発器や凝縮器の冷媒温度が変化し，各熱交換器内に存在する冷媒量が変動する．受液器は，それらの冷媒量の変化を吸収して，装置を円滑に運転する目的をもっている．また，受液器の大きさは修理時に装置内の冷媒充填量の大部分を回収できる容量であり，かつ 20%以上の蒸気の空間を残すように設計されている．

（c）ろ過乾燥器（ドライヤ）：フロン冷凍装置では，冷媒中に水分が存在すると，膨張弁などで凍結して作動を妨げたり，金属の腐食などの悪影響を及ぼす．**ろ過乾**

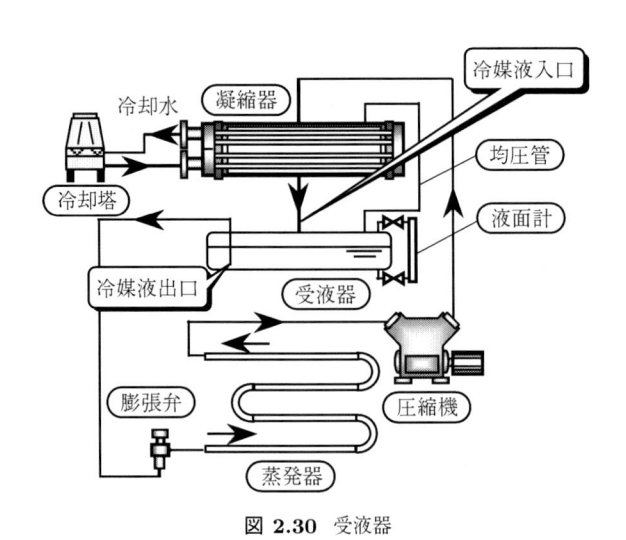

図 2.30 受液器

燥器 (drier) は，水分を吸着して除去する機器であり，受液器の出口に設けて低圧側に水分がいかないようにしている．乾燥剤にはシリカゲルやゼオライトが用いられている．アンモニア冷媒では，水分はアンモニアと結合しているため，乾燥剤では水分の除去が難しいことから通常乾燥器は用いない．

（d） アキュムレータ：冷凍装置の熱負荷変動が大きいときには，圧縮機に冷媒液が戻り，シリンダヘッドや吐出弁を破損することがある．そこで，圧縮機と蒸発器の間に**アキュムレータ** (accumulator) を設けて液と蒸気を分離して，蒸気だけが圧縮機に入るようにしている．小型のフロン冷媒用のアキュムレータの一例を図 2.31 に示す．蒸発器からの液滴を含んだ蒸気は，アキュムレータの入口管から容器内に入り，蒸気の流れ方向の変化と流速の低下によって，密度差を利用して液と蒸気が分離される．分離された液と油は容器の底部に溜まり，U 字管に開けられた細孔から少量ずつ圧縮機に戻される．

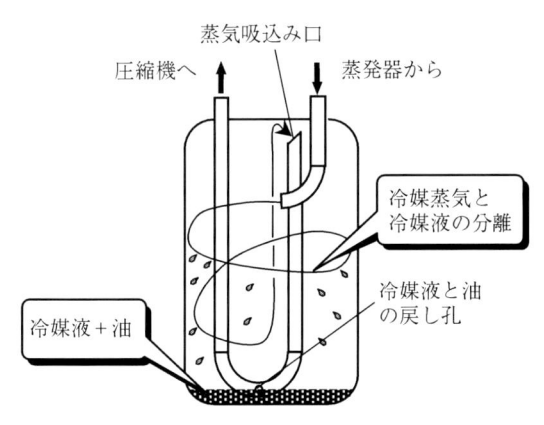

図 2.31 アキュムレータ

（e） 除霜装置：家庭用冷蔵庫の冷却器やエアコンの暖房運転における室外機の伝熱コイルなど，空気を冷却する蒸発器の伝熱面が 0 °C 以下になると，伝熱面に空気中の水分が凝縮・氷結して霜が生じる．このような霜は，厚みが増すことにより空気から冷媒への伝熱を阻害する．また，空気の流路が狭くなり風量が低下して霜の成長をさらに促進させる．霜の放置は熱交換量の減少，蒸発圧力の異常な低下，さらに圧縮機への冷媒液の戻りを引き起こし，冷凍機の性能低下や故障の原因となる．そこで，蒸発圧力の低下の検出やタイムスイッチなどにより，ある程度霜が成長したところで**除霜** (defrost) を行っている．除霜方法には以下の方式がある．

① オフサイクル方式 (off cycle defrosting)：空気の温度が 5 °C 以上と比較的高いときには，蒸発器への冷媒の供給を止め，空気の熱によって霜を融かす方式

である．庫内温度が5℃程度の冷蔵庫などで用いられている．
② 電気ヒータ(温風)方式(hot air defrosting)：空気の温度が低温であり，霜を融かす熱が得られない場合に用いられる方式である．冷却管の配列の一部にチューブ状の電気ヒータを組込み，蒸発器への冷媒の供給の停止と回収を行った後，ヒータに通電して霜を融かす．電気ヒータは熱交換器から融水が落ちるドレンパンや配水管にも取り付け，排水に支障がないようにする．
③ ホットガスデフロスト方式(hot gas defrosting)：圧縮機から吐き出される高温の蒸気を直接蒸発器に送り，冷媒の凝縮熱で霜を融かす方式である．圧縮機吐出側と蒸発器入口を接続する冷媒配管(ホットガス回路)を設けておき，除霜時には蒸発器への冷媒供給を停止した後，ホットガス回路のバルブを開けて圧縮機の吐出蒸気を蒸発器に流す．霜を融かすことにより凝縮した冷媒液は液分離器に入り，少しずつ圧縮機に戻す．
④ 散水方式(hot water defrosting)：蒸発器への冷媒の供給を止め，10～25℃の温水を蒸発器上部より散水して霜を融かす方式である．

> **ちょっと横道**
>
> **◇ルームエアコンの除霜**
>
> 　ルームエアコンのようなヒートポンプによる暖房装置では，戸外にある熱交換器が蒸発器，室内にある熱交換器が凝縮器となって，戸外の空気から熱を奪い室内の暖房に用いています．冬季には，蒸発温度は0℃以下となって戸外の蒸発器に霜が生じることがあります．エアコンの除霜では戸外にある熱交換器を凝縮器，室内にある熱交換器を蒸発器になるように冷媒回路を切り替えます．すなわち一時的に冷房運転を行うことにより除霜を行っています．ただし，このとき室内の温度が低下しないように室内側の送風機は停止させています．

2.1.5　ターボ冷凍機

（1）ターボ冷凍機の概要　ターボ冷凍機(turbo compressor)は，回転する羽根車によって冷媒蒸気を圧縮する蒸気圧縮式冷凍機であり，遠心式冷凍機ともよばれている．圧縮方式は，往復式圧縮機のような容積を縮小することによる容積圧縮形とは異なる．図2.32に示すように，冷媒蒸気を高速で回転する羽根車(インペラ)で吸入，発生する遠心力を利用して蒸気に速度エネルギーを与え，ディフューザと渦巻室で速度エネルギーを圧力エネルギーに変換させて圧縮するものである．

　遠心式圧縮機は往復式圧縮機に比べて大量の蒸気を吸い込み，圧縮するのに適しているため，冷凍能力が100から10000冷凍トン程度のオフィスビルや劇場などのセントラル空気調和設備の冷水冷却設備や，地域冷暖房などの大型の設備に用い

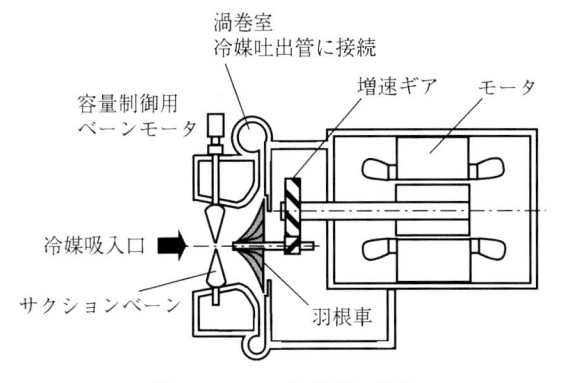

図 2.32 ターボ圧縮機の構造

られている.一般に,ターボ冷凍機は圧縮機,凝縮器,蒸発器が一つのユニットにまとめられており,膨張弁はフロート膨張弁が使用されている.また,圧縮機は往復式圧縮機などと同様に密閉形と開放形がある.使用される冷媒は空調用としてはR123 (R11 の代替冷媒),大型の設備では R134a (R12 の代替冷媒) や R22 が,工業用としてはアンモニアなどが使用されている.羽根車一段あたりの温度差は約 40 °C であるため空調用は単段であるが,工業用の低温用途では二段以上の羽根車を用いている.ターボ冷凍機は羽根車の数だけ冷媒の吸入口を設けることができるため,羽根車が二段以上になると次に述べるエコノマイザを用いた冷凍サイクルを用いることができ,成績係数 (COP) の高い運転を行うことが可能となる.

(a) ターボ冷凍機の冷凍サイクル:羽根車が二段以上となるターボ冷凍機では,凝縮器と蒸発器の間にエコノマイザとよばれる装置を設けることにより COP を高めた運転を行っている.図 2.33 にエコノマイザ付き二段ターボ冷凍装置の概要を,図 2.34 にその冷凍サイクルを示す.蒸発器でブラインを冷却することにより蒸発した冷媒 $(9 \rightarrow 1)$ は,低段圧縮機で中間圧力 p_m まで圧縮される $(1 \rightarrow 2)$.高段圧縮機の吸入側では,低段圧縮機で圧縮された蒸気 (2) と,凝縮器で凝縮した高圧液がフロート膨張弁によって中間圧力まで絞り膨張される際に発生した蒸気(フラッシュ蒸気) (7) が混合された後 (3),高段圧縮機で圧縮される $(3 \rightarrow 4)$.圧縮された高圧冷媒蒸気は,凝縮器において冷却水で凝縮されて高圧液となり $(4 \rightarrow 5)$,フロート膨張弁で中間圧力まで膨張され減圧される $(5 \rightarrow 6)$.この減圧によって発生した蒸気 (7) はエコノマイザから高段圧縮機に流れ,残りの飽和液 (8) だけが二つ目のフロート膨張弁により低圧 p_L まで減圧されて蒸発器に供給される $(8 \rightarrow 9)$.図 2.34 に示した冷凍サイクルの p–h 線図から,エコノマイザがないときの冷凍サイクルの蒸発器入口におけるエンタルピーは,状態 5 で示した凝縮器出口のエンタルピーか

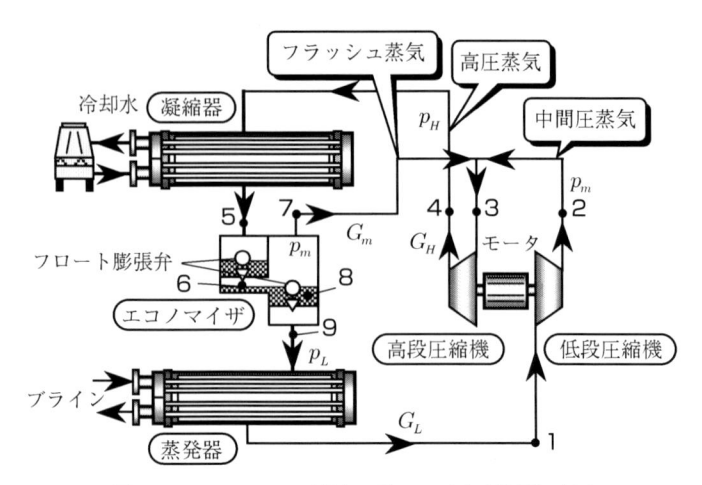

図 2.33 エコノマイザ付き二段ターボ冷凍装置概略図

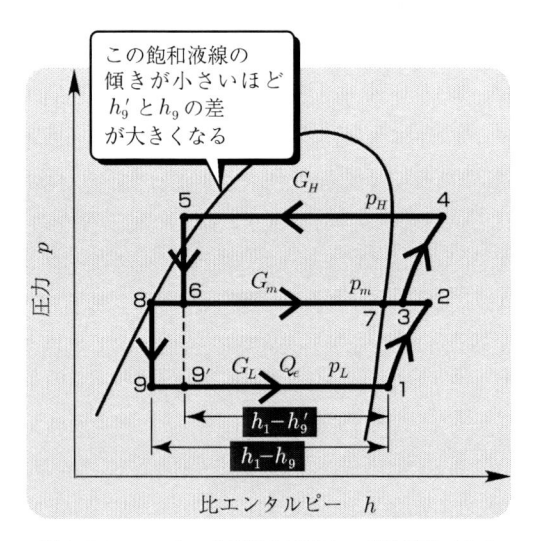

図 2.34 エコノマイザ付き二段ターボ冷凍サイクル

ら等エンタルピー変化によって蒸発圧力 p_L まで減圧されるから，圧力 p_L との交点である状態 9′ となる．このときの蒸発器出入口のエンタルピー差 $(h_1 - h_9')$ に比べて，エコノマイザ付きの冷凍サイクルのエンタルピー差は $(h_1 - h_9)$ に増加し，その結果として低段圧縮機の冷媒循環量が減少して圧縮機の動力が少なくなる．このエコノマイザの効果は，凝縮圧力 p_H と蒸発圧力 p_L との差が大きいほど，また飽和液線の傾きが小さい冷媒ほど大きくなる．

以下に冷凍サイクルの計算方法を示す．蒸発器における必要冷却熱量を Q_e [kJ/s]

とすれば，蒸発器の冷媒循環量 G_L は，

$$G_L = \frac{Q_e}{h_1 - h_9} \ [\text{kg/s}] \tag{2.23}$$

となる．フロート膨張弁で中間圧力まで減圧されるときに発生するフラッシュガスの蒸気量 G_m は，図 2.34 の中間圧力 p_m における飽和液線との交点である状態 8，飽和蒸気線との交点である状態 7，凝縮器出口の状態 5 から等エンタルピーで減圧した状態 6 により次式のようになる．

$$G_m = G_H \frac{h_6 - h_8}{h_7 - h_8} = (G_m + G_L) \frac{h_6 - h_8}{h_7 - h_8} \ [\text{kg/s}] \tag{2.24}$$

式 (2.24) を変形すると，

$$G_m = G_L \frac{h_6 - h_8}{h_7 - h_6} \ [\text{kg/s}] \tag{2.25}$$

となり，蒸発器冷媒循環量 G_L がわかれば式 (2.25) を用いて，エコノマイザにおいて発生し，高段圧縮機に吸い込まれるフラッシュガスの蒸気量 G_m を求めることができる．つぎに，高段圧縮機の吸入蒸気量 G_H は，式 (2.23)，(2.25) を用いて，

$$\begin{aligned}G_H &= G_L + G_m = G_L + G_L \frac{h_6 - h_8}{h_7 - h_6} = G_L \frac{h_7 - h_8}{h_7 - h_6} \\ &= \frac{Q_e}{h_1 - h_9} \frac{h_7 - h_8}{h_7 - h_6} \ [\text{kg/s}]\end{aligned} \tag{2.26}$$

となる．また，図 2.34 の状態 3 で示した高段圧縮機に吸入される冷媒蒸気は，理論冷凍サイクル上では，低段圧縮機の吐出蒸気である状態 2 と，中間圧力 p_m における飽和蒸気である状態 7 の混合蒸気であるから，

$$h_3 = \frac{G_L h_2 + G_m h_7}{G_H} \ [\text{kJ/kg}] \tag{2.27}$$

であり，中間圧力は高段と低段の圧力比が等しくなるように選ぶことが好ましいことから，

$$\frac{p_H}{p_m} = \frac{p_m}{p_L} \quad \text{より} \quad p_m = \sqrt{p_H p_L} \tag{2.28}$$

となる．これらの式から冷凍サイクルが定まり，理論圧縮機動力や COP を求めることができる．

Q 2.5 図 2.34 の記号を用いて，圧縮機所要動力と COP を示せ．

A 低段と高段の圧縮機のそれぞれの所要動力 W_1，W_2 は，冷媒循環量とエンタルピー差を用いて，

$$W_1 = G_L(h_2 - h_1) \ [\text{kJ/s}] \tag{2.29}$$

$$W_2 = G_H(h_4 - h_3) = G_L \frac{(h_7 - h_8)(h_4 - h_3)}{h_7 - h_6} \ [\text{kJ/s}] \tag{2.30}$$

となる．よって，全体の圧縮機所要動力 W は，

$$W = W_1 + W_2 = G_L \left(h_2 - h_1 + \frac{(h_7 - h_8)(h_4 - h_3)}{h_7 - h_6} \right) \ [\text{kJ/s}] \tag{2.31}$$

となる．

COP は，式 (2.23) と式 (2.31) を用いて次式のようになる．

$$\varepsilon = \frac{Q_e}{W} = \frac{G_L(h_1 - h_9)}{G_L \left(h_2 - h_1 + \dfrac{(h_7 - h_8)(h_4 - h_3)}{h_7 - h_6} \right)}$$

$$= \frac{(h_1 - h_9)(h_7 - h_6)}{(h_2 - h_1)(h_7 - h_6) + (h_7 - h_8)(h_4 - h_3)} \tag{2.32}$$

（b）ターボ冷凍機の蒸発器と凝縮器：ターボ冷凍機は大型の冷凍機であるため冷媒流量が多く，一般に蒸発器は凝縮器の下に配置される．蒸発器は満液式が使用され，蒸発器と凝縮器は横型シェルアンドチューブ式であり，銅製ローフィンチューブまたは高い伝熱性能をもつように特殊な形状に加工した高性能伝熱管が用いられるものが多い．圧縮機に吸入される冷媒中に液滴があると羽根車に腐食がおこるため，ステンレス鋼製の金網を集積したデミスタ (液滴分離器) を蒸発器の出口付近に設けるか，または十分な空間を設けて流速を遅くして液滴を分離している．

（c）ターボ冷凍機の容量制御：ターボ冷凍機は冷却負荷に対して容量を制御しないと，冷媒温度が所定の値と異なってくる．一般に，ターボ冷凍機では冷媒出口温度を一定に保つよう制御されている．容量制御の方法には，図 2.32 に示したように，羽根車の入口に設けられているサクションベーン (ガイドベーン装置) を制御する方法や，インバータによる羽根車の回転数制御などが行われている．

◆2.2◆ 熱駆動冷凍機

2.1 節の蒸気圧縮式冷凍機は，冷媒蒸気を圧縮するのに圧縮機を動かすという機械的なエネルギーを用いるものであった．本節で説明する熱駆動冷凍機は，蒸気や温水などの熱エネルギーを駆動源として冷水を製造するものであり，吸収や吸着という化学的な現象を利用したものである．冷媒蒸気が吸収剤に吸収される現象を利用した冷凍機を**吸収冷凍機** (absorption refrigerator) とよび，水蒸気がシリカゲルなどの吸着剤に取り込まれる現象を利用したものを**吸着冷凍機** (adsorption refrigerator) とよぶ．また，吸収冷凍機の作動原理を用いると，蒸気圧縮式冷凍機の装置と同様に，暖房や給湯用として温熱を製造するヒートポンプにもなり，吸収ヒートポンプ

とよばれている．これらの熱駆動冷凍機はコージェネレーション(熱電併給)システムや工場排熱の有効利用など，エネルギー利用の高効率化のために重要な設備となっている．ここでは，一般に広く知られている吸収冷凍機を中心に説明しよう．

2.2.1　吸収冷凍機の作動原理とサイクル

吸収冷凍機は冷媒と吸収剤の二種類の媒体を用い，その混合物の濃度と温度，蒸気圧の関係を利用したものである．これまで，吸収冷凍機に広く使用されている冷媒と吸収剤の組合せは，冷媒に水，吸収剤に臭化リチウム (LiBr) を用いたものと，冷媒にアンモニア，吸収剤に水を用いたものがある．ここでは最初に，冷媒に水を，吸収剤にリチウムブロマイドとよばれている臭化リチウムを使用した吸収冷凍機について，作動原理とサイクルを説明する．臭化リチウムは，海水から得られる臭素 (Br) とリチウム鉱石から析出されるリチウム (Li) からなる物質である．臭素は塩素 (Cl) と同じハロゲン族であり，リチウムはナトリウム (Na) と同じアルカリ族であることから，食塩 (NaCl) と類似した性質をもっており，非常に水に溶けやすい．また，食塩を密封せずに放置しておくと空気中の水分を吸収して固まってしまうように，臭化リチウムもまた水蒸気を吸収しやすい性質をもっている．臭化リチウム水溶液は以下の性質をもっている．

① 水蒸気の吸収性が強い．
② 水蒸気を吸収するときに吸収熱を発生する．
③ 濃縮しすぎると結晶が析出する．
④ 大気圧での沸点は濃度 60% で約 157 °C であり，水より高い．

臭化リチウム水溶液が水蒸気を吸収する原理を，図 2.35 の冷媒温度，溶液温度と蒸気圧 p の関係を示したデューリング線図を用いて説明する．図 2.35 の右肩上がりの傾斜をもつ線は，重量%で表した臭化リチウム水溶液の各濃度に対する温度と蒸気圧の関係を示したものである．濃度 0% が水だけの場合であり，冷媒温度が 100 °C の蒸気圧をたどると，大気圧の 760 mmHg になる．図から高濃度の溶液ほど蒸気圧が低下していることがわかる．たとえば，40 °C の水の蒸気圧は約 50 mmHg であるが，40 °C の臭化リチウム 60% 溶液の蒸気圧は 6.2 mmHg である．この蒸気圧の差によって水蒸気は臭化リチウム溶液に吸収され，これが吸収能力の強さとなっている．

いま，図 2.36 のような装置を考える．断熱された二つの容器があり，左側に臭化リチウム水溶液，右側に水が入っている．両方の容器内では空気などの不凝縮ガスが排除された状態にあるものとして，容器間を結ぶ管路のバルブを開くと，水蒸気が吸収液に吸収され，水蒸気は右の容器から左の容器に移動する．このとき，右の

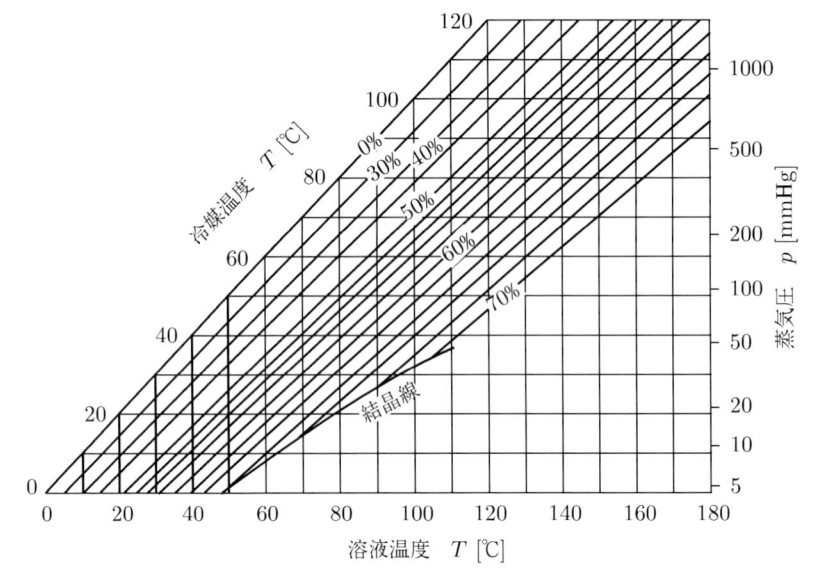

図 2.35 臭化リチウム水溶液のデューリング線図 [23]

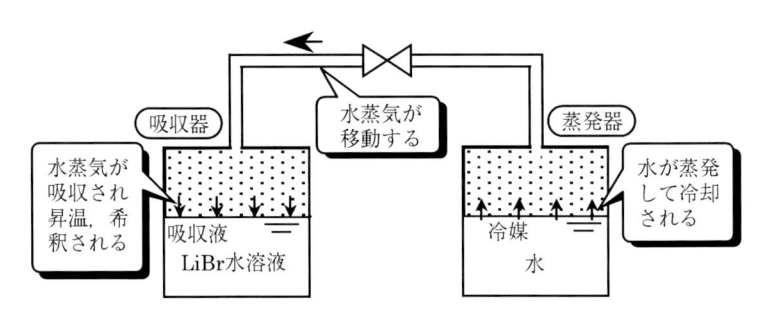

図 2.36 吸収作用の原理図

　容器内の水は蒸気圧が低下することから蒸発が起こり，水温が低下していく．一方，左の容器内の吸収液は水蒸気の吸収により濃度が低下するとともに吸収熱により温度が上昇する．図 2.35 のデューリング線図から，水の温度 (冷媒温度) が低下すると蒸気圧が低下する．よって，図 2.36 の右側の水が入っている容器の蒸気圧は低下していく．左の容器内の吸収液は濃度が低下して温度が上昇するから，容器内の蒸気圧は増加していき，両者の容器間の蒸気圧差が小さくなって吸収能力が低下し，その後，蒸気圧差がなくなって吸収作用が終了する．

　つぎに，図 2.37 のように，右側の水が入っている容器に外部から水を循環させる配管を設けて冷水を作り，空気などの冷却に利用する．また，蒸発を促進させるた

めに，水を蒸発器の上部から伝熱管に散水して，伝熱管の表面において水が蒸発して伝熱管を冷却するようにする．さらに，吸収液の温度上昇を抑えるため，左側の容器を冷却水により冷却する．これにより，図 2.36 よりも右側の容器の冷却熱量は増加し，さらに冷熱も得ることができる．しかし，本装置では吸収液の濃度の低下は避けられないので，これも短時間で冷凍作用が終了してしまう．

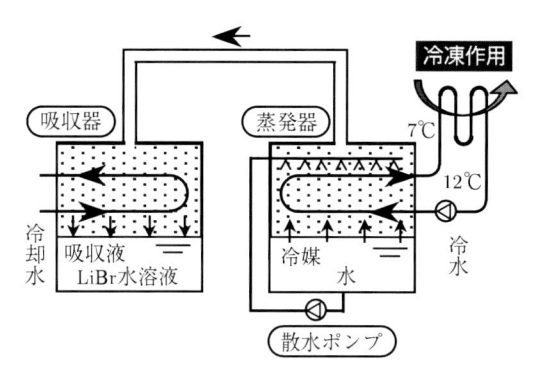

図 2.37 冷熱の利用

　水の沸点は，臭化リチウムの沸点よりもはるかに低いため，臭化リチウム水溶液を加熱すると，水蒸気が放出され，吸収された水分を分離することができる．つまり，図 2.37 に示した水分を吸収して濃度が低下した臭化リチウム水溶液を加熱することにより，再び濃縮することが可能となる．図 2.38 は吸収液の濃縮すなわち再生作用を行う再生器を追加したものである．吸収器から吸収液ポンプにより再生器に濃度が低下した吸収液を送る．再生器では蒸気などの加熱源があり，再生器内で濃度が低下した液を沸騰させて水蒸気を発生させることにより水分を分離し，吸収液を濃縮する．濃縮され吸収能力が戻った吸収液は再び吸収器に圧力と液ヘッドで戻される．

　図 2.39 に，再生器で放出された高温の水蒸気を凝縮する凝縮器を加えたものを示す．凝縮器の冷却水は吸収器の冷却を行った後の水が用いられる．凝縮器内では高温の水蒸気が冷却管により冷却されて凝縮し，凝縮した冷媒 (水) は蒸発器に戻される．このように，蒸発器内の冷媒は吸収器 → 再生器 → 凝縮器 → 蒸発器へと相を変えながら一巡する．一方，吸収液は吸収器と再生器の間で希釈と濃縮が繰り返され，蒸気などの加熱源と冷却水を吸収冷凍機に供給すると，冷水を製造できる冷凍サイクルが形成される．また，この冷凍サイクルでは，再生器から吸収器に戻される吸収液の温度が，吸収器から再生器に送られる吸収液の温度よりも高温であることから，両者の間に吸収液熱交換器を設けて，加熱源の熱量を有効に利用している．

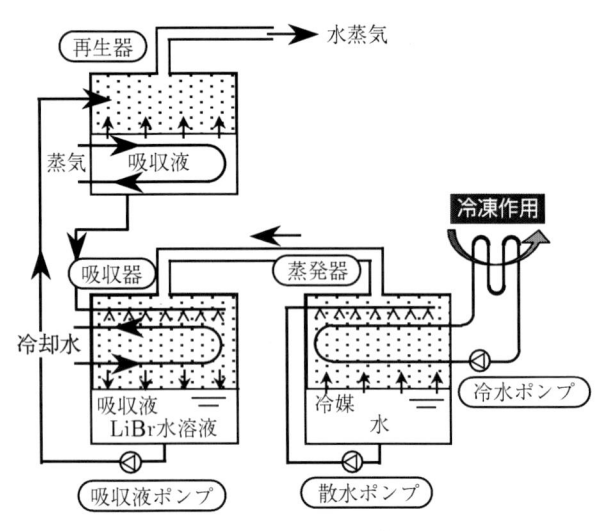

図 2.38 再生器の追加

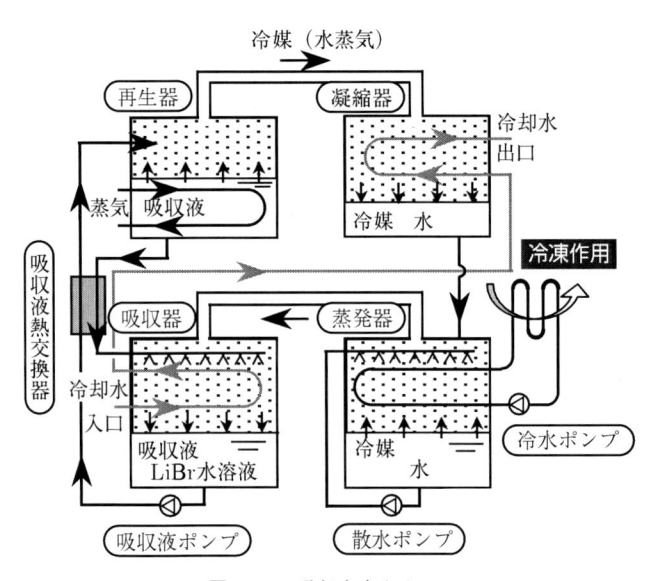

図 2.39 吸収冷凍サイクル

　各容器内の圧力は，冷凍作用を行う冷水の出口温度を 7 °C，冷却水入口温度 32 °C，冷却水出口温度 40 °C，蒸発温度 5 °C，凝縮温度 45 °C の一般的なサイクルでは，蒸発器と吸収器が約 7 mmHg，再生器と凝縮器は約 70 mmHg であり，すべての容器は真空に近い圧力であることが臭化リチウム水溶液を用いた吸収冷凍機の特

徴である．また，圧力 70 mmHg の再生器内で濃度 65% の吸収溶液濃度を得るには，図 2.35 のデューリング線図から溶液温度は 100 °C となり，100 °C 以上の加熱源が必要になる．図 2.39 に示した吸収冷凍サイクルは単効用サイクルとよばれている．

2.2.2 吸収冷凍サイクルと熱収支

吸収冷凍サイクルの蒸発潜熱などの熱量を簡単に求める方法として，溶液の比エンタルピーと濃度の関係 (h–ξ 線図) が用いられる．図 2.40 に栁場・植村による臭化リチウム水溶液の h–ξ 線図を示す．この線図は縦軸に比エンタルピー h，横軸に濃度 ξ をとって飽和溶液の等温線，等圧線，飽和溶液から発生する蒸気の等圧線を引いたものである．図 2.40 の上側の線図が蒸気を表し，下側の線図が溶液を表している．

この h–ξ 線図に吸収冷凍サイクルを描いたものを図 2.41 に示す．図中の p_e は蒸発器と吸収器の圧力，p_c は凝縮器と再生器の圧力である．また ξ_1，ξ_2 はそれぞれ希吸収液，濃吸収液の濃度を表す．各点における過程を以下に示す．

① 【6 → 2】：吸収器での水蒸気の吸収による吸収液の濃度の低下．
② 【2 → 7】：再生器から吸収器に戻る高温・高濃度吸収液との熱交換による希吸収液の温度上昇．
③ 【7 → 5】：再生器内で沸騰温度になるまでの希吸収液の温度上昇．
④ 【5 → 4】：再生器内での沸騰による希吸収液の濃縮．
⑤ 【4 → 8】：吸収器から再生器に送られる低温・希吸収液との熱交換による濃吸収液の温度降下．
⑥ 【8 → 6】：吸収器での濃吸収液の冷却による温度降下．
⑦ 【3】：凝縮器内の冷媒液 (水) の状態．
⑧ 【4′】：再生器内で発生した冷媒蒸気の状態．
⑨ 【1′】：蒸発器内での冷媒蒸気の状態．

なお，図 2.41 中に示したダッシュ (′) 付きの番号は蒸気を表し，ダッシュなしの番号は液を表している．

単効用吸収冷凍機の概略を図 2.42 に示す．いま，吸収器から再生器への吸収液の供給量を a [kg/s] とし，そのとき再生器では 1 kg/s の蒸気が発生したとすると，吸収器から再生器へ供給される吸収液中に入っている臭化リチウムの量 M_{LiBr} は，溶液の濃度が ξ_1 [%] であるから，

$$M_{\mathrm{LiBr}} = a \frac{\xi_1}{100} \ [\mathrm{kg/s}] \tag{2.33}$$

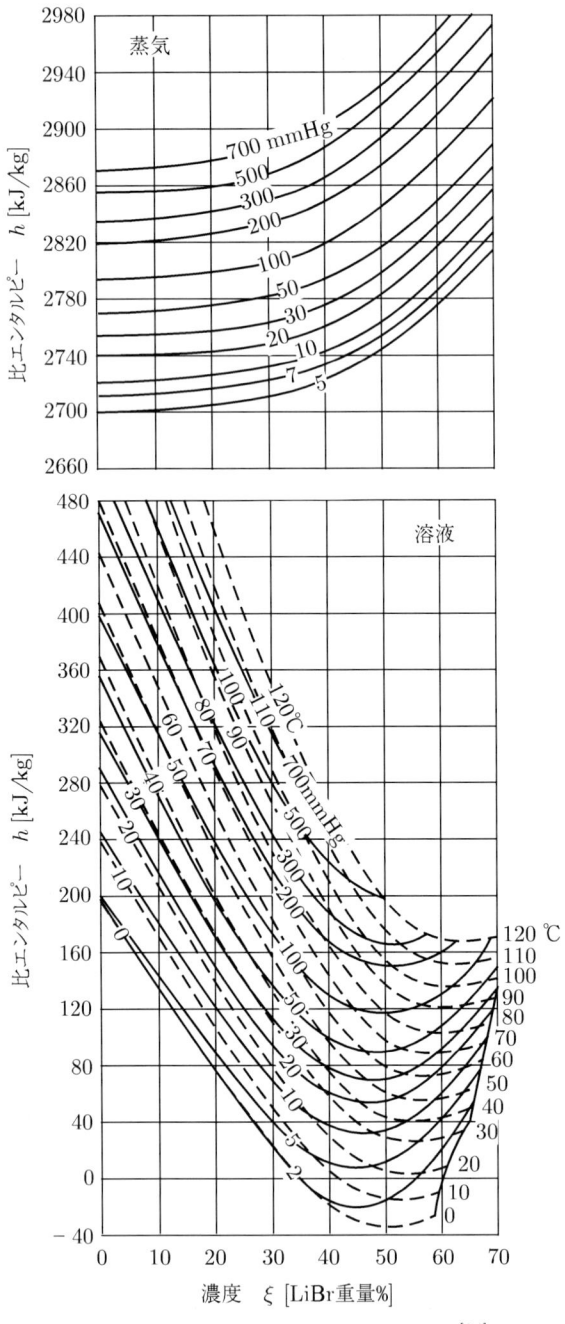

図 2.40 臭化リチウム水溶液の h–ξ 線図 [24]

2.2 熱駆動冷凍機 **89**

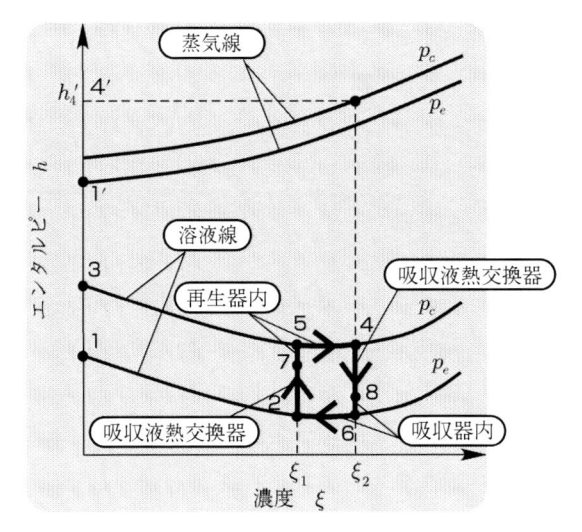

図 2.41 h-ξ 線図上の吸収サイクル

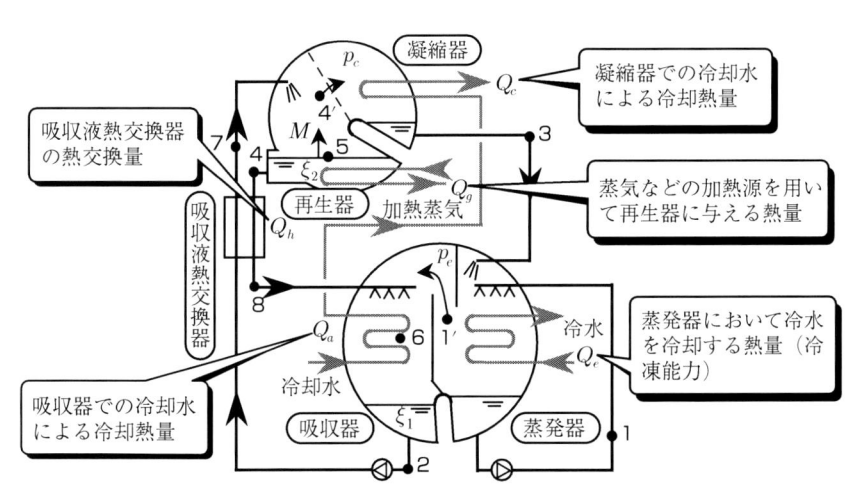

図 2.42 単効用吸収冷凍機

となる．一方，再生器から吸収器へ戻される吸収液の量は $(a-1)$ [kg/s] となり，この液中に入っている臭化リチウムの量 M'_{LiBr} は，溶液の濃度が ξ_2 [%] であるから，

$$M'_{\text{LiBr}} = (a-1)\frac{\xi_2}{100} \text{ [kg/s]} \tag{2.34}$$

となる．定常状態の運転においては，吸収器内の臭化リチウムの量は変わらないことから，

$$M_{\text{LiBr}} = M'_{\text{LiBr}} \tag{2.35}$$

である．式 (2.33)～(2.35) より，再生器で 1 kg/s の蒸気を発生させるのに必要な吸収液供給量 a [kg/s] と溶液濃度 ξ_1, ξ_2 [%] の関係は，

$$a = \frac{\xi_2}{\xi_2 - \xi_1} \text{ [kg/s]} \tag{2.36}$$

で求められる．

再生器における蒸気発生量を M [kg/s] とすると，図 2.42 に示した単効用吸収冷凍機の熱バランスは以下のようになる．

① 吸収冷凍機全体の熱収支：冷凍機への入熱量は再生器への加熱蒸気による加熱量 Q_g と，蒸発器における冷水から冷媒への伝熱量 Q_e である．また，冷凍機からの放熱量は吸収器と凝縮器における冷却水による冷却熱量 Q_a と Q_c である．この冷凍機の熱バランスから，

$$Q_g + Q_e = Q_a + Q_c \tag{2.37}$$

となる．ここで，吸収液ポンプの動力は加熱や冷却熱量に対して小さいことから無視する．

② 蒸発器の熱収支：蒸発器内の熱バランスから，蒸発器の冷水を冷却する熱量すなわち冷凍能力 Q_e は，

$$Q_e = M(h_1' - h_3) \tag{2.38}$$

となる．ここに，h_3 は蒸発器に供給される凝縮器内で凝縮した冷媒液の比エンタルピーであり，h_1' は蒸発器内で発生し，吸収器に移動する冷媒蒸気の比エンタルピーである．

③ 凝縮器の熱収支：凝縮器内の熱バランスから，凝縮器での冷却水による冷却熱量 Q_c は，

$$Q_c = M(h_4' - h_3) \tag{2.39}$$

となる．ここに，h_4' は凝縮器に供給される再生器内で発生した冷媒蒸気の比エンタルピーである．

④ 再生器の熱収支：再生器における蒸気発生量が M [kg/s] のとき，吸収器から再生器に供給される吸収液の量は aM [kg/s] であり，再生器から吸収器に戻される吸収液量は $(a-1)M$ [kg/s] となる．再生器内への入熱量は加熱蒸気による加熱量 Q_g と，再生器に供給される吸収液によって入ってくる熱量 aMh_7 であり，再生器からの放熱量は再生器において発生した M [kg/s] の蒸気の熱量 Mh_4' と，吸収器に戻される $(a-1)M$ [kg/s] の吸収液のもつ熱量 $(a-1)Mh_4$ であることから，これらの熱バランスより，

$$Q_g + aMh_7 = Mh_4' + (a-1)Mh_4 \tag{2.40}$$

よって，加熱蒸気により再生器に供給される加熱量 Q_g は式 (2.40) から，

$$Q_g = Mh_4' + (a-1)Mh_4 - aMh_7 \tag{2.41}$$

となる．ここに，h_4 は再生器で濃縮された濃吸収液の比エンタルピーであり，h_7 は再生器に供給される希吸収液の比エンタルピーである．

⑤ 吸収器の熱収支：吸収器内への入熱量は蒸発器から供給される冷媒蒸気の熱量 Mh_1' と，再生器から吸収液熱交換器を通過して供給される $(a-1)M$ [kg/s] の冷媒液の熱量 $(a-1)Mh_8$ であり，吸収器からの放熱量は冷却水による冷却熱量 Q_a と，再生器に送られる aM [kg/s] の熱量 aMh_2 である．これらの熱バランスから，

$$Mh_1' + (a-1)Mh_8 = Q_a + aMh_2 \tag{2.42}$$

よって，吸収器での冷却水による冷却熱量 Q_a は式 (2.42) から，

$$Q_a = Mh_1' + (a-1)Mh_8 - aMh_2 \tag{2.43}$$

となる．ここに，h_2 は吸収器で冷媒を吸収することによって，濃度が低下した希吸収液の比エンタルピーであり，h_8 は吸収液熱交換器を通過して吸収器に供給される濃吸収液の比エンタルピーである．

⑥ 吸収液熱交換器の熱収支：吸収液熱交換器の熱交換量 Q_h は，

$$Q_h = aM(h_7 - h_2) = (a-1)M(h_8 - h_4) \tag{2.44}$$

となる．

吸収冷凍機の COP は，加熱蒸気などにより冷凍機に供給した熱量 Q_g に対する冷凍能力 Q_e で定義され，

$$\varepsilon = \frac{Q_e}{Q_g} = \frac{h_1' - h_3}{h_4' + (a-1)h_4 - ah_7} = \frac{h_1' - h_3}{h_4' - h_4 + a(h_4 - h_7)} \quad (2.45)$$

となる．たとえば，加熱源が 0.1013 MPa の蒸気で，蒸気消費量が 8 kg/(h·Rt) の単効用吸収冷凍機の COP は，蒸気の潜熱量が 2257 kJ/kg，1 Rt (日本冷凍トン) = 3.861 kJ/s であるから，

$$\varepsilon = \frac{Q_e}{Q_g} = \frac{3.861}{\frac{8}{3600} \times 2257} = 0.770$$

となる．

2.2.3 二重効用冷凍機のサイクル

図 2.43 に二重効用の吸収冷凍サイクルを示す．再生器の加熱源として，160 ℃以上の高温熱源が利用できる場合にこのサイクルが用いられる．

本サイクルでは，図のように蒸気などの熱源を用いて再生器を加熱するのは単効用と同じであるが，吸収器から再生器に供給される希吸収液は，再生器で高温に加熱されるため，単効用よりもさらに高温の冷媒蒸気が発生する．この高温の冷媒蒸

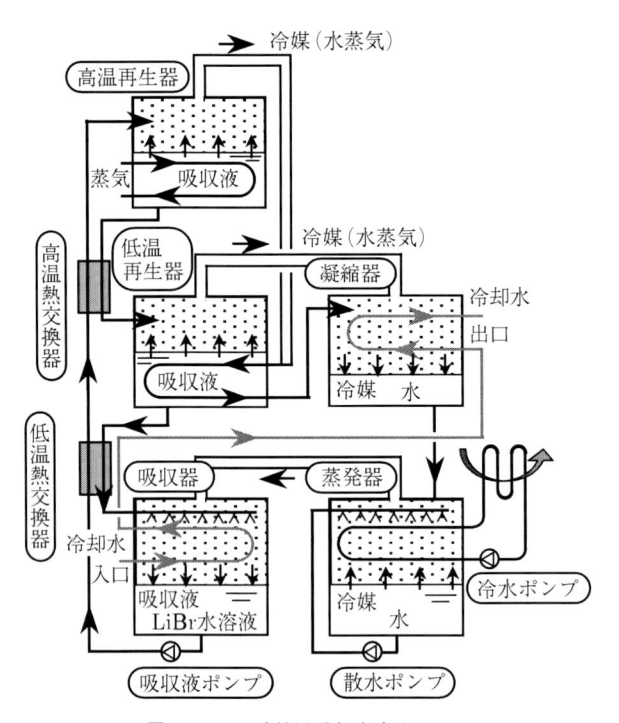

図 2.43 二重効用吸収冷凍サイクル

気は高いエネルギーをもっているので，単効用のように冷媒蒸気を凝縮器に供給して冷却水で排熱するのは無駄がある．そこで，再生器を一つ追加してこの冷媒蒸気を熱源として再利用する．このように二重効用サイクルでは再生器が二つ存在し，高温の蒸気などの加熱源で加熱される再生器を高温再生器とよび，加熱源として冷媒蒸気を用いた再生器を低温再生器とよんでいる．低温再生器に加熱源として供給された冷媒蒸気は，再生器の熱交換器内で凝縮されて凝縮器に供給される．また，高温再生器で濃縮された吸収液が，それよりも低い温度の熱源を用いた低温再生器で再度濃縮される理由は，高温再生器と低温再生器の間には高い圧力差があるためであり，高温再生器で濃縮された吸収液が低温再生器で減圧されると，吸収液が自己蒸発して冷媒蒸気を放出して再度濃縮される．この自己蒸発により吸収液温度が低下するのを冷媒蒸気で加熱して抑えている．二重効用冷凍機の再生に必要となる熱量は，本サイクルによる加熱源の有効利用によって単効用冷凍機の55～60%であり，COPは1.2程度である．

2.2.4 アンモニア吸収冷凍機

臭化リチウム水溶液を用いた吸収冷凍機は圧力が真空に近い状態であるので，安全性や取り扱いが容易である利点をもっている．しかし，濃度が高く温度が低くなると結晶化が生じることから作動溶液濃度の制約がある．また，冷媒が水であることから0℃以下の低温用としては利用できない．アンモニア吸収冷凍機は，冷媒にアンモニア，吸収剤に水を使用するものであり，蒸発温度が-45℃まで使用できることから冷凍冷蔵用や産業プロセス用として実用化されている．

図2.44に，アンモニア吸収冷凍機のサイクルの概略を示す．高濃度のアンモニア水溶液は再生器で加熱され，冷媒蒸気を発生する．アンモニアと水は沸点の差が小さいため，この蒸気には水も含まれており，精留器で蒸気を冷却・凝縮させて再生器に戻す．ほぼ純水のアンモニアになった冷媒蒸気は，凝縮器で冷却され液冷媒となる．この液冷媒は膨張器で減圧された後，蒸発器で蒸発することにより冷凍作用を行う．蒸発したアンモニアは吸収器で低濃度アンモニア水溶液である吸収液に吸収される．

一方，再生器でアンモニア蒸気を放出して低濃度となった水溶液は吸収器に送られ，吸収器内でアンモニア蒸気を吸収して，高濃度アンモニア水溶液となり，再び再生器に戻される．図2.44では吸収液の熱交換器を省略しているが，再生器と吸収器の間を往復する吸収液間に熱交換器を設けて熱回収を行っている．

アンモニア吸収冷凍機の一般的な空調条件におけるCOPは0.5～0.6である．また，冷凍機内圧力が大気圧以上であることや，臭化リチウムのような結晶が発生し

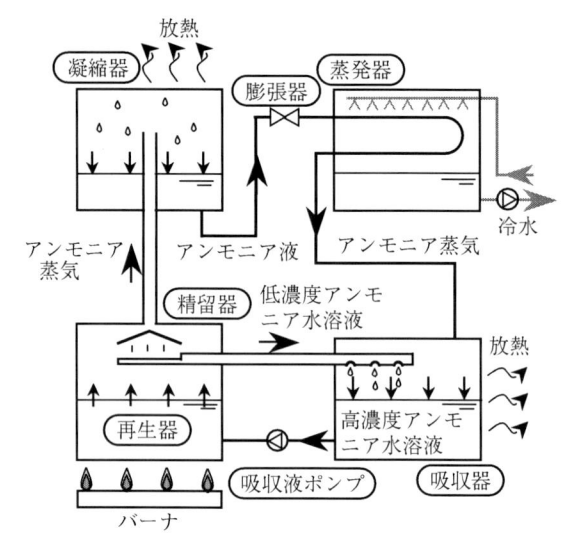

図 2.44 アンモニア吸収冷凍サイクル

ないことから空冷化がしやすいという特徴がある．諸外国ではかなり実用化されているが，日本ではアンモニアの毒性や可燃性が嫌われ，あまり普及が進んでいない．

◆2.3◆ 熱電冷凍機

2.3.1 原理と概要

図 2.45 のように，異種金属を両端で接合し，二つの接合点をそれぞれ異なる温度にすると熱起電力が発生して電流が流れる．この原理は 1821 年にゼーベックが発見したものであり，**ゼーベック効果** (Seebeck effect) といわれている．この原理を利用した温度測定器が熱電対である．

一方，これとは逆に，図 2.46 のように，接合した金属の回路に直流電流を流すと，一端は発熱し，他端は吸熱することを 1834 年にペルチェが見出し，**ペルチェ**

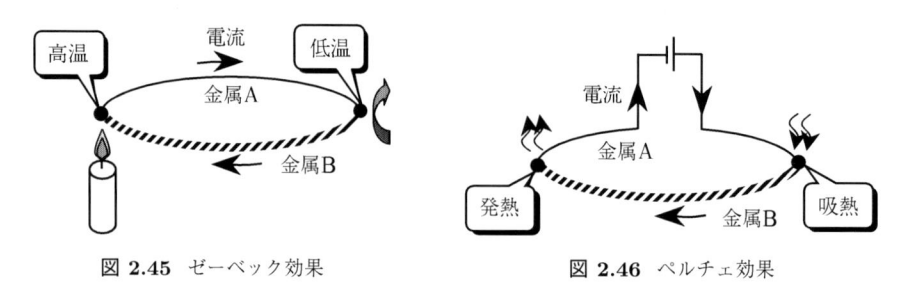

図 2.45 ゼーベック効果

図 2.46 ペルチェ効果

効果 (Peltier effect) といわれている．熱電冷凍機はこのペルチェ効果を利用したものである．

ペルチェ効果を利用して冷凍機を作ることを考えると，通電によってジュール熱の発生量が多くなると損失となるため，電気抵抗が小さい材料を用いることが必要である．また，熱伝導率が大きな材料では，発熱側から吸熱側に伝わる熱量が多くなるため，真の吸熱量が低下する．一般に，金属は電気抵抗が小さいと熱を伝えやすい性質をもっているため，普通の金属ではペルチェ効果を利用して冷凍装置を作ることは困難である．現在，ペルチェ効果を利用した冷凍機は一般に普及しており，その材料には半導体が使用されている．

表 2.2 に金属と半導体材料の電気抵抗率 r，熱伝導率 λ，熱電能 (ゼーベック係数ともよばれる) α_e を示す．半導体材料は一般金属と比較して，熱伝導率 λ が小さく発熱側から吸熱側への熱伝導による熱量を小さくすることができる．しかし，電気抵抗率 r はかなり大きいのでジュール熱により真の吸熱量は減少する．ペルチェ効果による吸収熱 Q は回路を流れる電流 I と，熱電能とよばれる 1 °C あたりの熱起電力 α_e に比例する．一般金属の α_e は 50 μV/K 程度であるのに対して，半導体材料は金属の 3～4 倍となることから，半導体材料を用いることにより吸熱量が増加し，熱電冷凍機としての実用化が可能となった．

表 2.2　金属と半導体材料の特性値 [25]

材料		型	電気抵抗率 r [Ω·cm]	熱伝導率 λ [W/(cm·K)]	熱電能 α_e [μV/K]
	Ag		1.51×10^{-6}	4.18	
	Cu		1.56×10^{-6}	3.85	
	Al		2.45×10^{-6}	2.38	
	Fe		8.9×10^{-6}	0.76	
	Bi		10.7×10^{-6}	0.085	
半導体材料	75%Bi$_2$Te$_3$–25%Bi$_2$Se$_3$	n	1.03×10^{-3}	0.0133	166
	30%Bi$_2$Te$_3$–70%Sb$_2$Te$_3$	p	0.92×10^{-3}	0.0148	195
	25%Bi$_2$Te$_3$–75%Sb$_2$Te$_3$	p	0.98×10^{-3}	0.0127	210
	20%Bi$_2$Te$_3$–80%Sb$_2$Te$_3$	p	0.65×10^{-3}	0.0164	174

図 2.47 に，熱電冷凍機に用いられている熱電素子の構造を示す．n 型と p 型の半導体を交互に配置して銅電極で接続した構造であり，図の方向に直流電流を流すと，上部の銅電極との接合部で吸熱作用を，下部の銅電極との接合部で発熱作用が起こる．電流の方向を逆にすれば，吸熱側と発熱側が入れ替わる．市販の熱電素子は約 2×2 cm の大きさのものに 20 W の電極をつなげば，容積 10 L の小型冷蔵庫がで

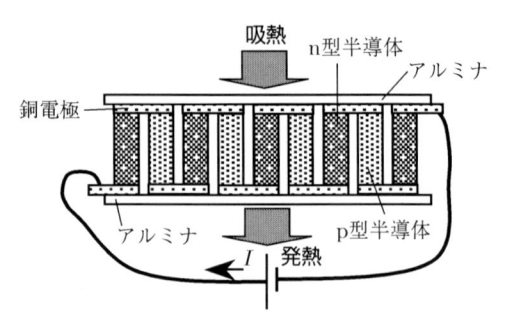

図 2.47 熱電素子の構造

きる程度の能力をもっている.

2.3.2 性能と特徴

図 2.48 に,熱電素子の基本回路 (基本熱電素子対) を示す.半導体の熱電能を α,熱伝導率を λ,電気抵抗率を r,断面積を S,長さを l として表し,添字 n,p はそれぞれ n 型,p 型半導体を表すものとする.また,吸熱側の温度を T_l,発熱側の温度を T_h とすると,この熱電素子の真の吸熱量 Q_l は次式で表せる.

$$Q_l = \pi_{\mathrm{pn}} I - \frac{1}{2} R_{\mathrm{pn}} I^2 - K_{\mathrm{pn}}(T_h - T_l) \tag{2.46}$$

ここで,π_{pn} はペルチェ係数であり,

$$\pi_{\mathrm{pn}} = (\alpha_{\mathrm{p}} - \alpha_{\mathrm{n}}) T_l \tag{2.47}$$

となる.R_{pn} は熱電素子の抵抗であり,

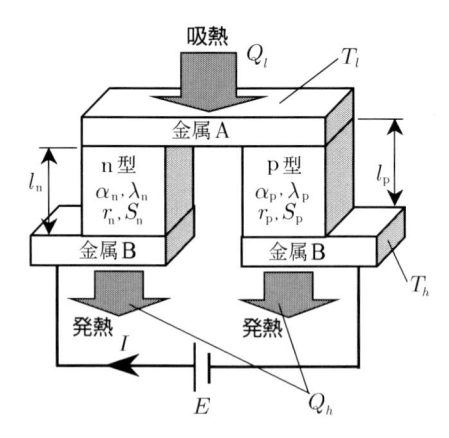

図 2.48 熱電素子の基本回路

$$R_{\mathrm{pn}} = \frac{r_{\mathrm{p}} l_{\mathrm{p}}}{S_{\mathrm{p}}} + \frac{r_{\mathrm{n}} l_{\mathrm{n}}}{S_{\mathrm{n}}} \tag{2.48}$$

K_{pn} は熱電素子の熱コンダクタンスであり,

$$K_{\mathrm{pn}} = \frac{\lambda_{\mathrm{p}} S_{\mathrm{p}}}{l_{\mathrm{p}}} + \frac{\lambda_{\mathrm{n}} S_{\mathrm{n}}}{l_{\mathrm{n}}} \tag{2.49}$$

となる. 式 (2.46) の右辺第 1 項が熱電素子による吸熱量, 第 2 項がジュール熱による損失であり, 発熱量の半分が吸熱側に流入すると仮定している. 第 3 項は発熱部から吸熱部に熱伝導により熱が伝わることによる損失を表している.

いま, 熱電素子に加えられている電圧を E とし, 起電力を考慮に入れると次式の関係がある.

$$E = (\alpha_{\mathrm{p}} - \alpha_{\mathrm{n}})(T_h - T_l) + I R_{\mathrm{pn}} \tag{2.50}$$

よって, 熱電素子の電力 W は,

$$W = EI = (\alpha_{\mathrm{p}} - \alpha_{\mathrm{n}})(T_h - T_l) I + I^2 R_{\mathrm{pn}} \tag{2.51}$$

であり, 他の冷凍装置と同様に性能評価となる COP を求めると,

$$\varepsilon = \frac{Q_l}{W} = \frac{(\alpha_{\mathrm{p}} - \alpha_{\mathrm{n}}) T_l I - \frac{1}{2} R_{\mathrm{pn}} I^2 - K_{\mathrm{pn}}(T_h - T_l)}{(\alpha_{\mathrm{p}} - \alpha_{\mathrm{n}})(T_h - T_l) I + I^2 R_{\mathrm{pn}}} \tag{2.52}$$

となる.

一般に, 熱電素子の特性は**性能指数** (figure of merit) とよばれる次式で定義される量 Z が用いられる.

$$Z = \frac{(\alpha_{\mathrm{p}} - \alpha_{\mathrm{n}})^2}{K_{\mathrm{pn}} R_{\mathrm{pn}}} \tag{2.53}$$

式 (2.52) の ε は電流 I によって変わり, COP が最大となる電流を流したときの COP を $\varepsilon_{\max}$ とすると, 性能指数 Z との間には図 2.49 の関係がある.

現在得られている高性能素子の性能指数は, 3.5×10^{-3}/K 程度であり, 図 2.49 から吸熱側と発熱側の温度差 $\Delta T = T_h - T_l$ が小さいときには, 蒸気圧縮式冷凍機に近い COP を得ることが可能であるが, 低温度域まで冷却しようとすると COP が小さくなり, 実用化は困難になる. また, 性能指数 Z を上げるべく研究開発がなされているが, 1960 年代以降進展があまりない状況にある.

図 2.50 に, 栗田[27]による熱電冷凍の特性曲線を示す. 本特性から吸熱量 Q_l を極大にする電流 I_0 と COP を極大にする電流 I_β は異なっており, 吸熱量が極大とな

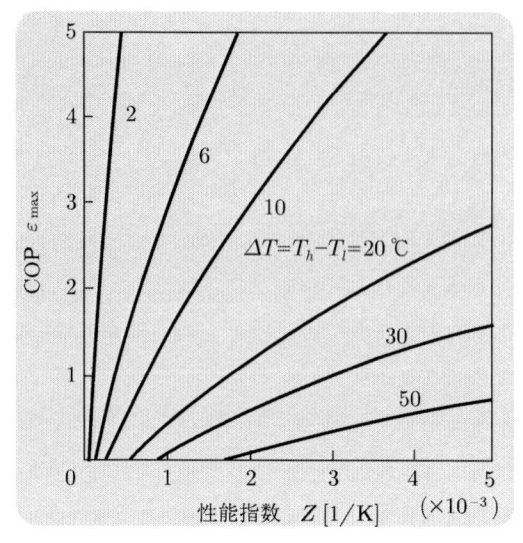

図 2.49 $\varepsilon_{\max}$ と Z の関係 ($T_h = 300$ K)[26]

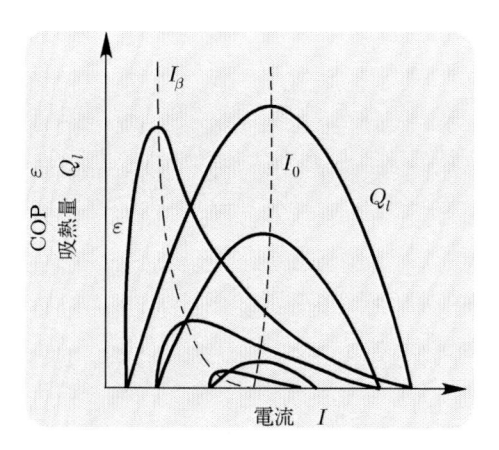

図 2.50 熱電冷凍の特性曲線 [27]

るときの COP は 0.5 を超えることはなく，一般的な COP は $\varepsilon = 0.1 \sim 0.4$ となっている．

　熱電冷凍機は，オゾン層の破壊や地球温暖化を引き起こす冷媒を全く使用しないこと，圧縮機を使用しないことから冷凍機が小型化できる．また，音や振動が全くないこと，電流の向きを変えることによって冷却と加熱の切り替えが容易にできる．この特長から，ホテルの客室用やレジャー用の小型冷蔵庫に多く用いられている．この他に，保管温度によって品質が影響されるワインセラーや，温度が変化す

ると発振波長が変化する光通信の半導体レーザの温度制御装置として使用されている．熱電冷凍機の素子は，工場やゴミ焼却炉などの排熱の熱エネルギーを電気エネルギーに変換する発電装置としても用いることができることから，新材料開発を含めた研究がなされている．

◆2.4◆ 極低温装置

2.4.1 概　要

　極低温は，工学的には約120 K以下の温度領域と考えられており，近年，工業的に液化メタン (112 K)，液体窒素 (77 K)，液体水素 (20 K)，液体ヘリウム (4.2 K) などが多方面で利用されている．極低温の利用の拡大は比較的最近のことで，食品工業，精密機械工業，先端技術産業，医療機器などに及んでいる．表 2.3 に極低温を利用した代表的な機器を挙げる．

表 2.3 極低温利用機器

物　質	用　途	利用機器
液体ヘリウム	超伝導電磁石の冷却	リニアモーターカー 核融合装置，MHD発電，MRI， 超伝導発電機，超伝導電力貯蔵
	超伝導金属の冷却	超伝導送電用ケーブル
液体窒素	高温超伝導材の冷却	超伝導送電用ケーブル
	食品の製造	コーヒーなどの凍結乾燥や粉砕
	廃棄物の処理	凍結粉砕
	医療機器	凍結手術装置，低温麻酔， 血液や精子の凍結保存

　通常，極低温を得るには膨張機を用いてガスが外部に対して仕事をするようにし，ガスを断熱的に膨張させることにより温度が低下することを利用している．また，**ジュール-トムソン効果** (Joule-Thomson effect) のガスの絞りによる膨張時の温度低下も利用されている．この両者を組み合わせたものは，**クロウドサイクル** (Claude cycle) とよばれており，極低温を発生させる装置として広く用いられている．

2.4.2 極低温領域の熱力学

　一般的に，極低温を得るにはガスを膨張させる方法が用いられている．ガスを理想気体として断熱膨張させたときの温度 T と圧力 p の関係は次式で与えられる．

$$\frac{T}{T_0} = \left(\frac{p}{p_0}\right)^{\frac{\kappa-1}{\kappa}} \tag{2.54}$$

ここで，添字 0 は膨張前の状態を表し，κ は比熱比である．

Q 2.6 温度 $T_0 = 300$ K，圧力 $p_0 = 4.0$ MPa のガスがあり，これを膨張機により $p = 0.1$ MPa まで断熱膨張させたときのガスの温度を求めよ．なお，ガスの比熱比は $\kappa = 1.4$ とする．

A 式 (2.54) を用いると，膨張後のガスの温度 T は，

$$T = T_0 \left(\frac{p}{p_0}\right)^{\frac{\kappa-1}{\kappa}} = 300 \times \left(\frac{0.1}{4.0}\right)^{\frac{1.4-1}{1.4}} = 104.6 \text{ K}$$

となる．断熱膨張により極低温が容易に得られることがわかる．

図 2.51 のように，絞りを通して断熱的にガスを自由膨張させることを考える．いま，絞り前のガスの圧力 p_0 と温度 T_0 を一定の状態に保持しながら，等エンタルピー変化により絞り通過後の圧力 p を変えたときの温度を求めると，図 2.52 のようになる．圧力の低下にともなって温度が低下するのは，最大温度 T_i を示す点 i より低い圧力領域からであり，絞りにより低温を得ようとするとこの点に注意する必要がある．点 i における温度 T_i は**逆転温度** (inversion temperature) とよばれている．

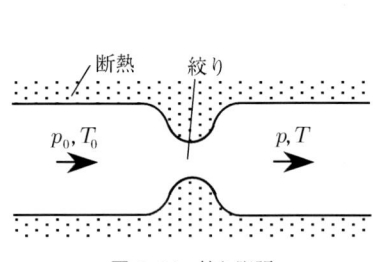

図 2.51 絞り膨張

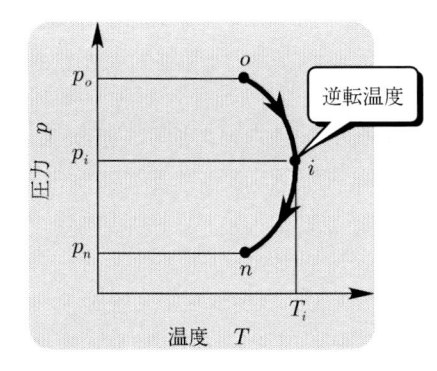

図 2.52 圧力の変化による温度変化

絞り前の圧力と温度を変えて逆転温度を求めると，図 2.53 の曲線が得られる．このような曲線は逆転曲線とよばれており，圧力 p が零における温度 $T_{i\,\text{max}}$ は最大逆転温度とよんでいる．この曲線の左側の領域の状態では，$(\partial T/\partial P)_h = \mu_j$ が常に正であり，圧力降下により温度が低下する．μ_j はジュール–トムソン係数であり，ガスの種類，圧力，温度によって異なる．種々のガスの逆転曲線を図 2.54 に示す．水素やヘリウムの逆転温度は常温よりも低いため，常温ではジュール–トムソン係数 μ_j は負となり，ガスを膨張しても温度は低下しない．よって，逆転温度まで予冷する必要がある．なお，水素，ヘリウムの最大逆転温度 $T_{i\,\text{max}}$ はそれぞれ約 205 K，50 K である．

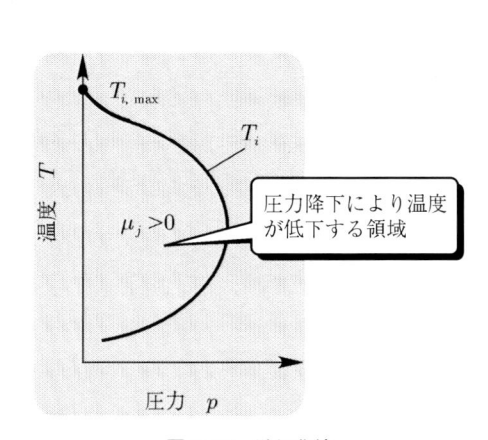

図 2.53 逆転曲線

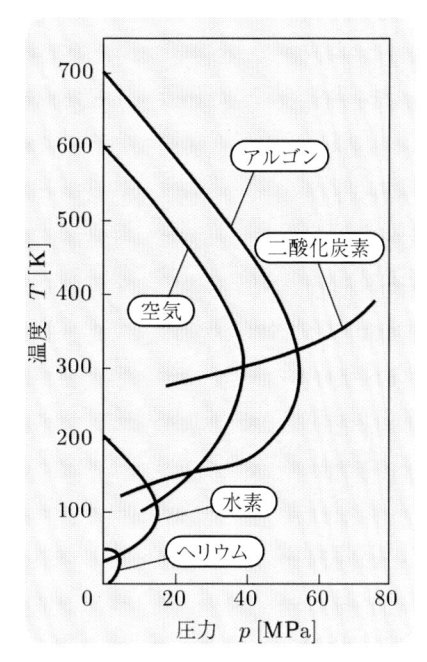

図 2.54 実在気体の逆転曲線[28](図 1.5 を再掲)

2.4.3 クロウドサイクル

　クロウドサイクルは，クロウド (Claude) が考案した極低温液を製造する方法である．図 2.55, 2.56 に液体空気を製造するサイクルの概要と T–s 線図を示す．圧縮機により圧縮された空気 (2) は冷却器 (アフタークーラ) により冷却され (3)，第 1 熱交換器で冷却された後 (4)，その一部の空気を膨張機で膨張させる (系の外に仕事を取り出す)．膨張により温度が低下した空気 (9) は，気液分離器からの空気 (8) と合流し (10)，第 2 熱交換器に入り (10 → 11)，ジュール–トムソン膨張弁 (J.T. 弁) に向かう高圧ガスを冷却する (4 → 5)．膨張弁により減圧された空気 (6) の状態は，図 2.56 のように飽和液線と飽和蒸気線の間の状態，すなわち湿り蒸気となるため，液体空気とガス空気が混合された状態になり，気液分離器で分離することにより液体空気を取り出す (7) ことが可能となる．膨張機において断熱膨張が行われると，膨張機では図 2.56 の 4 → 9′ のように等エントロピー変化となるが，実際は損失によりエントロピーが増加するため 4 → 9 へと変化する．いま，圧縮機に循環する空気の流量を G [kg/s]，液体空気として取り出される割合を ε_l，膨張機の仕事を W_{ex} とすると，図 2.55 の点線で囲まれた系の定常状態におけるエネルギーバランスは，図 2.55 に用いられている番号を用いて比エンタルピーを表すと，

図 2.55 クロウドサイクル

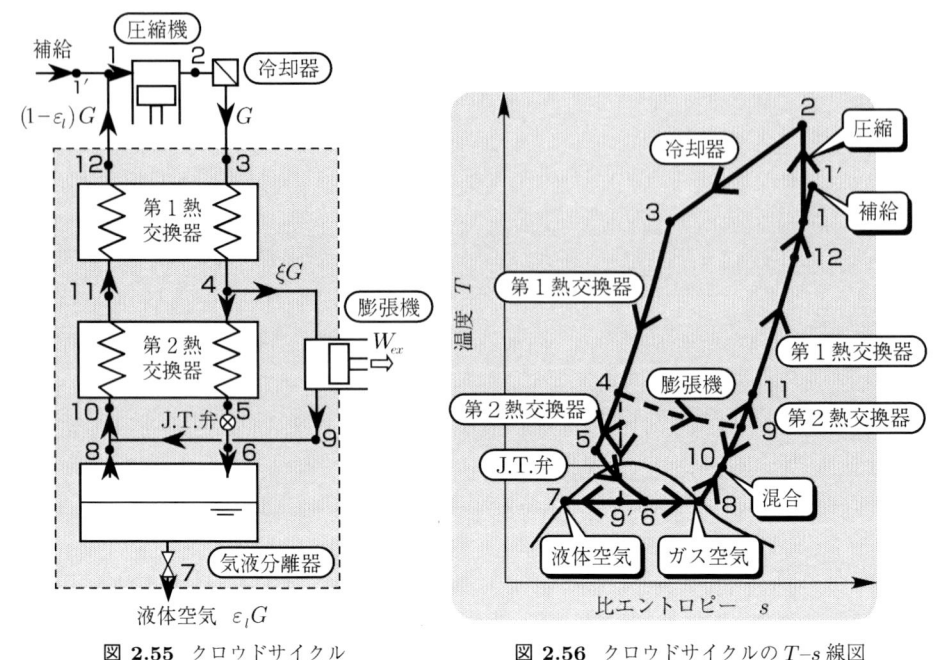

図 2.56 クロウドサイクルの T-s 線図

$$Gh_3 = (1 - \varepsilon_l)Gh_{12} + \varepsilon_l Gh_7 + W_{ex} \tag{2.55}$$

となる．式 (2.55) の左辺は系へ入るエネルギー，右辺は系から出るエネルギーである．膨張機の仕事は，膨張機を流れる蒸気の流量割合を ξ とすると，

$$W_{ex} = \xi G(h_4 - h_9) \tag{2.56}$$

となる．よって圧縮機を循環するガスに対する液体空気となる割合 ε_l は次式となる．

$$\varepsilon_l = \frac{(h_{12} - h_3) + \xi(h_4 - h_9)}{h_{12} - h_7} \tag{2.57}$$

ξ は高圧サイクルであるハイラント法では 0.7〜0.8，低圧サイクルであるカピッツァ法では大部分のガスを膨張機に流している．

2.4.4 水素とヘリウムの液化

図 2.54 の逆転温度からわかるように，水素やヘリウムは常温ではジュール–トムソン係数 μ_j が負であるため，膨張弁で減圧を行っても温度が低下せず，液化を行うことはできない．液化するためには逆転温度まで予冷する必要がある．水素の逆転温度は 205 K 以下であるので，予冷には沸点 77 K の液体窒素が用いられる．ヘリウムの逆転温度は 50 K 以下であるので，沸点 20.4 K の液体水素を用いれば，

液化可能な温度まで冷却することができる．大型の水素液化機やヘリウム液化機の大部分はクロウドサイクルが用いられている．小型の液化機にはスターリング (Stirling) サイクル，ギフォード–マクマホン (Gifford-McMahon) サイクル，ソルベー (Solvay) サイクルなどがある[29]．しかし，これらの小型液化機で 10 K 以下の低温を得ることはいまのところ難しい．

◆ 演習問題 ◆

2.1 気筒の内径 80 mm，ピストンの行程 90 mm，4 気筒，回転数 1500 rpm のフロン R134a の多気筒圧縮機の性能を求めるために，図 2.57 の条件で圧縮機を運転したところ，圧縮機軸動力が 12.8 kJ/s であった．体積効率 η_v と全断熱効率 η_{tad} を求めよ．

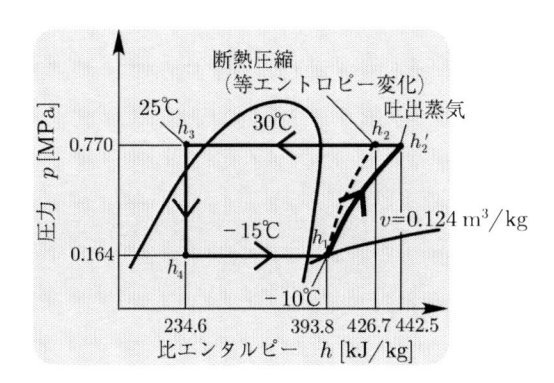

図 2.57 冷凍サイクル

2.2 演習問題 2.1 の冷凍サイクルにおける冷凍能力，凝縮熱量，COP を求めよ．

2.3 R134a の水冷式シェルアンドチューブ凝縮器の運転が，以下の条件で行われるときの伝熱面積と冷却水流量を求めよ．冷媒の凝縮温度 40 °C，冷媒入口比エンタルピー 441.2 kJ/kg，出口比エンタルピー 249.0 kJ/kg，冷媒循環量 0.15 kg/s，冷却水入口温度 30 °C，冷却水出口温度 35 °C である．

なお，熱通過率は 0.85 kW/(m²·K)，水の比熱 4.178 kJ/(kg·K)，水の密度 994 kg/m³ とし，冷媒と冷却水の温度差は算術平均温度差を用いるものとする．

2.4 蒸発温度が 5 °C，空気入口温度 18 °C，空気出口温度 15 °C のフィンコイル蒸発器の伝熱計算において，冷凍能力の計算に対数平均温度差と算術平均温度差を用いた場合の誤差を求めよ．また，蒸発温度が 5 °C，水入口温度 15 °C，水出口温度 8 °C のシェルアンドチューブ蒸発器についても同様に誤差を求めよ．

第3章

空気調和

夏の暑い日，通学，通勤のためにバスや電車に乗ると冷房された車内で一息つき，学校や職場では快適な室内空間で学習や仕事の能率を上げることができる．そして，帰宅するとルームエアコン (room air conditioner) のもとで，一日の疲れを癒すことができる．これらの快適な室内空間は，第1章で述べた冷凍サイクルの基礎理論と第2章で述べた冷凍機技術を主に活用して実現しており，冷凍理論と空気調和は密接な関係がある．

本章では，空気中の湿度と温度を調節して快適な室内環境を作り出す空気調和の方法について，湿り空気線図の使い方と加湿や除湿の基礎理論などについて学ぶ．また，近年では多くの家庭に普及したヒートポンプ空気調和機についても学ぶ．さらに，地球温暖化防止のための冷媒規制や自然冷媒への切り替えなどについて説明する．

◆ 3.1 ◆ 空気調和の基礎

3.1.1 空気調和の考え方

室内や施設内などの特定空間の空気の状態を目的に応じて適切に調節することを**空気調和** (air conditioning) という．要求される適切な空気の状態は特定空間の使用目的により異なるが，空気調和の基本的な考え方は，図 3.1 に示すように，空間の温湿度に関係する調節と空気の質に関係する調節にまとめることができる．

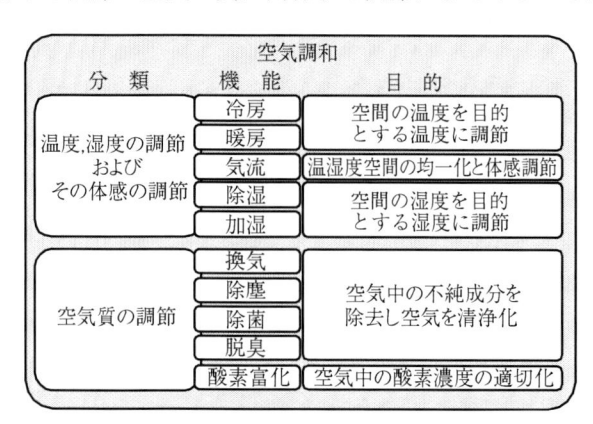

分類	機能	目的
温度,湿度の調節およびその体感の調節	冷房	空間の温度を目的とする温度に調節
	暖房	
	気流	温湿度空間の均一化と体感調節
	除湿	空間の湿度を目的とする湿度に調節
	加湿	
空気質の調節	換気	空気中の不純成分を除去し空気を清浄化
	除塵	
	除菌	
	脱臭	
	酸素富化	空気中の酸素濃度の適切化

図 3.1 空気調和の基本的考え方

人を対象とする居住空間，オフィスや店舗などでは快適な室内空間を維持するため，冷房または暖房あるいは除湿または加湿を行い，体感温度の調節のために気流の調節が行われることはよく知られている．しかし，最近では快適性の維持や健康志向の観点から空気質の調節も重要視されている．たとえば，空気中に浮遊している花粉やダニなどのアレルゲン，菌の捕集，さらに捕集した菌の除菌などが行われている．また，外気から酸素を抽出し，室内に供給することにより，人が居住していても室内の酸素濃度を21%に維持する例もある．

一方，産業用空気調和の場合には，特定空間で加工あるいは生産される物の品質を維持するため，また，精密機器や電子機器を安定して適切に動作させるために空気調和が行われている．たとえば，半導体を生産するクリーンルームなどではサブミクロンオーダの加工が行われており，熱膨張による寸法変化を避け，安定した製品の品質を維持するために，精密な温湿度調節が行われている．精密な温湿度調節を実現するためには，室内温度を均一に分布させることが必要であり，気流調節を行わなければならない．さらに，半導体の生産工程では高い空気清浄度が要求され，徹底した除塵が行われている．

また，サブミクロンオーダの精密寸法計測装置は，装置自体の熱膨張による寸法変化を避けるために，温湿度調節が行われている部屋の中で使用され，大型コンピュータは演算装置の発熱による温度上昇を許容値以下に維持するために，温度調節された部屋の中で使用されている．

3.1.2 湿り空気

冷たいビールをグラスに注ぐと，空気に触れているグラス外表面に微細な水滴が付着してくる．一般に空気は，表3.1に示す窒素，酸素，アルゴン，二酸化炭素の混合気体である．自然界に存在する空気には水蒸気として微量の水分を含んでいる．そのため，空気が冷たいグラス外表面に触れ，空気中の水蒸気が結露し，微細な水滴になることを経験的に知っている．水蒸気を含んだ空気を**湿り空気** (humid air) といい，水蒸気を含まない空気を**乾き空気** (dry air) という．

空気調和においても，空気を冷すとき冷却面に空気中の水蒸気が結露する．したがって，湿り空気の性質を知ることが重要である．

表 3.1 標準空気の成分組成

成 分	窒素 N_2	酸素 O_2	アルゴン Ar	二酸化炭素 CO_2
容積割合 [%]	78.09	20.95	0.93	0.03
質量割合 [%]	75.53	23.14	1.28	0.05

（1） 相対湿度と絶対湿度　　湿り空気の全圧を p，乾き空気の分圧を p_a，水蒸気の分圧を p_v とするとダルトン (Dalton) の分圧の法則より次式が成り立つ．

$$p = p_a + p_v \tag{3.1}$$

水蒸気は空気中に無制限に混合できるわけではない．乾き空気に水蒸気を混合させていくと，図 3.2 に示すように，そのときの温度によりそれ以上空気中に水蒸気の状態で含まれることのできない飽和状態となる．これを**飽和空気** (saturated air) とよぶ．そのときの飽和空気の水蒸気の分圧 p_s を飽和蒸気圧力とよび，表 3.2 に示すように，温度の低下とともに飽和蒸気圧力は減少する．また，空気中に含まれる水蒸気の分圧 p_v が飽和蒸気圧力 p_s より低い湿り空気を，**不飽和空気** (unsaturated air) とよぶ．

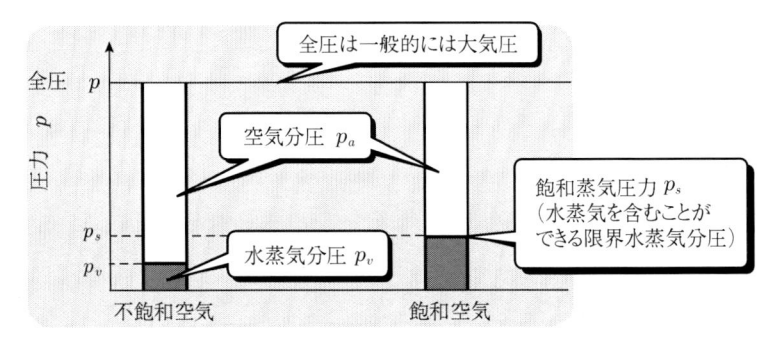

図 3.2 飽和空気と不飽和空気

相対湿度 (relative humidity) ϕ は湿り空気中の水蒸気の分圧 p_v と飽和空気の水蒸気の分圧 p_s の比で定義され，次式となる．一般に相対湿度は％で表示される．

$$\phi = \frac{p_v}{p_s} \tag{3.2}$$

湿り空気中の水蒸気の分圧 p_v が水蒸気の飽和圧力 p_s まで上昇すると，$p_v = p_s$ となり，$\phi = 1$ となる．すなわち，相対湿度 100％の空気が飽和空気である．以上に述べた相対湿度は，空気中に混合できる水蒸気の限界に対して，どの程度まで水蒸気が混入しているかを蒸気分圧の比で表示したものであり，天気予報などでよく耳にする湿度はこの相対湿度である．

一方，空気調和を行う場合，空気中に含まれている水蒸気量の絶対値を議論することが必要になる．湿り空気は，図 3.3 に示すように乾き空気の中に水蒸気が分散している状態であるから，乾き空気中に含まれる水蒸気量で湿度を定義する．これを**絶対湿度** (absolute humidity) といい，乾き空気 1 kg あたりに含まれる水蒸気の

表 3.2 飽和空気の状態 (1 mbar = 100 Pa)

温度 t [°C]	飽和蒸気圧力 p_s [mmHg]	p_s [Pa]	比エンタルピー h [kJ/kg']	定圧比熱 c_p [kJ/(kg'·K)]	定容比熱 c_v [kJ/kg'·K]	絶対湿度 x [g/kg']
−30	0.38	50.9	−29.386	1.0056	0.7722	0.312
−28	0.46	61.3	−27.218	1.0057	0.7723	0.377
−26	0.55	73.7	−25.020	1.0058	0.7724	0.453
−24	0.66	88.2	−22.789	1.0060	0.7725	0.542
−22	0.79	105.3	−20.518	1.0062	0.7727	0.647
−20	0.94	125.4	−18.202	1.0064	0.7729	0.771
−18	1.12	148.7	−15.834	1.0067	0.7731	0.914
−16	1.32	175.9	−13.407	1.0070	0.7733	1.082
−14	1.56	207.5	−10.912	1.0074	0.7736	1.276
−12	1.83	244.0	−8.339	1.0078	0.7739	1.502
−10	2.15	286.2	−5.678	1.0083	0.7742	1.762
−8	2.51	334.7	−2.916	1.0088	0.7746	2.062
−6	2.93	390.5	−0.040	1.0094	0.7751	2.407
−4	3.41	454.4	2.964	1.0102	0.7757	2.802
−2	3.96	527.4	6.115	1.0110	0.7763	3.255
0	4.58	610.7	9.428	1.0120	0.7770	3.771
2	5.29	705.3	12.927	1.0130	0.7778	4.360
4	6.10	812.8	16.632	1.0143	0.7787	5.030
6	7.01	934.5	20.569	1.0157	0.7798	5.790
8	8.04	1072.0	24.766	1.0173	0.7810	6.651
10	9.20	1227.0	29.252	1.0191	0.7823	7.625
12	10.51	1401.5	34.063	1.0211	0.7839	8.724
14	11.98	1597.4	39.236	1.0234	0.7856	9.963
16	13.63	1817.0	44.810	1.0260	0.7875	11.358
18	15.47	2062.7	50.833	1.0289	0.7897	12.925
20	17.53	2337.0	57.354	1.0321	0.7921	14.685
22	19.82	2642.7	64.429	1.0357	0.7948	16.657
24	22.37	2982.8	72.120	1.0398	0.7979	18.866
26	25.21	3360.5	80.495	1.0444	0.8013	21.336
28	28.35	3779.2	89.630	1.0495	0.8051	24.098
30	31.82	4242.6	99.610	1.0552	0.8093	27.182
32	35.66	4754.6	110.529	1.0615	0.8141	30.624
34	39.90	5319.5	122.493	1.0686	0.8194	34.464
36	44.57	5941.7	135.620	1.0765	0.8253	38.746
38	49.70	6625.9	150.042	1.0853	0.8319	43.520
40	55.33	7377.1	165.911	1.0952	0.8393	48.842
42	61.51	8200.9	183.396	1.1061	0.8475	54.776
44	68.28	9102.7	202.691	1.1183	0.8566	61.394
46	75.67	10088.7	224.018	1.1320	0.8668	68.779
48	83.75	11165.1	247.632	1.1472	0.8782	77.027
50	92.55	12338.7	273.825	1.1642	0.8909	86.246

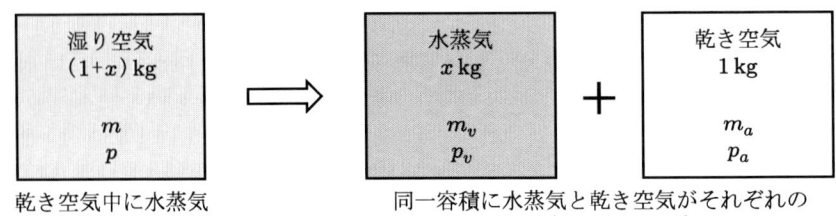

図 3.3 湿り空気

質量 x [kg/kg′] で定義される．すなわち，乾き空気の質量と比容積をそれぞれ m_a，v_a，水蒸気の質量と比容積をそれぞれ m_v，v_v とすると，絶対湿度 x は次式で定義される．

$$x = \frac{m_v}{m_a} = \frac{v_a}{v_v} \tag{3.3}$$

（2）乾球温度と湿球温度　温度計測器の感温部が乾いた状態で測定した温度を**乾球温度** (dry-bulb temperature) とよび，t [°C] で表す．それに対して，感温部を湿った布で包んだ状態で温度を測定したとき得られる温度を**湿球温度** (wet-bulb temperature) とよび，t' [°C] で表す．

不飽和湿り空気の場合には，湿った布から水が蒸発するとき蒸発潜熱が奪われるため，湿球温度 t' は乾球温度 t よりも低い．この現象を利用し，乾球温度と湿球温度を測定することにより湿度を測定でき，これを乾湿球湿度計という．

（3）露点温度　不飽和湿り空気を徐々に冷やすと，ある温度から水蒸気が凝縮し始める．湿り空気中の水蒸気が凝縮を始める温度を**露点温度** (dew point temperature) という．これは，湿り空気の温度の低下により，水蒸気の飽和圧力が低下し，空気中に含まれることができなくなった水蒸気が凝縮するためである．先に述べた，冷たいビールをグラスに注ぐと空気に触れているグラス外表面に微細な

ちょっと横道

◇湿り空気は理想気体？

理想気体 (perfect gas または ideal gas) とは，「状態式 $pV = mRT$（ボイル–シャルルの法則）に従い，比熱は温度によらず一定」の特性を示す仮想上の気体です．

空気と水蒸気の混合気体は一般的には理想気体として扱うことはできないですが，空気調和で扱う湿り空気は大気圧付近の圧力であり，またその温度も常温付近の温度であるため，理想気体として扱うことが可能です．さらに，ダルトン (Dalton) の分圧の法則を適用でき，

$$p = p_a + p_v$$

の関係が成り立ちます．

水滴が付着してくるのは，グラス表面温度が露点温度以下の温度になっているためである．

（4） 湿り空気の熱力学的関係式

（a） 絶対湿度と相対湿度の関係：温度 T，圧力 p の湿り空気において，乾き空気と水蒸気はそれぞれ同一体積 V を占めているとすれば，乾き空気と水蒸気に対して次の状態式が成り立つ．空気と水蒸気の分圧，質量は，図 3.3 に示すそれぞれ p_a, p_v と m_a, m_v とする．

$$p_a V = m_a R_a T \tag{3.4}$$

$$p_v V = m_v R_v T \tag{3.5}$$

ここで，R_a, R_v はそれぞれ乾き空気，水蒸気のガス定数であり，$R_a = 287.2$ J/(kg·K), $R_v = 461.6$ J/(kg·K) である．

したがって，式 (3.3) で定義される絶対湿度に式 (3.4)，(3.5) の関係を代入すると，絶対湿度 x と乾き空気および水蒸気の分圧の関係は次式となる．

$$x = \frac{m_v}{m_a} = \frac{p_v R_a}{p_a R_v} = 0.622 \frac{p_v}{p_a} \tag{3.6}$$

さらに，式 (3.2) で定義される相対湿度と式 (3.1) の関係を代入すると，絶対湿度 x と相対湿度 ϕ の関係は次式となる．

$$x = 0.622 \frac{p_v}{p - p_v} = 0.622 \frac{\phi p_s}{p - \phi p_s} \tag{3.7}$$

飽和空気の水蒸気分圧は，飽和湿り空気の状態を示す表 3.2 から求められる．

（b） 湿り空気の比容積：湿り空気の体積とガス定数をそれぞれ V, R とすると，湿り空気に対して式 (3.8) の状態式が成り立ち，また，式 (3.9) と式 (3.10) が成り立つ．

$$pV = mRT \tag{3.8}$$

$$m = m_a + m_v \tag{3.9}$$

$$mR = m_a R_a + m_v R_v \tag{3.10}$$

湿り空気の比容積 v は乾き空気 1 kg あたりの体積とするのが一般的であり，式 (3.8)～(3.10) と式 (3.3) の関係を用いると，比容積の定義より湿り空気の比容積 v は式 (3.11) となる．

$$v = \frac{V}{m_a} = \frac{(m_a + m_v)RT}{m_a p} = \frac{(R_a + xR_v)T}{p} = \frac{461.6 \times (0.622 + x)T}{p} \tag{3.11}$$

（c）湿り空気のエンタルピー：湿り空気のエンタルピーは乾き空気と水蒸気のそれぞれのエンタルピーの和である．0 °Cにおける乾き空気と水の比エンタルピーを基準として，乾き空気 1 kg あたり，すなわち湿り空気 $(1+x)$ [kg] あたりの湿り空気の比エンタルピー h [kJ/kg′] は次式となる．

$$h = c_{pa}t + (h_L + c_{pv}t)x = 1.005t + (2500 + 1.846t)x \tag{3.12}$$

ここに，c_{pa} は乾き空気の定圧比熱 ($= 1.005$ kJ/(kg·K))，h_L は 0 °C における水の蒸発潜熱 ($= 2500$ kJ/kg)，c_{pv} は水蒸気の定圧比熱 ($= 1.846$ kJ/(kg·K)) である．

湿り空気の比容積や比エンタルピーの定義として，通常の定義，すなわち湿り空気 1 kg で定義するのではなく，式 (3.11), (3.12) のように乾き空気 1 kg あたり，すなわち湿り空気 $(1+x)$ [kg] あたりで定義しており，一見煩雑に思われる．しかし，湿り空気中の水蒸気の量は冷却などにより変化するのに対して，乾き空気の量は変化しないので，湿り空気の熱力学的量は，乾き空気 1 kg あたり (湿り空気 $(1+x)$ [kg] あたり) にとる方が便利である．

Q 3.1 式 (3.11) の湿り空気の比容積は乾き空気 1 kg あたり，すなわち湿り空気 $(1+x)$ [kg] あたりの比容積である．通常使われている比容積の定義，すなわち，湿り空気 1 kg あたりの比容積を求めよ．

A 式 (3.11) の湿り空気の比容積は，湿り空気 $(1+x)$ [kg] あたりの比容積である．したがって，湿り空気 1 kg あたりの比容積 v_n は，式 (3.11) を $(1+x)$ で割ればよく，次式となる．

$$v_n = \frac{461.6 \times (0.622 + x)T}{p(1+x)} \tag{3.13}$$

ここで注意する点は，式 (3.13) の比容積の単位の表示は通常の表示と同じで [m³/kg] と表示されるが，式 (3.11) の湿り空気の比容積は湿り空気 $(1+x)$ [kg] あたりの比容積であり，湿り空気 $(1+x)$ [kg] あたりであることを明示するために単位の表示は [m³/kg′] と表示される．

式 (3.12) で示した湿り空気のエンタルピーも，湿り空気 $(1+x)$ [kg] あたりの湿り空気の比エンタルピーであるため，同様に単位の表示は [kJ/kg′] と表示される．

Q 3.2 標準大気圧で温度 28 °C の湿り空気がある．相対湿度 60%と 100%のときの絶対湿度を求めよ．

A 温度 28 °C の飽和空気の水蒸気分圧は表 3.2 より $p_s = 3779.2$ Pa であり，大気圧は 1.01325×10^5 Pa である．

ここで，相対湿度 $\phi = 60\% = 0.6$，相対湿度 $\phi = 100\% = 1.0$ であるから，式 (3.7) より

$\phi = 60\%$ のとき $x = 0.622 \times (0.6 \times 3779.2/(1.01325 \times 10^5 - 0.6 \times 3779.2))$

$$= 0.014238 \text{ kg/kg}'$$
$$\phi = 100\% \text{ のとき } x = 0.622 \times (1.0 \times 3779.2/(1.01325 \times 10^5 - 1.0 \times 3779.2))$$
$$= 0.024098 \text{ kg/kg}'$$

となる．表 3.2 を見ると，温度 28 °C の飽和空気の絶対湿度 x は式 (3.7) で計算した値と一致している．

3.1.3 湿り空気線図

（1） 湿り空気の状態変化　3.1.2 項で述べた湿り空気の物理量の熱力学的関係式，さらに詳細には文献[30, 31]に示されている計算式を使用すれば，湿り空気の

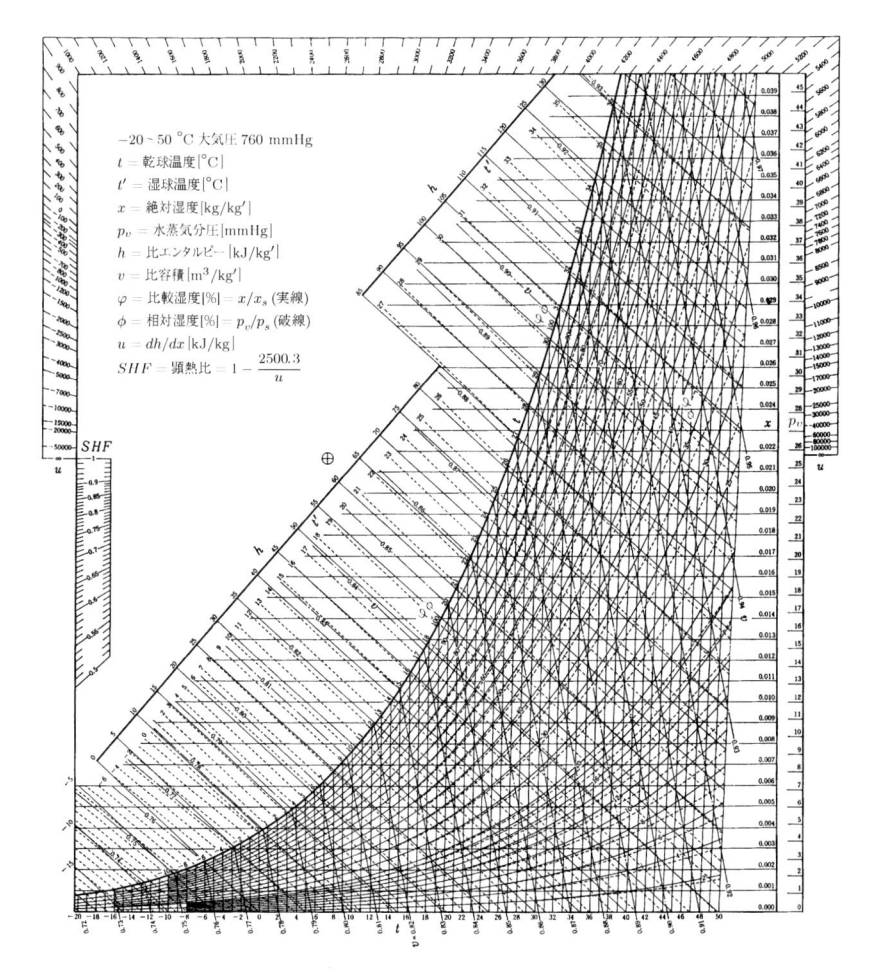

図 3.4 湿り空気線図 (NC 線図)[73] (巻末拡大図参照)

物理量を求めることができる．しかし，**湿り空気線図**を使うことにより，湿り空気を冷却あるいは加熱などをしたときの状態変化の様子を直観的に理解することができる．

湿り空気線図では，全圧 p が一定のとき，乾球温度，湿球温度，露点温度，絶対湿度，相対湿度，比エンタルピー，比容積などの中から二つの物理量を定めれば，他のすべての物理量を求めることができ，どの物理量を座標軸に選ぶかにより，いくつかの種類の湿り空気線図がある．わが国では，図 3.4 に示す乾球温度と絶対湿度を座標軸に選んだ h–x 線図が一般的に用いられている．

図 3.4 に示した湿り空気線図は乾球温度と絶対湿度を座標軸に選んでいるにもかかわらず，h–x 線図とよばれる理由は，「式 (3.12) において，乾球温度 t を一定とすると，比エンタルピー h と絶対湿度 x は一次直線の関係となり，h と x を斜交座標にとれば，直線で t が一定の状態を表すことができる」ためである．なお，図 3.4 に (NC 線図) と記載されているが，NC 線図は h–x 線図の中の一つであり，全圧 = 760 mmHg = 1.01325×10^5 Pa のもとで，絶対湿度 x と乾球温度 t の範囲で区分し，下記の線図がつくられている[31]．

NC 線図：$x = 0 \sim 0.04$ kg/kg′　　$t = -20 \sim 50$°C

HC 線図：$x = 0 \sim 0.20$ kg/kg′　　$t = 0 \sim 120$°C

LC 線図：$x = 0 \sim 0.007$ kg/kg′　　$t = -40 \sim 10$°C

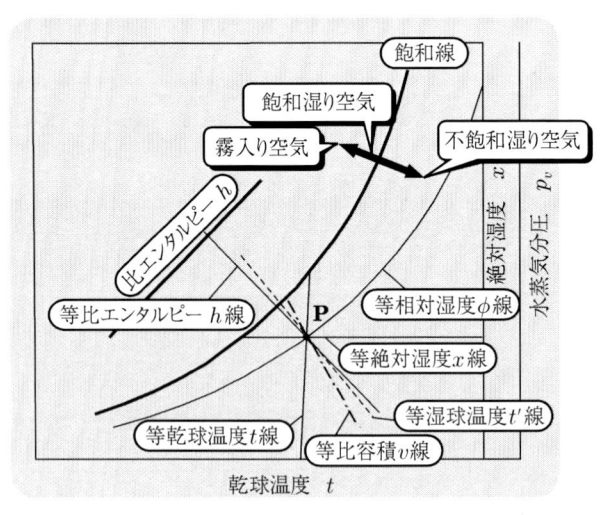

図 3.5 湿り空気線図の骨子

図 3.5 は h–x 線図の骨子を示したものである．図を用いて空気線図の読み方を説明する．図中央の太い曲線が飽和線であり，乾き空気にそれ以上水蒸気の状態で含まれることのできない飽和限界を示す．飽和線の右側の領域が不飽和湿り空気であり，左側の領域が空気中に水蒸気の状態で含まれることのできなくなった水分が液体として霧の状態で存在している霧入り空気である．乾球温度 t，相対湿度 ϕ の不飽和湿り空気の状態を知るには，等乾球温度 t 線と等相対湿度 ϕ 線の交点 P より，湿球温度 t'，絶対湿度 x，比エンタルピー h，比容積 v などを読み取ることができる．

（2） 湿り空気線図の使い方

（a） 乾球温度と湿球温度から相対湿度と絶対湿度を求める場合：

Q 3.3 乾湿球湿度計で計測した乾球温度 28 ℃，湿球温度 22 ℃ のときの相対湿度と絶対湿度を求めよ．

A 図 3.6 に示すように，乾球温度 $t = 28$ ℃ の線と湿球温度 $t' = 22$ ℃ の線とが交わる点 1 における相対湿度 ϕ を読むと $\phi = 60\%$，点 1 から右に水平線を引き絶対湿度の値を読むと $x = 0.0142$ kg/kg′ である．

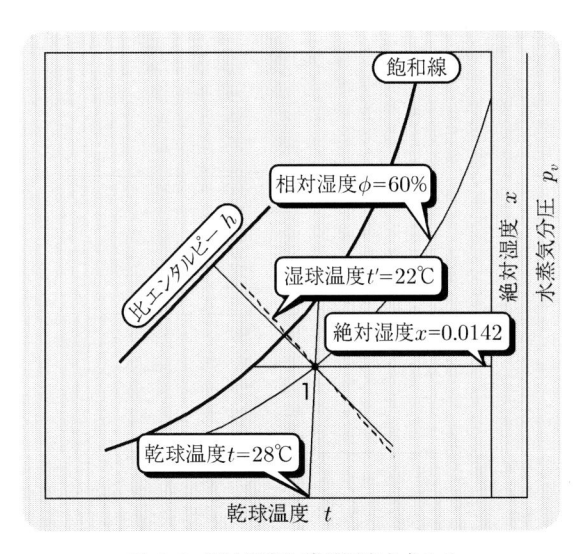

図 3.6 相対湿度と絶対湿度を求める

(b) 湿り空気を冷却する場合：

Q 3.4 乾球温度 28 °C，相対湿度 60%の湿り空気を 15 °C まで冷却したときの露点温度と凝縮水量を求めよ．

A 乾球温度 28°C，相対湿度 60%の湿り空気を 15°C まで冷却したときの空気の状態変化は冷却の方法により以下の二つの変化を示す．

① 空気調和機熱交換器などでの冷却：図 3.7 において，点 1 の乾球温度 28 °C，相対湿度 60%の湿り空気の絶対湿度は，Q3.3 より $x_1 = 0.0142$ kg/kg′ である．点 1 の湿り空気を冷却すると露点温度に到達するまでは絶対湿度は変わらないので，点 1 より等 x_1 線を左に進み，飽和線と交わる点 2 の湿球温度 t' を読むと $t' = 19.5$ °C であり，露点温度は 19.5 °C である．さらに冷却を進めると，点 2 の飽和空気の水蒸気が凝縮しながら飽和線に沿い乾球温度 $t = 15$°C と飽和線が交わる点 3 に至る．点 3 の絶対湿度は $x_3 = 0.0106$ kg/kg′ である．したがって，凝縮水量は $x_1 - x_3 = 0.0036$ kg/kg′ である．なお，点 2 は飽和線上にあるため相対湿度は100%であり，湿球温度 $t' =$ 乾球温度 $t = 19.5$°C となっている．

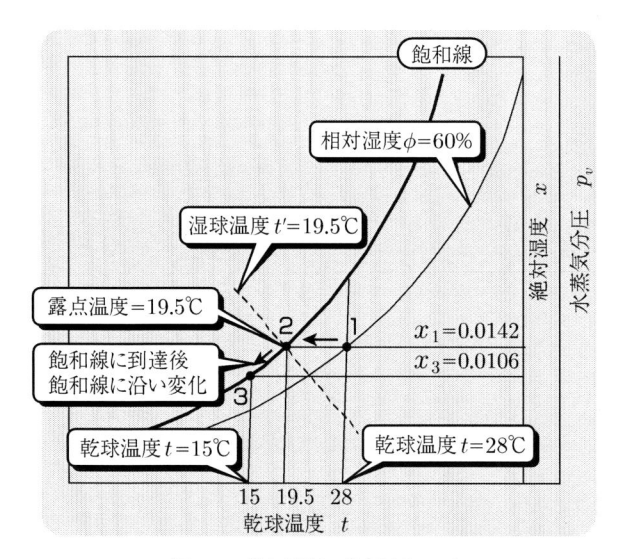

図 3.7 湿り空気の冷却 (その 1)

② ゆっくり冷却する場合：図 3.8 において，点 1 の空気をゆっくり冷却すると，飽和線に達しても水蒸気は凝縮せず，温度 15 °C の過飽和状態の空気，点 4 となる．過飽和の状態は準安定な状態であり，点 4 の空気中の水蒸気が凝縮し安定状態になると点 4′ の霧入り空気の状態になり，その温度は湿球温度 $t' =$ 乾球温度 $t = 18$ °C となる．過飽和空気が凝縮し霧入り空気になるとき，凝縮潜熱を放出するため，凝縮後の温度は 15 °C から 18 °C に上昇する．

4′ の絶対湿度は $x'_4 = 0.0130$ kg/kg′ である．したがって，凝縮水量は $x_1 - x'_4 = 0.0012$ kg/kg′ となる．

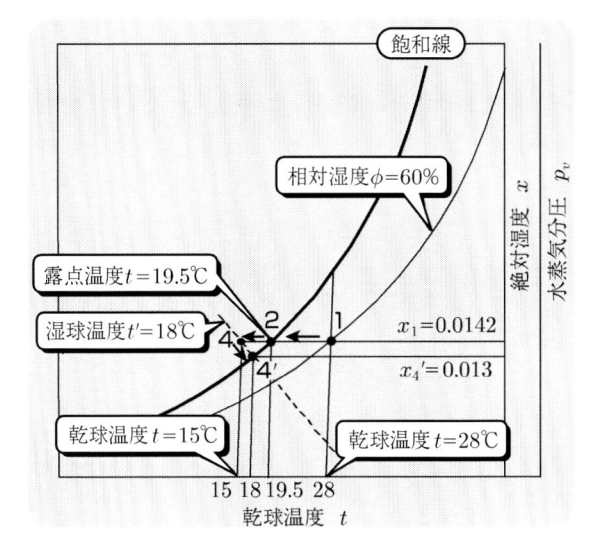

図 3.8 湿り空気の冷却 (その 2)

(c) 湿り空気を加湿，加温する場合：

Q 3.5 図 3.9 に示すように，乾球温度 18 ℃，相対湿度 40%の湿り空気を温度 30 ℃の十分な量の温水噴霧により加熱，加湿を行い，出口空気温度を 23 ℃ に加熱した場合の出口空気湿度，加湿水量，加熱量を求めよ．

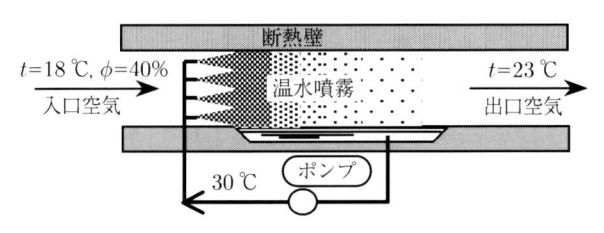

図 3.9 湿り空気の加湿，加温モデル

A 噴霧水の量は十分にあるとすると，水の温度は 30 ℃ で一定と考え，噴霧水に接している空気の状態は，図 3.10 に示す点 3 の飽和空気の状態にある．したがって，乾球温度 18 ℃，相対湿度 40%の湿り空気は点 1 から点 3 を結んだ直線上を変化する．点 1 の状態の空気は，30 ℃ の温水噴霧で加熱，加湿され，点 2 で温度 23 ℃ に達し取り出される．乾球温度 23 ℃ と直線 1–3 の交点である点 2 の相対湿度をよむと $\phi = 80\%$ であり，絶対湿度は $x_2 = 0.0141$ kg/kg′ である．点 1 の絶対湿度は $x_1 = 0.0051$ kg/kg′ なので，加湿量は $x_2 - x_1 = 0.009$ kg/kg′ である．また，点 1 と点 2 の比エンタルピーは $h_1 = 31$ kJ/kg′, $h_2 = 59$ kJ/kg′ であり，加熱量は $h_2 - h_1 = 28$ kJ/kg′ である．

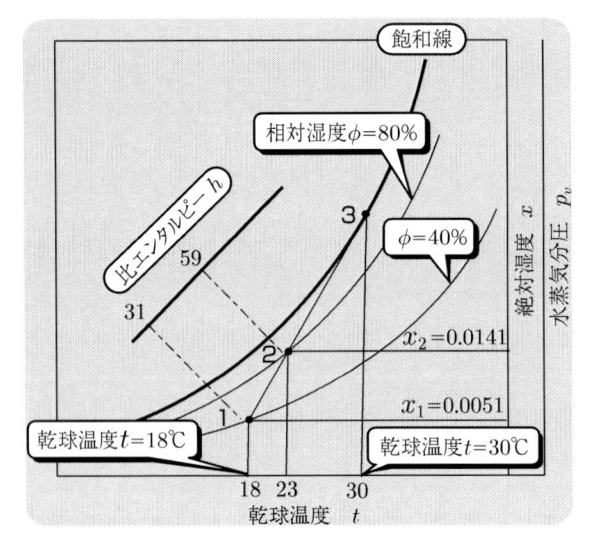

図 3.10 湿り空気の加湿, 加温

Q 3.6 Q3.5 において加熱量の内訳, すなわち, 空気の加熱顕熱, 水の蒸発潜熱, 水蒸気の顕熱を求めよ.

A 式 (3.12) の湿り空気のエンタルピーの式を, 図 3.10 の点 1 と点 2 に適用すると次式となる.

$$h_1 = c_{pa}t_1 + (h_L + c_{pv}t_1)x_1$$
$$h_2 = c_{pa}t_2 + (h_L + c_{pv}t_2)x_2$$

したがって,

$$h_2 - h_1 = c_{pa}(t_2 - t_1) + h_L(x_2 - x_1) + c_{pv}(t_2 x_2 - t_1 x_1) \tag{3.14}$$

となる. 式 (3.14) の右辺第 1 項が空気の加熱顕熱, 第 2 項が水の蒸発潜熱, 第 3 項が水蒸気の顕熱である. $c_{pa} = 1.005$ kJ/(kg·K), $h_L = 2500$ kJ/kg, $c_{pv} = 1.846$ kJ/(kg·K) とそれぞれの温度と絶対湿度を式 (3.14) に代入すると,

$$h_2 - h_1 = 5.0 + 22.5 + 0.4 = 27.9 \text{ kJ/kg}'$$

となる. この結果から, 加湿水の蒸発に必要な加熱量がいかに大きいかがわかる.

Q 3.7 乾球温度 30 ℃, 相対湿度 60%の空気 (状態 1) 3 kg′ と乾球温度 15 ℃, 相対湿度 80%の空気 (状態 2) 2 kg′ を断熱的に混合したときの混合後の状態を求めよ.

A 混合後の状態は, 図 3.11 に示す状態 1 と状態 2 を結んだ直線上にある. 混合後を状態 3 とすると, 質量保存則より次式が成り立つ.

$$m_3 = m_1 + m_2$$

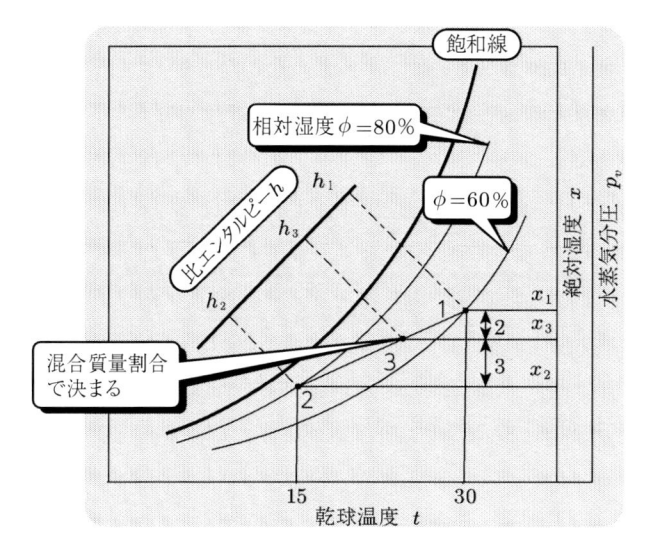

図 3.11 湿り空気の混合

$$x_3 m_3 = x_1 m_1 + x_2 m_2$$

両式より m_3 を消去すると，次式となる．

$$(x_3 - x_2)/(x_1 - x_3) = m_1/m_2 = 3/2$$

したがって，状態 3 の点は状態 1 と状態 2 を結ぶ線分を 2：3 に内分する点として求められる．

◆3.2◆ 空気調和装置

3.2.1 冷暖房空気調和装置の概要

空気調和装置の形態はいろいろな観点から分類される．ここでは，建物の使用形態と空気調和方式および熱エネルギー搬送媒体と空気調和方式の観点から**冷房** (cooling) と**暖房** (heating) における基本的な考え方を述べる．

（1）　建物の使用形態と空気調和方式　　いずれの空気調和方式においても，図 3.12 に示すように，冷暖房を行うために冷・温熱源を生成する熱源機をもち，一方，空気調和を行う室内には室内機が設置され，空気調和を行う．熱源機と室内機の間はダクトや配管により接続されており，その中を流れる熱媒体により熱を輸送し冷暖房を行う．この構成は，家庭で使用されているルームエアコンの室外機，室内機，接続配管の構成と同じである．

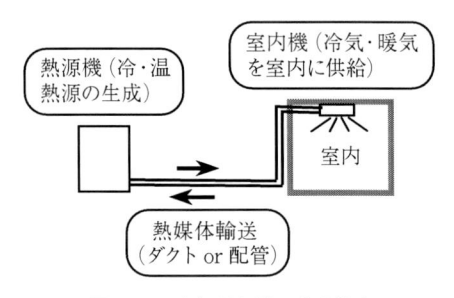

図 3.12 空気調和機の基本構成

図 3.13 に建物の使用形態と空気調和方式を示す．いずれの方式においても，図 3.12 に示した空気調和機の基本構成がもとになっている．

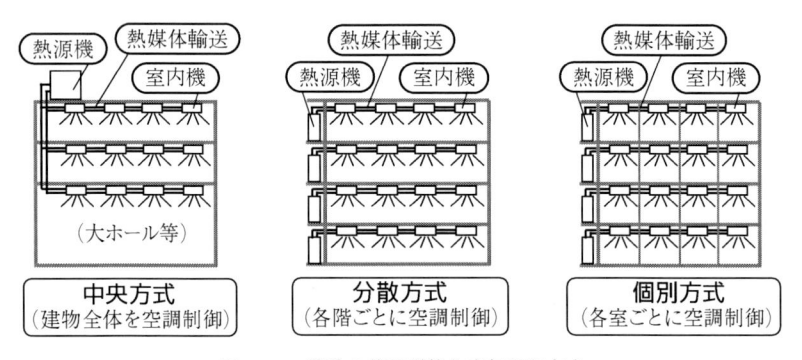

図 3.13 建物の使用形態と空気調和方式

中央方式は 1 台の熱源機で建物全体の空調を行うものであり，熱源機が一つにまとまっているため，保守，管理に便利であり，大規模な広い空間の空調などに使われる．なお，図 3.13 ではヒートポンプを想定し，熱源機をビルの屋上に設置しているが，熱源機がボイラと冷凍機の場合にはビルの地下室などに設置される．

分散方式は各階ごとに熱源機をもつ．オフィスビルなどでは各階ごとに就業時間帯が異なったり，電子機器などの発熱負荷状況が異なるため，各階ごとの負荷状況に対応でき，高層ビルや中小ビルに使用されている．

個別方式は部屋ごとの空調負荷に対応する．ホテルの空調が代表的な例である．また，家庭の各室にルームエアコンを設置している場合もこれに相当する．

（2） 熱エネルギー輸送媒体と空気調和方式　　冷房を行う場合には，室内の熱エネルギーを室外に，暖房を行う場合には室外の熱源機で生成した熱エネルギーを室内に輸送することが必要であり，室内機と室外の熱源機との間では熱エネルギー輸送が行われる．その熱エネルギー輸送媒体として，図 3.14 に示すように，空気，

3.2 空気調和装置　119

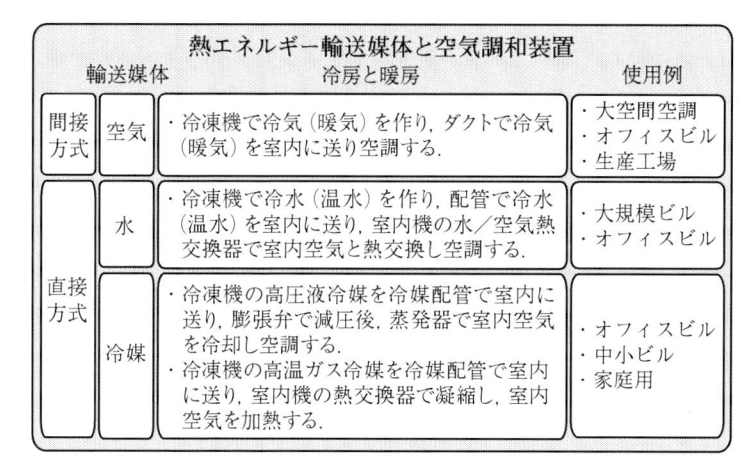

熱エネルギー輸送媒体と空気調和装置			
輸送媒体		冷房と暖房	使用例
間接方式	空気	・冷凍機で冷気（暖気）を作り，ダクトで冷気（暖気）を室内に送り空調する．	・大空間空調 ・オフィスビル ・生産工場
直接方式	水	・冷凍機で冷水（温水）を作り，配管で冷水（温水）を室内に送り，室内機の水／空気熱交換器で室内空気と熱交換し空調する．	・大規模ビル ・オフィスビル
	冷媒	・冷凍機の高圧液冷媒を冷媒配管で室内に送り，膨張弁で減圧後，蒸発器で室内空気を冷却し空調する． ・冷凍機の高温ガス冷媒を冷媒配管で室内に送り，室内機の熱交換器で凝縮し，室内空気を加熱する．	・オフィスビル ・中小ビル ・家庭用

図 3.14　熱エネルギー輸送媒体と空気調和方式

水および冷媒が主に用いられている．

　室外の熱源機で冷気または暖気を生成し，ダクトで室内に熱エネルギーを輸送する方式を間接方式とよぶ．一方，水や冷媒などの熱媒体を直接室内に輸送し，室内空気と直接熱交換を行う方式を直接方式という．

　図 3.15～3.18 にそれぞれ空気，水，水／空気併用，冷媒を熱エネルギー輸送媒体とした空気調和機構成の概念図を示す．一般に，冷房を行うには冷凍機が使用されるが，暖房の場合には第 1 章で述べたヒートポンプのほかに，ボイラーなどの燃焼器も使用される．ここでは簡単のために，ヒートポンプを用いる場合の冷房を例にとり，概念図を示した．

　（a）　空気による熱エネルギー輸送方式：空気による熱エネルギー輸送方式は大空間空調，オフィスビル，生産工場などで主に使用される．図 3.15 に示すように，

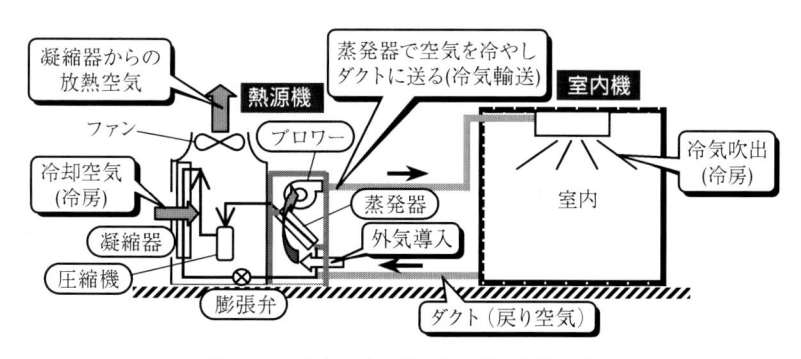

図 3.15　空気による熱エネルギー輸送方式

蒸発器で液冷媒が蒸発することにより室内からの戻り空気が冷却され，ブロワー（送風機）により冷気はダクトを通り室内に輸送されて，室内機から室内に吹き出される．図3.15では概念的に1室のみを図示しているが，実際の形態は図3.13に示すように複数の部屋に空気が送られ，室内機のダンパ制御により吹き出し空気量を制御して，各室の空調負荷への制御が行われる．また，全体の負荷に対する制御は圧縮機の回転数をインバータで制御し，能力制御が行われ，さらにブロワーの回転数もインバータで制御し，室内に送る風量の制御が行われる[32]．

　この方式は室外機で外気を取り込み室内に送ることができるため，大量の換気を行える利点がある．また，半導体クリーンルームなどでは，室外の塵埃が室内に入らないように室内をプラス圧力に維持して空気調和が行われ，一方，バイオ関連クリーンルームでは室内の菌などが室外に漏れることを防ぐために，室内をマイナス圧力に維持して空気調和が行われており，空気による熱エネルギー輸送方式はこれらの空調に適している．

（b）水による熱エネルギー輸送方式：水による熱エネルギー輸送方式は，大規模ビルなどで使用される．図3.16に示すように，この方式を使用するビルの多くは，ビルの地下または屋上などに設けられた蓄熱槽をもつシステムで使用されることが多い．

　蓄熱槽内に設けられた蒸発器により蓄熱槽内の水を冷却し，冷水を蓄える．冷水はポンプにより水配管を通り室内に輸送され，室内機の水／空気熱交換器で室内空気が冷却され，室内に吹き出される．最近は，潜熱蓄熱の効果による蓄熱槽の小型化あるいは蓄熱容量を大きくするために，蓄熱槽内に冷水と氷を蓄える場合が増えている．蓄熱槽を併用する理由は，電気料金の安い夜間に蓄熱槽内に冷水と氷を蓄

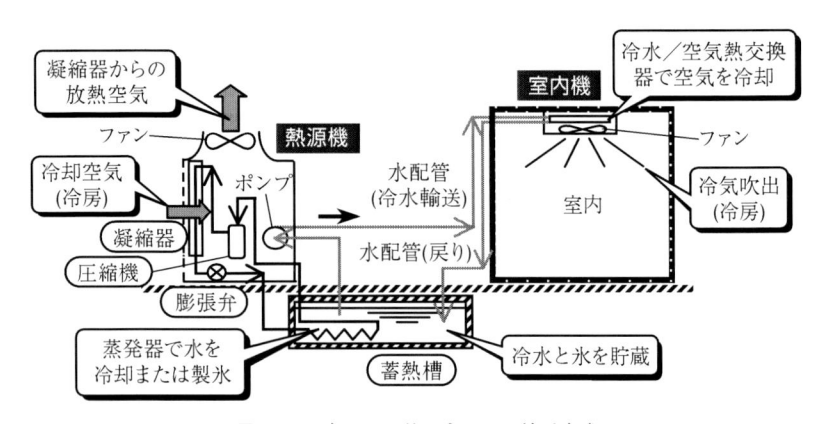

図 3.16 水による熱エネルギー輸送方式

え，蓄えた冷水を昼間に冷房に使用することによりランニングコストの低減を図るためである．一方，電力供給側からみれば，電力需要の少ない夜間の電力需要を確保でき，電力需要がピークとなる昼間の電力負荷を軽減でき，電力負荷平準化の効果[33]がある．

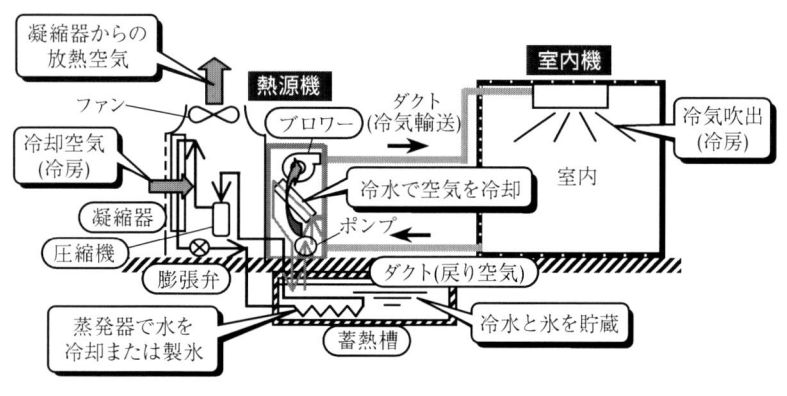

（c）水／空気併用熱エネルギー輸送方式：水／空気併用熱エネルギー輸送方式は，比較的に規模の大きな空調システムに使用されることが多く，先に述べたダクトを用いた空気による熱エネルギー輸送方式と併用したものである．図3.17に示すように，蓄熱槽内に蓄えられた冷水で室内からの戻り空気を冷却し，冷気はダクトを通り室内に輸送され，室内機から室内に吹き出される．

大規模または大空間空調ではランニングコストの一層の低減が要求され，電気料金の安い夜間電力使用によりランニングコストの低減を図り，一方，大規模または大空間空調に適した空気による熱エネルギー輸送方式による利点を活かした方式である．

図 3.17 水／空気併用熱エネルギー輸送方式

（d）冷媒による熱エネルギー輸送方式：冷媒による熱エネルギー輸送方式は，もっともシンプルな構成であるため，中小ビル，店舗，家庭用の空気調和機に広く用いられている．図3.18に示すように，圧縮機から吐出された冷媒は凝縮器で放熱し液冷媒となり，冷媒配管を経て室内機に送られて室内機内の膨張弁で減圧され，低温の液冷媒となる．低温の液冷媒は蒸発器で室内空気を冷却し，気相冷媒となって戻り，冷媒配管を経て圧縮機に吸い込まれる．図3.18では概念図として1台の熱源機に1台の室内機が接続される場合を図示している．しかし，最近のビル用の空気調和機では1台の熱源機に最大40台の室内機を接続し，それぞれの室内機を負荷に応じて制御することが可能になっている[34]．1台の熱源機に複数台の室内機を接続したものをマルチシステムとよぶ．

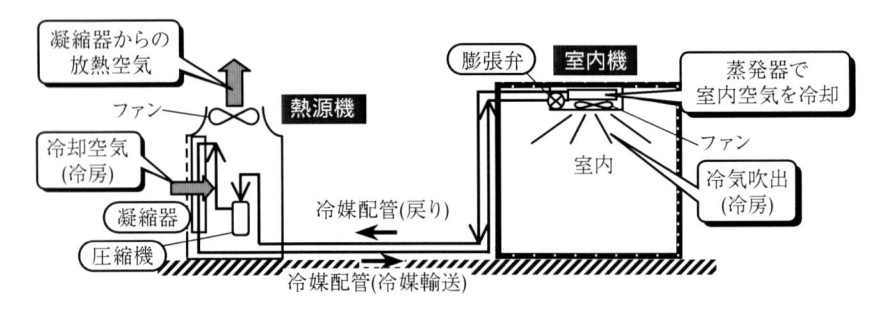

図 3.18 冷媒による熱エネルギー輸送方式

3.2.2 加湿と除湿

湿度調節は温度調節の次に重要である．人を対象とする居住空間，オフィスあるいは店舗などでは，快適な室内空間を維持するために湿度調節が必要であり，産業用空気調和の場合には，特定空間で加工あるいは生産されるものの品質を維持するために湿度調節が行われる．

（1）加　湿　　加湿方式の種類とその主な用途と加湿の目的[35]を図 3.19 に示す．蒸気式加湿方式は，水を加熱し，100 ℃以上の蒸気にして噴霧する．無菌あるいはクリーンで高精度な加湿が要求される場合に適用され，クリーンルーム（品質管理），病院の手術室あるいは ICU（無菌），食品工場（品質管理）などに適用される．

気化式加湿方式は，水を常温のまま蒸発させて気化蒸散させる．ランニングコストの安い加湿を要求される場合に適用され，オフィス，家庭，ホテル（快適性向上），美術館（貯蔵品の変質防止）などに適用される．

水噴霧式加湿方式は，水を常温で微細な液滴にして噴霧蒸散させる．加湿給水中

加湿方式の種類とその適用例		
加湿方式	特徴	適用例（加湿の目的）
蒸気式加湿方式 水を加熱して100 ℃以上の蒸気にして噴霧する	無菌，クリーンで高精度な加湿	・クリーンルーム（品質管理） ・病院（無菌） ・食品工場（品質管理）
気化式加湿方式 水を常温のまま蒸発させて気化蒸散させる	ランニングコストの安い加湿	・オフィス，家庭，ホテル（快適性向上） ・美術館（貯蔵品の変質防止）
水噴霧式加湿方式 水を常温で微細な液滴にして噴霧蒸散させる	給水中の不純物の飛散が許容される部屋	・きのこ栽培（栽培環境調整） ・野菜，果物貯蔵（鮮度保持） ・繊維，紙加工工場（品質管理）

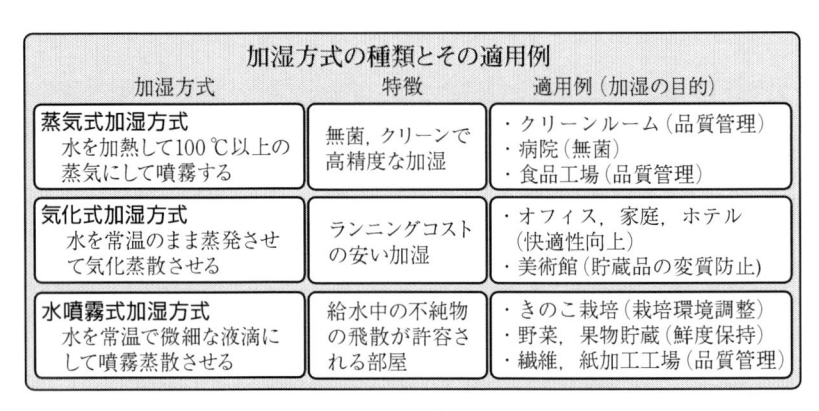

図 3.19 加湿方式の種類とその適用例

の無機塩類などの不純物，あるいは菌などが空気中に飛散しても問題にならない場合に適用され，きのこ栽培 (栽培環境調整)，野菜あるいは果物貯蔵 (鮮度保持)，繊維や紙加工工場 (品質管理) などに適用される．

以上に述べた加湿方式は，いずれも水を給水する加湿方式であるが，最近では無給水加湿方式が開発されている．これは，吸着材を用いて外気の空気中の水分子 (水蒸気) を吸着し，吸着した水分子を脱着して加湿に利用する方式[36]であり，ルームエアコンに搭載された例がある[37]．

図 3.20 に吸着材を用いた加湿方式の概念図を示す．ゼオライトなどをハニカム構造とした吸着ロータをゆっくりと回転させ，その上部で外気中の水蒸気分子をロータに吸着さる．そして，吸着ロータの下半分を加熱し，水蒸気分子を脱着することにより，連続的に空気中から湿分を取り出し，加湿に利用する．

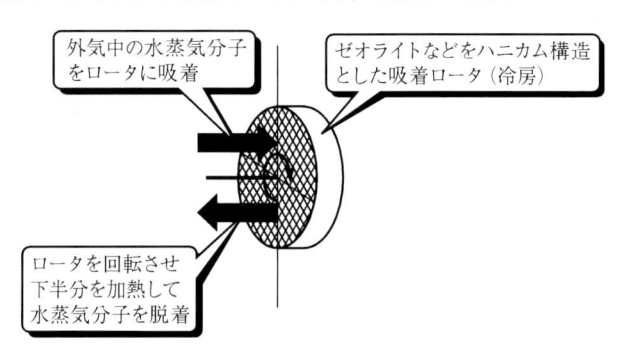

図 3.20 吸着材を用いた加湿方式

ちょっと横道

◇**美術館へ行くことはありますか？**

今度美術館へ行ったら，ガラスの展示ケースの中をよく観察して下さい．展示品の脇に，水を入れた小さなグラスが置かれていることがあります．これは展示品の乾燥による変質防止のために気化式加湿を行っている例です．

水噴霧方式は，加湿水の中に含まれる菌・硬度成分・シリカ成分などの不純物が，水と一緒に空気中に放出されるため，空気汚染が生じますが，気化式は水の不純物の放出はほとんどなく美術品などには適しているといえます．

(2) 除 湿 3.1.3 項において，湿り空気を冷却する場合の Q3.4 の解答で述べたように，湿り空気を露点温度以下に冷却すると，空気中の水分を凝縮水として除去することができる．したがって，一般的には冷凍機で冷房運転を行うことにより除湿が可能であるが，除湿が行われると同時に室温も低下する．初夏や秋口には

室温を下げたくないが，除湿のみを行いたい場合がある．また，除湿を行いたいが，少し寒いので軽く暖房を行いたい場合もある．このような場合に対応する冷凍サイクルとして，再熱除湿方式が用いられている．

図 3.21 に再熱除湿方式の冷凍サイクル構成を示す．図 3.21 (a) は冷房運転の場合であり，凝縮器を出た高温冷媒は膨張弁で減圧され低圧低温冷媒となり室内機に送られ，再熱熱交換器と蒸発器の両方で蒸発し，空気を冷却する．それに対して，図 3.21 (b) は除湿運転の場合であり，膨張弁を全開にしておくことにより，凝縮器を出た高温冷媒は高温のまま再熱熱交換器に至り，再熱熱交換器を出た後に除湿弁で減圧され，蒸発器で蒸発することにより空気を冷却し除湿を行う．蒸発器を出た空気はいったん冷却されているが，高温冷媒が流れる再熱熱交換器で再加熱されるために冷たくない空気が吹き出される．

また，除湿のみを行う除湿機もある．その冷凍サイクル構成の考え方は，図 3.22

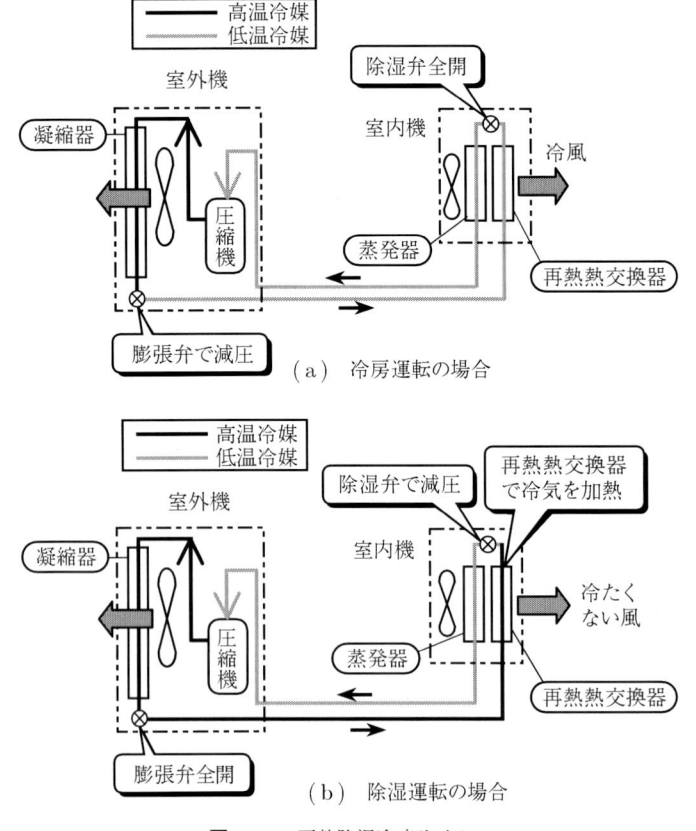

(a) 冷房運転の場合

(b) 除湿運転の場合

図 3.21 再熱除湿冷凍サイクル

に示すように，先に述べた再熱除湿冷凍サイクルと同じである．蒸発器で空気を冷却し除湿を行い，蒸発器を出た空気はいったん冷却されているが，高温冷媒が流れる再熱熱交換器で再加熱されるために冷たくない空気が吹き出される．

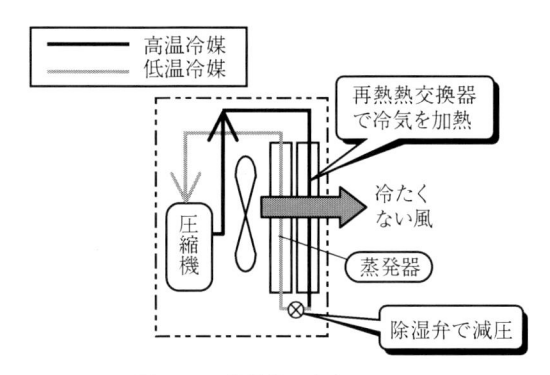

図 3.22 除湿機の冷凍サイクル

3.2.3 空気質調節

最近の健康志向は，空気質調節にも及んでいる．これにともない，空気質調節に関する技術開発が積極的に行われている．以下に最近の製品動向を示す．

（1）換気装置 冷凍機を用いた空気調和機を使用する場合，換気を行うには別体の換気装置を用いるのが一般的であったが，最近では，図 3.23 に示すように，ルームエアコンに換気装置を一体で組み込んだ製品が発売されている[38]．図に示すように，給／排気ターボファンを室内の側面に取り付け，給／排気口にホースを接続し，排気を行い，外気からの吸気も可能にしている．外気には，臭い成分，細菌，カビの胞子，花粉，浮遊粒子状物が浮遊している．このため，これらを除去し，新鮮な空気を吸気できるように，図 3.24 の概念図に示す外気清浄化システムが取り付けられている[38]．

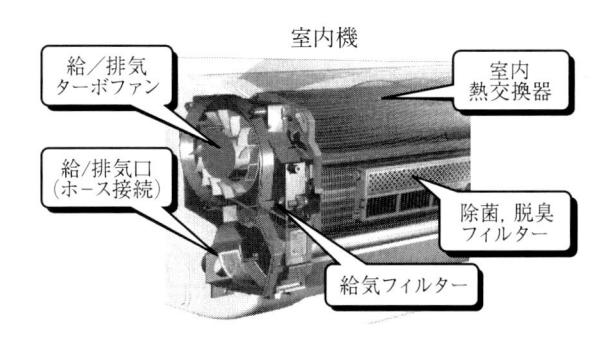

図 3.23 ルームエアコンの給，排気装置[74]

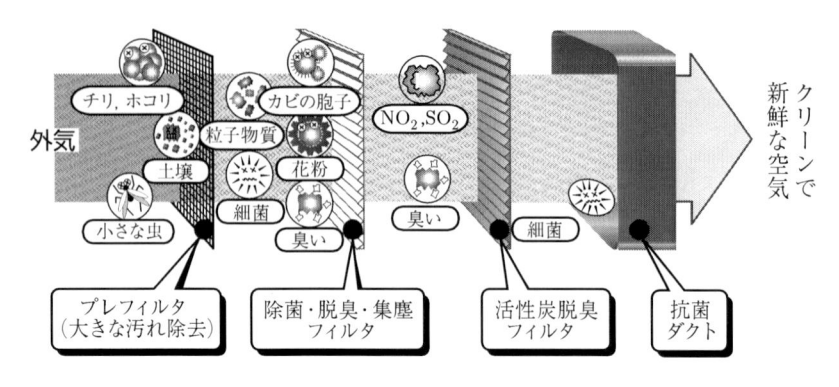

図 3.24 ルームエアコンの外気清浄化装置[74]

（2）除菌および脱臭装置　ルームエアコンの吸入空気の除菌および脱臭装置は，図 3.23 に示した室内機の熱交換器前面の吸入口に設けられている．その構成の概念図を図 3.25 に示す[38]．マイナスイオン発生プレートから発生したマイナスイオンで汚れを引き寄せ，汚れをナノチタンフィルタに誘導し，菌や臭いを捕捉する．ナノチタンは 5 nm 程度の粒径の酸化チタンであり，酸化チタンの働きにより生成される O_2 ラジカルが臭いを分解する．

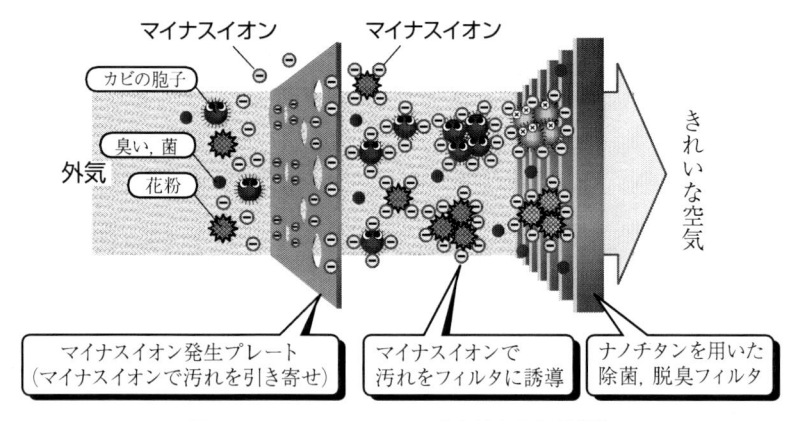

図 3.25 ルームエアコンの給気清浄化装置[74]

（3）酸素富化装置　通常空気中の酸素濃度は 21% であるが，実際の居住空間ではわずかに酸素濃度が低下する．酸素濃度が低下すると，快適度や作業性などに影響が出るといわれており，ルームエアコンにおいて酸素濃度を 21% に維持する製品が発売されている[39]．この装置は，酸素富化装置とよばれ，高分子膜による酸素と窒素の透過性の違いを利用し，酸素濃度 30% の空気を生成し，室内空気と混合

させ，室内空気の酸素濃度を21%に保つ装置である．酸素富化装置は室外機中に設けられ，酸素濃度30%の空気は専用チューブで室内機に送られる．

3.2.4 冷却塔

冷凍機で冷房運転をするとき，凝縮器からの放熱が必要であり，多くの場合，冷媒と空気で熱交換を行う空冷式凝縮器が使用される．しかし，大容量冷凍機では放熱量も多くなり，空冷式凝縮器では大きくなりすぎるため，水冷式凝縮器が使用される．凝縮器で熱を奪った冷却水は温度が上昇するため，再利用するには冷却水の温度を下げる必要がある．そのため，図3.26に示すように冷却塔が使用されている．

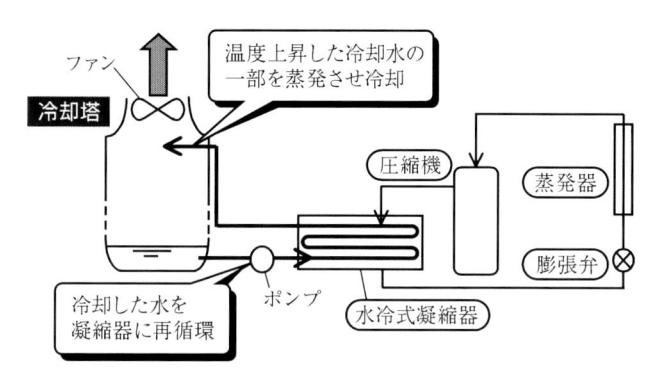

図 3.26 水冷式冷凍機の構成

冷却塔には，図3.27に示すように，開放型と密閉型がある[40]．図3.27 (a)の開放型は冷却水を上部から散水し，直接外気と接触させ，冷却水の一部を蒸発させることにより冷却水の温度を下げる方式である．冷却水と空気との接触面積拡大のために，図3.28に示す充填材が使用されている．開放型は冷却水を直接外気と接触させるため，構造が簡単で比較的小型化できる．しかし，大気環境の悪い地域では冷却水中に大気中の汚染物質が蓄積しやすいため，水質管理が必要になる．

図3.27 (b)の密閉型は冷却コイルを通して冷却水を流し，上部から散水した水の一部を蒸発させることにより，コイル内の冷却水を間接的に冷却する方式である．したがって，密閉型は主に大気環境の悪い場合に使用される．しかし，間接的に冷却する方式であるため，大型化し，コスト高となる．

冷却塔の理論については本書の範囲を超えるので，別の文献を参照されたい[30]．

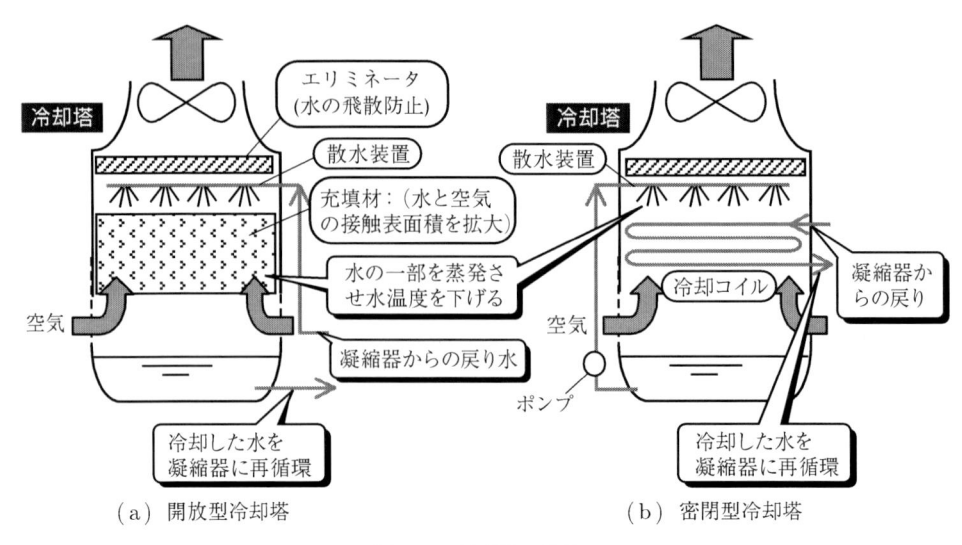

図 3.27 冷却塔の構造

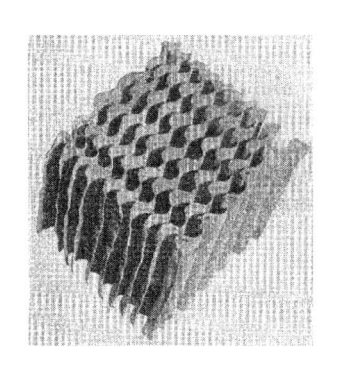

図 3.28 充填材の例 [75]

◆3.3◆ ヒートポンプ空気調和機

3.3.1 ヒートポンプ空気調和機の特徴

　空気調和装置として冷房や暖房を行う場合，暖房にはガス，灯油，電気ヒータ，ヒートポンプをはじめとして実に多くの暖房機が存在する．しかし，冷房には冷凍機を使用する以外の選択肢は少ない．そのため，冷房に使用する冷凍機を**ヒートポンプ**として暖房にも使用することにより，一つのシステムで冷房と暖房を行う工夫がなされている．

　しかし，最近の地球環境問題を背景として，単に利便性の点ではなく，エネルギー

の有効利用や地球環境にやさしいエネルギー利用の観点から，ヒートポンプの活用は省エネルギー技術政策の重要課題として取り組まれている．

（1） ヒートポンプによるエネルギーの有効利用　　ガス，灯油などの化石燃料の燃焼により暖房を行う場合，燃焼器の効率を大きく見積もり 95%としても，暖房に利用できるエネルギーは一次エネルギー (化石燃料) の 95%にしかならない．

しかし，ヒートポンプ空気調和機を暖房に使用することにより，図 3.29 に示すように，一次エネルギー以上の暖房能力を得ることができる．発電に使用される燃焼一次エネルギーを 100%としたとき，発電，送電，変電効率を 35%とすると，使用できる電力エネルギーは 35%となる．最近のヒートポンプルームエアコンの暖房 COP はもっとも高いもので 6.5 程度である．このため，ヒートポンプ空気調和機を使用すると，暖房に利用できるエネルギーは $100(\%) \times 0.35 \times 6.5 = 227(\%)$ となり，燃焼一次エネルギーの 2.27 倍のエネルギーを暖房に利用できることになる．したがって，必要とする暖房能力を一定とすると，暖房に使用するエネルギーは一次エネルギー換算で 1/2.27 となり，大幅なエネルギーの有効利用を実現できる．

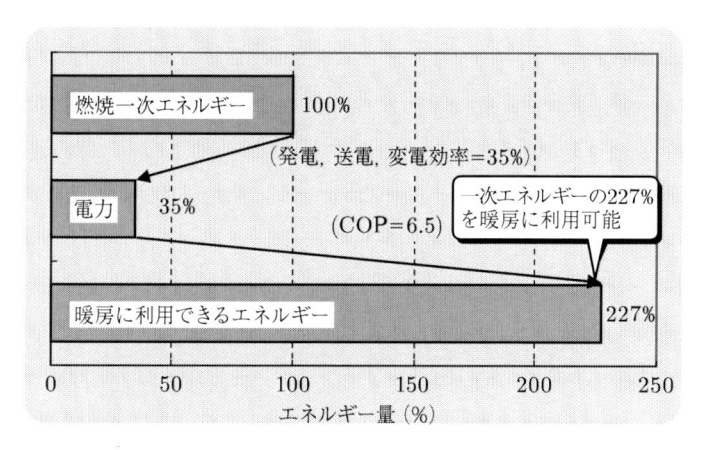

図 3.29　ヒートポンプによるエネルギーの有効利用

Q 3.8　暖房能力 $Q = 4$ kW のルームエアコンの暖房 COP が 6.5 のとき，ルームエアコンの消費電力を求めよ．

A　暖房 COP の定義式 (1.2) より，消費電力 $= Q/\varepsilon_H = 4/6.5 = 0.62$ kW，すなわち 620 W の消費電力で 4000 W の暖房が可能である．

◇エネルギー変換とエネルギー輸送の違い

電気ストーブで電気エネルギーを熱エネルギーに変えて暖房を行う場合，これはエネルギー変換を行っているため，効率は1を超えることができず，電気エネルギー以上の熱エネルギーを得ることはできません．それに対して，ヒートポンプでは温度の低い外気からそれより温度の高い室内に熱エネルギーをくみ上げます．すなわち，エネルギー輸送を行っているので，消費電力以上の暖房能力が得られます．電力は化石燃料を用いて作られているので発電効率を考えると，灯油暖房に比べ割高になります．しかし，ヒートポンプ式暖房では灯油暖房に劣らない暖房能力を得ることができます．

（2） 地球環境にやさしいエネルギー利用　最近，地球温暖化防止やエネルギー資源枯渇問題に対応するために自然界に存在するエネルギーの活用に関心が集まってきている．自然界に存在するエネルギーは，図3.30に示すように，太陽[41]や風力[42]，地熱[43]，微生物の働きによりメタンなどを生成するバイオマス[44]などが代表的な例である．このような自然界に無尽蔵に存在するエネルギーを再生可能エネルギーとよぶ．ここで，大気に着目すると，大気中の空気は膨大な熱エネルギーを保有しており，これをヒートポンプにより利用可能なエネルギー状態（例：暖房可能な温度）に改質することにより，大気を再生可能エネルギーとして利用することができる[45]．

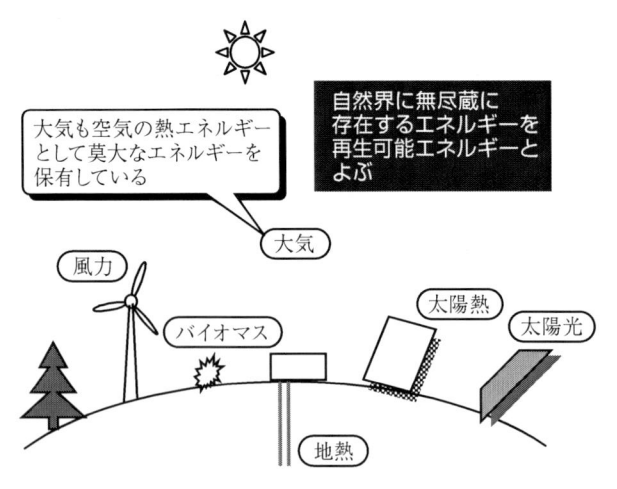

図 3.30　自然界の再生可能エネルギー

3.3.2 ヒートポンプの基本構成と動作

(1) ヒートポンプ空調機の冷房,暖房運転の切り替え　図3.31にモリエ線図上の冷房と暖房サイクルを示す.冷房と暖房ともに高圧p_H側が凝縮器であり,低圧p_L側が蒸発器である.両図をよくみると,冷房運転の場合には室内熱交換器が蒸発器であり,室外熱交換器が凝縮器である.それに対して,暖房運転の場合には室内熱交換器が凝縮器であり,室外熱交換器が蒸発器になる必要がある.この関係を実際の冷凍サイクルで実現するには,図3.32に示すように,冷房運転と暖房運転では冷媒の流れ方向を逆にする必要がある.

冷媒の流れ方向を冷房運転と暖房運転とで逆にするために,四方弁が使用される.四方弁の外観写真を図3.33に示す.四方弁は本体,パイロットバルブ,パイロットバルブ駆動用ソレノイドから構成されている.

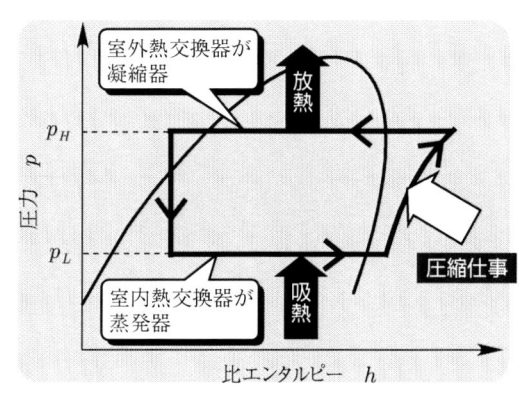

(a) 冷房運転の場合

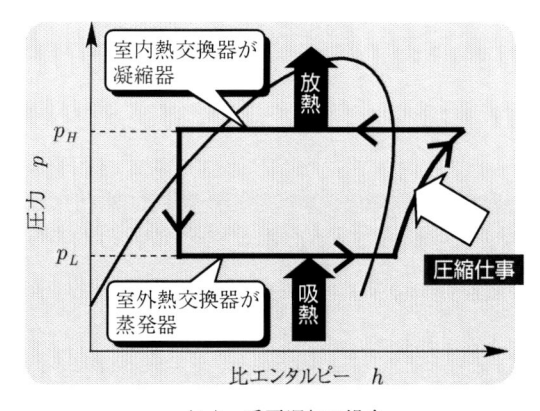

(b) 暖房運転の場合

図 3.31 モリエ線図上の冷房,暖房サイクル

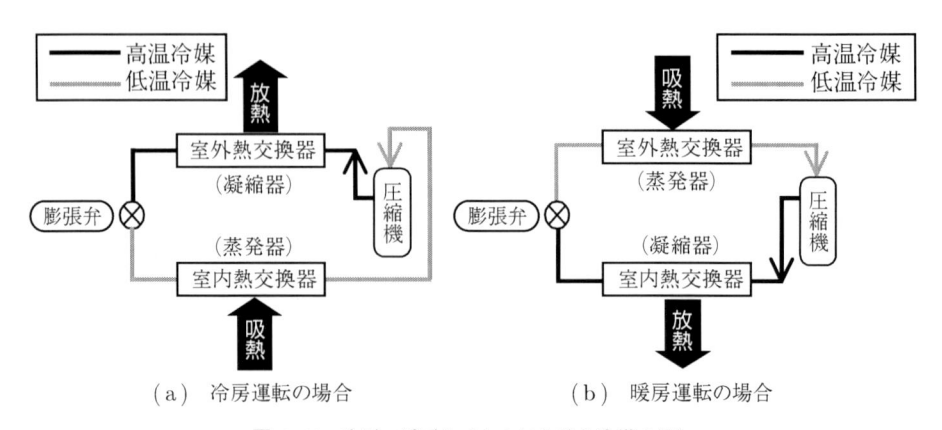

図 3.32 冷房，暖房サイクルにおける冷媒の流れ

(a) 冷房運転の場合
(b) 暖房運転の場合

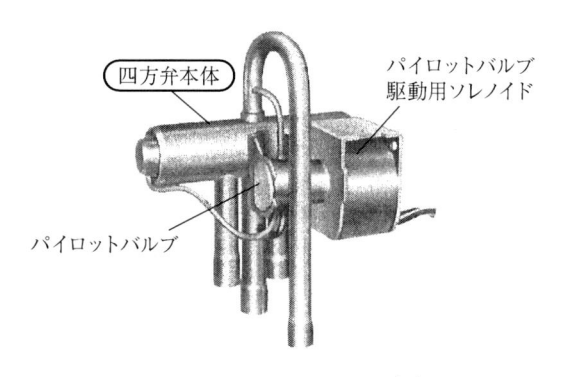

図 3.33 四方弁の外観写真 [76]

　図 3.34 に，パイロットバルブ，四方弁本体および冷凍サイクルの関係を示す．四方弁本体内には冷媒の流れ方向を変えるスライダーが設けられているが，スライダーには圧縮機吐出側からの高圧がかかっているため，スライダーを直接ソレノイドで動かすには大きなソレノイドが必要になる．そのため，小さなパイロットバルブをソレノイドで駆動し，圧力によりスライダーを動かす．たとえば，図 3.34 (a) の冷房運転の場合には，ソレノイドによりパイロットバルブを左側に動かすと，低圧の圧縮機吸入側に接続されているポート c とポート a が繋がってスライダーの左側空間は低圧となり，スライダーは左側に動く．その結果，圧縮機から吐出された高温高圧冷媒は，四方弁本体に入った後ポート B から凝縮器となる室外熱交換器に流れる．

　暖房運転の場合も同様に，ソレノイドによりパイロットバルブを右側に動かすと，低圧の圧縮機吸入側に接続されているポート c とポート b が繋がってスライダーの

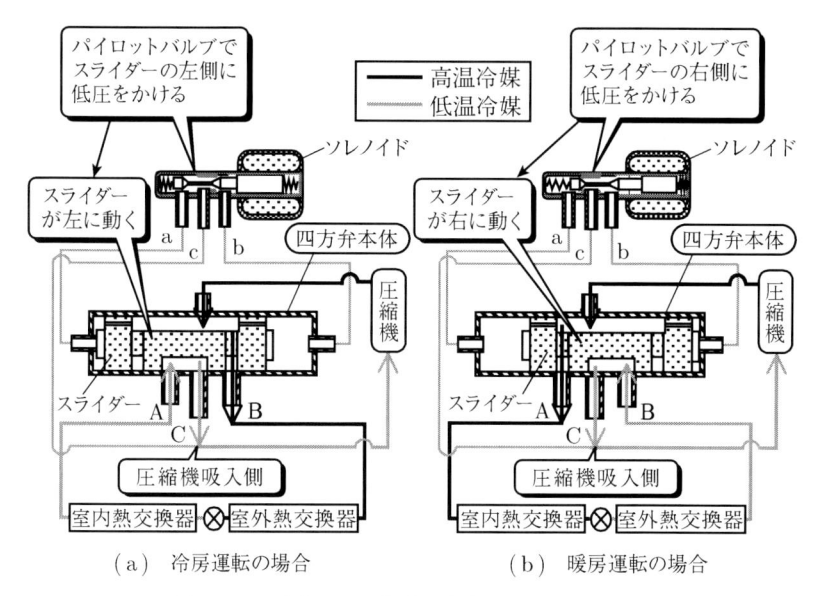

図 3.34 四方弁による冷房，暖房サイクルの切り替え

右側空間は低圧となり，スライダーは右側に動く．その結果，圧縮機から吐出された高温高圧冷媒は，四方弁本体に入った後ポートAから凝縮器となる室内熱交換器に流れる．

（2）熱交換器と除霜制御　ヒートポンプ空調機により暖房運転を行うとき，外気から熱を吸熱し暖房を行う場合を空気熱源ヒートポンプという．暖房運転時に外気温度が低いと室外熱交換器表面温度が低下し，0 °C 以下になると着霜が起こる．空気熱源ヒートポンプでは室外熱交換器として，銅管にアルミフィンを取り付けたクロスフィン熱交換器が使用され，着霜状態で運転を続けると，霜が成長しフィンの目詰まりが起こる．これによって，熱交換器に空気が流れなくなり，空気から吸熱できなくなる．そのため，熱交換器に付いた霜を除去するために除霜が行われる．除霜制御は通常，外気温度と熱交換器温度を検出し，着霜が起こるか否かを判定し，着霜が起こる条件の場合には適切な着霜頻度を演算し，除霜を開始する．除霜方式としては，図 3.34 に示した四方弁を冷房運転の状態に切り替え，室外熱交換器に高温高圧冷媒を流し，霜を融解する．なお，このとき室内に冷気が流れないように室内のファンは停止する．

3.3.3　ヒートポンプの利用展開

図 3.35 に，空気調和以外の分野を含めたヒートポンプの利用展開を示す．ヒートポンプは 3.3.1 項に述べたように，エネルギーの有効利用や地球環境にやさしいエ

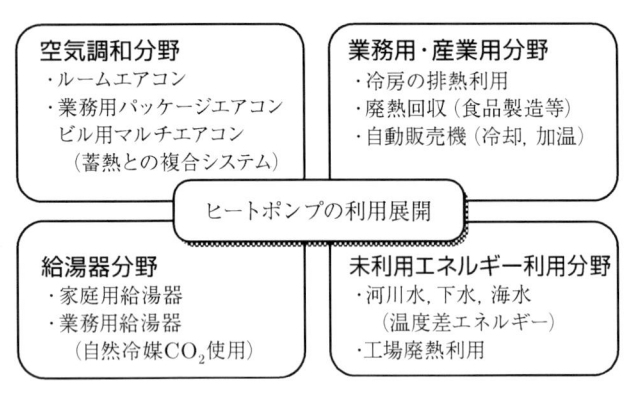

```
┌─────────────────────────┬─────────────────────────┐
│ 空気調和分野            │ 業務用・産業用分野      │
│ ・ルームエアコン        │ ・冷房の排熱利用        │
│ ・業務用パッケージエアコン│ ・廃熱回収（食品製造等）│
│  ビル用マルチエアコン   │ ・自動販売機（冷却,加温）│
│  （蓄熱との複合システム）│                         │
└─────────┬───────────────┴───────────┬─────────────┘
          │    ヒートポンプの利用展開 │
┌─────────┴───────────────┬───────────┴─────────────┐
│ 給湯器分野              │ 未利用エネルギー利用分野│
│ ・家庭用給湯器          │ ・河川水,下水,海水      │
│ ・業務用給湯器          │   （温度差エネルギー）  │
│  （自然冷媒CO₂使用）    │ ・工場廃熱利用          │
└─────────────────────────┴─────────────────────────┘
```

図 3.35 ヒートポンプの利用展開

ネルギー利用の観点から空気調和分野はもちろん，給湯器分野や業務・産業分野，未利用エネルギー利用分野などの多くの分野で活用されている．以下にその概要を示す．

（1） 空気調和分野での活用　　表 3.3 に家庭・業務用のエネルギー消費の構成割合を示す[46]．家庭・業務用ともに，冷房，暖房，給湯におけるエネルギー消費

表 3.3　家庭・業務用エネルギー消費構成割合

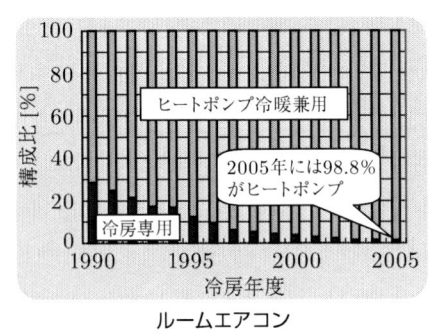

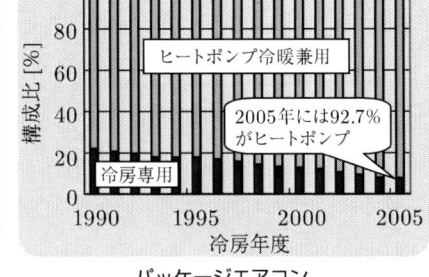

部門	家庭[%]		業務[%]	
冷房	2	⎫	8	⎫
暖房	24	⎬ 55	28	⎬ 60
給湯	29	⎭	24	⎭
厨房	7		7	
動力，照明他	38		33	
合計	100		100	

ルームエアコン　　　　　　　　　　パッケージエアコン

図 3.36 ヒートポンプの構成比の推移[77]

が大きく，55～60%を占める．したがって，空気調和分野ではヒートポンプが古くから活用されている．ルームエアコンやパッケージエアコン(ビル用マルチを含む)の国内出荷台数に対するヒートポンプ冷暖兼用機の構成比の推移を図 3.36 に示す．2005 年には，ルームエアコンでは 98.8%，パッケージエアコンでは 92.7% がヒートポンプ冷暖兼用機である[47]．

（2） ヒートポンプ給湯器分野での利用　　家庭・業務用のエネルギー消費構成割合の中で構成割合が大きな給湯の分野でも，ヒートポンプが利用されている．2001 年にヒートポンプ給湯器が発売[48]されて以来，多くのメーカーからヒートポンプ給湯器が発売され，発売から 5 年後の 2005 年には累積出荷台数が 35 万台に達した．その基本構成を図 3.37 に示す．温水タンク底部からポンプで水／冷媒熱交換器に送られた水は，圧縮機から吐出される高温高圧の冷媒により加熱され，90 °C の温水になり，タンク上から温水が貯えられる．最近では単に給湯のみでなく，風呂追い炊きや床暖房，浴室暖房機能も付加した給湯器が開発されている[49]．

これらのヒートポンプ給湯器の最大の特徴は，地球温暖化防止の観点から，冷媒として自然冷媒である二酸化炭素 CO_2 を使用している点である(冷媒規制動向については次の 3.4 節で詳しく述べる)．

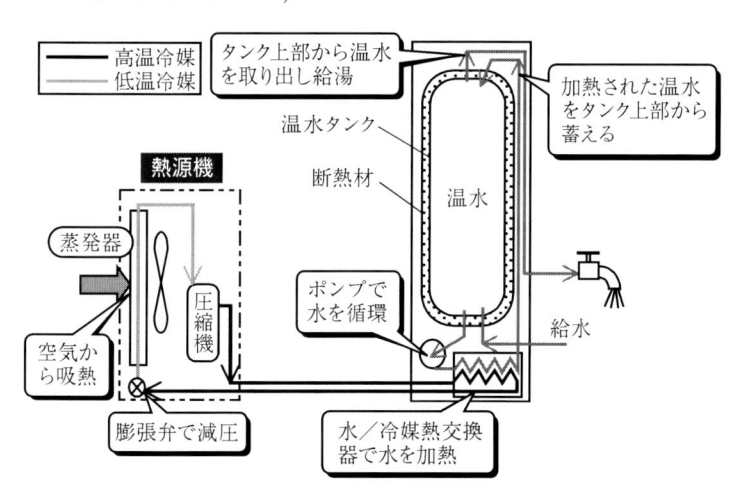

図 3.37　ヒートポンプ給湯器の構成

（3） 業務用・産業用分野での利用　　業務用・産業用分野でも多くのヒートポンプ利用システムが用いられている．美容院，外食産業，ホテル，あるいはスポーツ施設などは給湯需要が多い．この場合，必要とされる給湯温度は 40～60 °C 程度であり，化石燃料などの高品位の燃料を使用するのはもったいなく，エネルギー有効利用の観点から COP の高いヒートポンプの活用が進められている．たとえば，

スポーツ施設では夏季には冷房が行われるが，その排熱を回収し，プールの水温調節，プールサイドの暖房，シャワー用給湯などに利用されている[50]．

街角で飲料品の自動販売機をよく目にするが，最近では自動販売機にもヒートポンプ技術が用いられている．季節の変わり目などには1台の自動販売機で冷たい飲料品と温かい飲料品が同時に販売されており，冷たい飲料品を冷却した排熱を利用してヒートポンプにより温かい飲料品の加熱を行っている[51]．また，この自動販売機には地球温暖化防止の観点から，冷媒として自然冷媒であるイソブタンを使用している．

食品，紙・パルプあるいは化学プロセスなどの産業分野では，40～60 °C程度の温排水が多く排出される[52, 53]．これを熱源としてヒートポンプによりさらに温度の高い温水の供給を行っている．

(4) 未利用エネルギー利用分野での利用　　河川水，排水，海水は夏には大気より温度が低く，冬には大気より温度が高い．このような大気との温度差のある熱エネルギーを「温度差エネルギー」とよんでいる．

未利用エネルギーとは，「温度差エネルギー」，ごみ焼却排熱やビル排熱，発電所排熱などの「排熱エネルギー」を総称したもので，これまでに技術的あるいは経済的制約のためにあまり利用されてこなかったエネルギーである．

ごみ焼却排熱などの燃焼排熱は温度が高いためそのまま利用できるが，「温度差エネルギー」はエネルギー密度が低いため，これを熱源としてヒートポンプによりさらに温度の高いエネルギーに改質して利用する試みが行われている[54]．

◆3.4◆ 空気調和技術の進展

3.4.1 冷媒規制の動向と規制への対応

蒸気圧縮式冷凍機を使用した製品には，身近な冷蔵庫やルームエアコンなどを始めとし，多くの製品がある．それらの製品を使用するとき，冷媒として何を使用しているかは意識していない．しかし，それらの製品の技術開発を行う立場から考えると，冷媒として何を使用するかは非常に重要な問題である．とくに最近では，**オゾン層破壊**防止や**地球温暖化**防止の観点から，使用できる冷媒が次々と規制され，それらの規制に対応した冷媒に切り替えるとき新たな技術課題が生まれ，それらを克服する技術開発が行われている．したがって，本項では空気調和機に限らず，冷凍・空気調和に使用されてきた冷媒の規制動向と規制への対応の概要について述べる[55]．

(1) オゾン層破壊問題と地球温暖化問題とは

(a) **オゾン層破壊問題**：地球を取り巻く成層圏にはオゾン層があり，有害な紫外線が直接地表に到達するのを防止している．しかし，表3.4に示すフロン系冷媒 CFC，HCFC によるオゾン層の破壊が問題になっている．オゾン層が破壊されると，有害な紫外線が直接地表に到達し，皮膚癌や白内障あるいは農作物などの生態系に被害が及ぶといわれている．オゾン層破壊の影響度を示す指標が**オゾン層破壊係数**（**ODP**：ozone depleting potential）とよばれ，フロン CFC11 のオゾン層破壊効果を 1 としている．

(b) **地球温暖化問題**：石油，ガスなどの化石燃料の燃焼あるいは熱帯雨林の減少により，大気中の二酸化炭素 CO_2 濃度が上昇すると，地表から宇宙に向けて放射される放射エネルギーが大気中で吸収されやすい．いわゆる，温室効果が起こり地球規模の気温上昇が起こる．温室効果の原因となるガスは二酸化炭素のみでなく，表3.4に示すフロン系冷媒 CFC，HCFC，HFC も温室効果の原因となる．温室効果の影響度を示す指標が**温暖化係数**（**GWP**：global warming potential）とよばれ，二酸化炭素の地球温暖化効果を 1 としている．

表 3.4 蒸気圧縮式冷凍機に使用されてきたフロン系冷媒の規制動向

蒸気圧縮式冷凍機に使用されてきたフロン系冷媒		
CFC (chloro fluoro carbon)	HCFC (hydro chloro fluoro carbon)	HFC (hydro fluoro carbon)
塩素を含みオゾン層破壊係数が高いため 1996 年に使用全廃	塩素を含みオゾン層破壊係数が高いため 2020 年に使用全廃	オゾン層破壊係数は0であるが，地球温暖化防止のため他の冷媒に切り替えまたは切り替え検討
CFC 冷媒の例と用途 　R12 ：冷蔵庫，カーエアコン 　R502：冷凍機	HCFC 冷媒の例と用途 　R22 ：ルームエアコン， 　　　　パッケージエアコン	HFC 冷媒の例と用途 　R134a：冷蔵庫，カーエアコン 　R410A：ルームエアコン， 　　　　パッケージエアコン

(2) 冷媒規制の動向

これまで，蒸気圧縮式冷凍機の冷媒として使用されてきたフロン系冷媒には，主に表3.4に示した CFC，HCFC，HFC の3系統がある．また，それぞれの系統には複数種類の冷媒がある．これらのフロン系冷媒は毒性がなく不燃性であり，また冷媒としての化学的安定性もよいため，これまで広く使用されてきたが，地球環境問題の観点からその使用が規制されてきている．

上記 CFC，HCFC の冷媒規制に対応するため，代替フロンの HFC への切り替えを進めるさなか，地球温暖化問題が強くクローズアップされるようになった．それにともない地球温暖化を防止するため，1992 年に気候変動枠組み条約が締結された．1997 年 12 月には京都で「気候変動枠組み条約第 3 回締約国会議」が開催され，

日本は温暖化対象ガス排出を6%低減することが議決された.

温暖化対象ガスには二酸化炭素以外にも5種類の物質が挙げられている．CFCとHCFCの代替冷媒として各種冷凍システムへの適用技術開発を確立しつつあるHFCも排出削減規制されることになった．

> **ちょっと横道**
>
> ◇**冷媒CFC，HCFC規制の推移**
>
> 1974年に米国のローランド教授らにより，塩素を含む特定フロンCFCが成層圏のオゾン層を破壊する説が公表されました．それ以来，オゾン層破壊係数が大きなCFC使用の国際的な規制が進められ，1985年にオゾン層保護のためのウィーン条約が成立します．1990年には，CFCを2000年までに全廃する決議がなされ，1992年にコペンハーゲン締約国会議で，図3.38に示すように，CFCの1995年末の前倒し全廃が決定しました．その後のオゾン層の観測結果により，その破壊速度は当初の予想以上の速さであるため，HCFCも1995年のウィーン会議で2020年の全廃が決議されました．その後，冷凍空調工業会国際評議会が2010年にHCFC新規使用を禁止する目標を策定し，また，日本冷凍空調工業会は2003年にHCFCをHFCに切替る前倒し目標を設定し，現在は目標をクリアしています．
>
> 図3.38 冷媒CFC，HCFC規制の推移

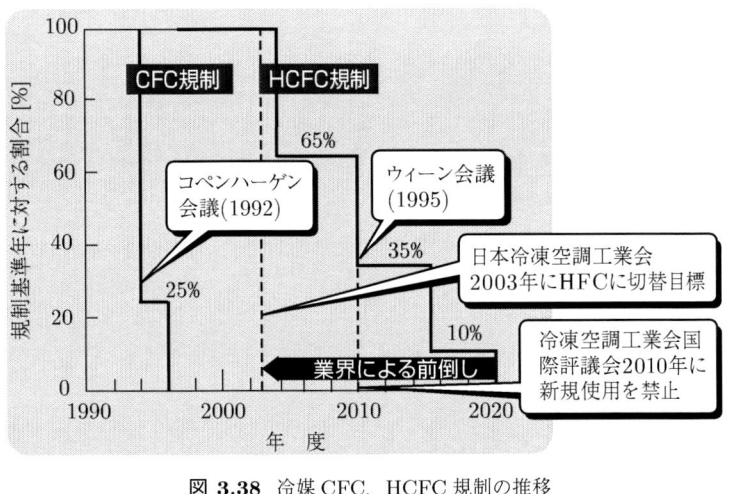

(3) オゾン層保護冷媒規制への対応 冷蔵庫やカーエアコンに使用されてきた，オゾン層破壊の原因となる塩素を含むCFC系の冷媒R12は，塩素を含まないHFC系の冷媒R134aに切り替えられた．R12に対してR134aの理論COPは若干低く，また，R134aに適した低摩擦損失の新しい冷凍機油の開発など，種々の高効率化技術開発が行われた[56]．

ルームエアコンやパッケージエアコンに使用されてきた，塩素を含む HCFC 系の冷媒 R22 の代替冷媒としては，冷媒としての熱力学特性が単一成分で満足できるものがなく，HFC 系の混合冷媒が検討され，ルームエアコンは R410A に切り替えられた．パッケージエアコンでは最初は R407C に切り替えられたが，最近ではパッケージエアコンも R410A に切り替えられている．R22 に対して R410A の理論 COP は若干低く，R22 に比べ R410A を使用したときの圧縮機吐出圧力が 60% 程度高い．また，R410A に適した低摩擦損失の新しい冷凍機油の開発など，種々の高効率化技術開発が行われた [57, 58]．

（4）地球温暖化防止のための自然冷媒への切り替え動向　　以上に述べたように，オゾン層保護の観点から，塩素を含まない HFC 系の冷媒に切り替えられてきたが，その後，地球温暖化防止の観点から HFC 系の冷媒も排出削減規制され，温暖化係数 GWP の小さな自然冷媒に切り替えられてきている [59]．**自然冷媒**とは自然界に一般に存在する物質すなわち，水や空気，炭化水素，二酸化炭素，アンモニアなどを総称してよんでおり，自然冷媒として主に炭化水素や二酸化炭素，アンモニアの利用が進められている．

炭化水素系の冷媒を使用する技術開発は欧州で先行し，ドイツでは 1993 年に炭化水素系のイソブタンを冷媒とした冷蔵庫が発売された．イソブタンは可燃性冷媒であるため，日本の冷蔵庫の構造を配慮した冷媒漏れ防止技術あるいは防爆技術の開発，さらに日本では冷媒充填量の制限を国際規格より少なく規定することにより安全性を確保し，日本では 2003 年からイソブタンを冷媒とした冷蔵庫が発売された．現在，日本の冷蔵庫のほとんどはイソブタン冷媒である．

また，飲料品の自動販売機でもノンフロン化技術開発が行われ，2006 年にイソブタンを冷媒として使用した自動販売機が日本で発売された [51]．

炭化水素系の冷媒，プロパンが空気調和機の冷媒として検討されている．プロパンも可燃性冷媒であり，また，空気調和機の冷媒充填量は冷蔵庫の充填量より多いため，冷媒漏れに対する安全性の検討が進められている．

可燃性のない自然冷媒として，二酸化炭素 CO_2 を自動車用空調機の冷媒として使用する研究が 1990 年代から進められている [60]．

また，3.3.3 項で示したように，日本では CO_2 を冷媒とした給湯器が 2001 年より発売され，その累積出荷台数は着実に伸びてきている．CO_2 冷媒は可燃性のない自然冷媒であり，物性面では冷媒の体積循環量が小さく動粘性係数も小さいため，各部の圧力損失を低減できるほか，熱伝導率など熱輸送物性も優れている．しかし，冷凍サイクルの高圧側は超臨界圧であり，その圧力はおよそ 15 MPa 程度になるため，放熱側超臨界圧熱交換技術や高耐圧化技術の開発が行われた．

アンモニア冷媒は古くから使用されている冷媒であり，ノンフロン化の動きにともないその適用は増加しているが，アンモニアは可燃性であり，さらに毒性ももっているため，主に安全管理が行われる大型施設で使用されている．

以上に述べた各製品の冷媒切り替えの推移を図3.39にまとめて示す．図に示した冷媒において実線で囲ったものがすでに製品化されたものであり，色のついたものが技術開発中である．

製品	項目	CFC, HCFC 規制前	CFC, HCFC 規制後	自然冷媒化の動向	
冷蔵庫 自動販売機	冷媒	CFC12	HFC134a	イソブタン	
	ODP	1	0	0	
	GWP	8500	1300	3	
	燃焼性	不燃	不燃	可燃	
ルームエアコン パッケージエアコン	冷媒	HCFC22	HFC410A	プロパン	CO_2
	ODP	0.055	0	0	0
	GWP	1700	1370	3	1
	燃焼性	不燃	不燃	可燃	不燃
カーエアコン	冷媒	CFC12	HFC134a	CO_2	
	ODP	1	0	0	
	GWP	8500	1300	1	
	燃焼性	不燃	不燃	不燃	
給湯器	冷媒		HFC410A	CO_2	
	ODP		0	0	
	GWP		1370	1	
	燃焼性		不燃	不燃	

凡例：冷媒名 :すでに製品化されたもの／冷媒名 :技術開発中

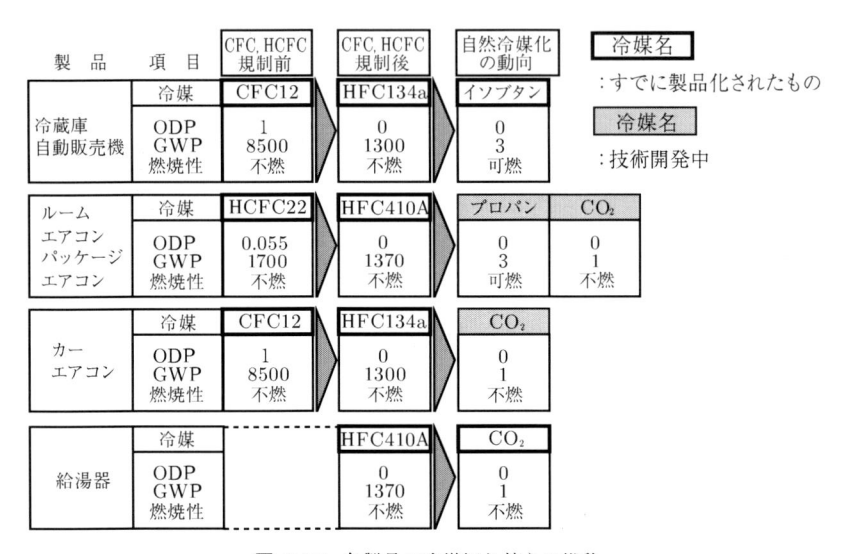

図 3.39 各製品の冷媒切り替えの推移

3.4.2 空気調和機における高効率化の動向

（1）省エネルギーに関する規制の動向　地球温暖化防止のためには，先に述べたように温暖化係数GWPの小さな冷媒を使用する一方，CO_2の排出削減がもっとも重要である．そのため，徹底したエネルギー使用の合理化が必要になり，1999年にエネルギーの使用の合理化に関する法律が一部改正された．改正された省エネルギー法は，トップランナー方式とよばれ，1998年12月時点で最高のCOPが目標基準となり，表3.5に示すように，空気調和機の冷房能力区分により達成目標が定められた[61]．表3.5はヒートポンプ空気調和機の場合であり，目標COPは冷房COPと暖房COPの平均値で，各区分ごとに出荷加重平均で達成する必要がある．目標達成時期は，壁掛けの4 kW以下では2003年9月であり，すでに目標を達成している．それ以外の区分では2006年9月が目標達成時期である．

上記の改正省エネルギー法を達成するために，あらゆる省エネルギー技術を開発し対応してきた．しかし，日本では家庭の電力消費が膨らみ，京都議定書に基づく

3.4 空気調和技術の進展　141

表 3.5 空気調和機冷暖平均の COP 基準値

空調形態		定格冷房能力 [kW]				
		～2.5	～3.2	～4.0	～7.1	～28.0
直吹き	壁掛け	5.27	4.90	3.65	3.17	3.10
	ウィンド／ウォール			2.85		
	その他		3.96	3.20	3.12	3.06
ダクト接続				3.02		
マルチタイプ			4.12		3.23	3.07

温暖化ガス削減の目標達成が難しい状況にあり，政府は省エネルギー法を改正して，家電品のさらに大幅な省エネルギー化を義務付ける方針を 2006 年 1 月に発表した[62]．それによると，家庭用エアコンでは 2010 年までに 2005 年に比べて消費電力 20%削減が要求されている．

（2）省エネルギー技術の動向　空気調和機は基本的には圧縮機，凝縮器，膨張弁，蒸発器より構成され，それぞれの機器の高性能化が図られ，さらにそれらを効果的に運転する制御技術が開発されている．それらの個々の技術内容については本書の範囲を超えるので，ここでは，冷凍サイクルの構成を変えることにより，冷凍サイクルとしての効率向上を図る技術が最近開発されているので紹介しよう．

（a）2段圧縮冷凍サイクル：この技術は，第 1 章で基礎理論を説明した 2 段圧縮冷凍サイクルをルームエアコンに適用したものである[63]．その冷凍サイクル構成とモリエ線図上のサイクルを図 3.40 に示す．このサイクルの特徴は圧縮機に低圧段と高圧段の二つの圧縮シリンダをもち，さらに，二つの膨張弁とその間に気液分離器を備えている点である．室外機で凝縮した高圧の液冷媒は第 1 の膨張弁で中間圧 p_m まで減圧され気液分離器に入る．気液分離器で分離されたガス冷媒 G_g は

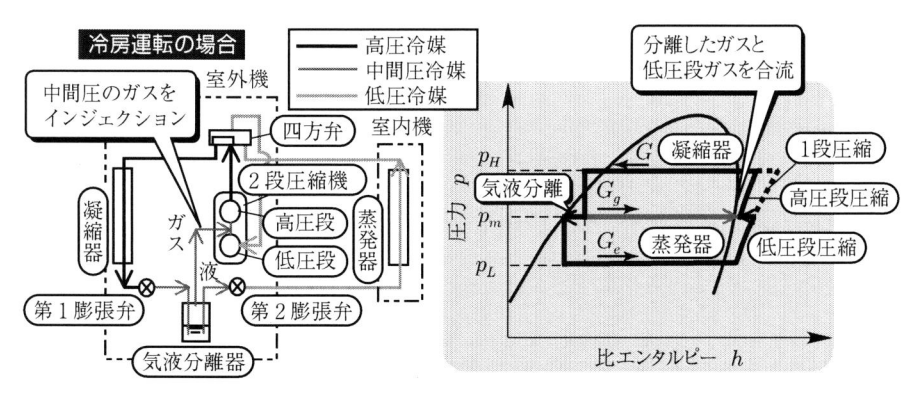

図 3.40　2段圧縮インジェクションサイクル

低圧段で圧縮された冷媒と合流し，高圧段のシリンダで p_H まで圧縮される．気液分離器で分離された液冷媒は第2の膨張弁で低圧 p_L まで減圧され，蒸発器に入る．したがって，気液分離器で分離された蒸発に寄与しないガス冷媒 G_g は p_L まで減圧されないため，ガス冷媒 G_g の低圧段 p_L から中間圧 p_m までの圧縮仕事が不要になり，省電力となる．また，蒸発器を流れる冷媒量 G_e は $G - G_g$ となり，通常の1段圧縮サイクルの冷媒量 G より小さいため，蒸発器の圧力損失が低減される．その結果，圧縮機の吸入圧力が上昇し，省電力となる．この2段圧縮冷凍サイクルによる COP 向上効果は冷房能力 2.8 kW で 6.7%，暖房能力 3.6 kW で 3.4% と報告されている[63]．

（b）冷媒過冷却サイクル：図 3.41 と図 3.42 に冷媒過冷却サイクル構成とモリエ線図上のサイクルを示す．図 3.41 に示すサイクルは氷蓄熱槽をもち，電力料金の安い夜間に氷蓄熱を行う．昼間の冷房運転時に，氷蓄熱を利用して凝縮器を出た過冷却冷媒をさらに過冷却を大きくし，COP の向上を図るものである．このシステムは図 3.16 に示した氷蓄熱を冷房の冷熱源として直接使用するものとは異なり，氷蓄熱を過冷却拡大に利用するため，比較的小さな蓄熱槽で使用できる．このため，1996 年頃からパッケージエアコンに採用され，堅調な伸びを示している．

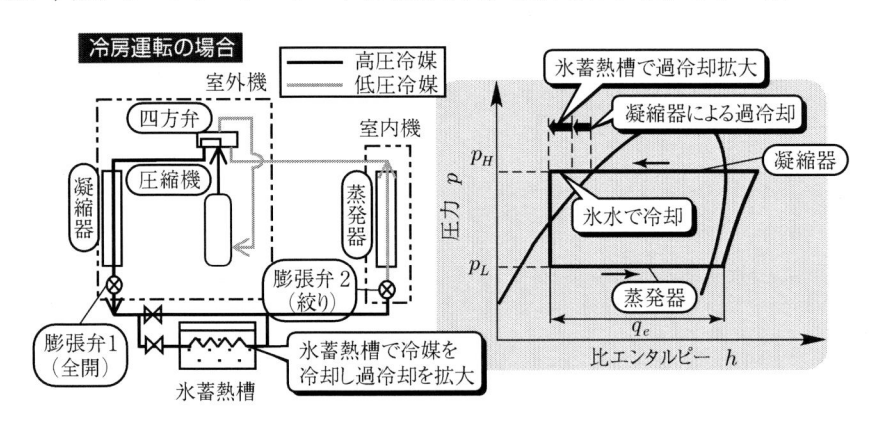

図 3.41 氷蓄熱液冷媒過冷却サイクル

図 3.42 に示すサイクルの特徴は，液過冷却熱交換器を設けている点である．凝縮器を出た液の一部を分岐し，これを膨張弁 3 で減圧することにより低温化し，主回路の冷媒を冷却することにより過冷却を大きくする．そのため，蒸発器の冷却エンタルピー差 q_e が大きくなり冷媒流量を減らすことができ，蒸発器の圧力損失が低減される．その結果，圧縮機の吸入圧力が上昇し，省電力となる．本冷凍サイクルによる COP 向上効果は冷房時に 15% と報告されている[64]．このシステムは蓄熱槽

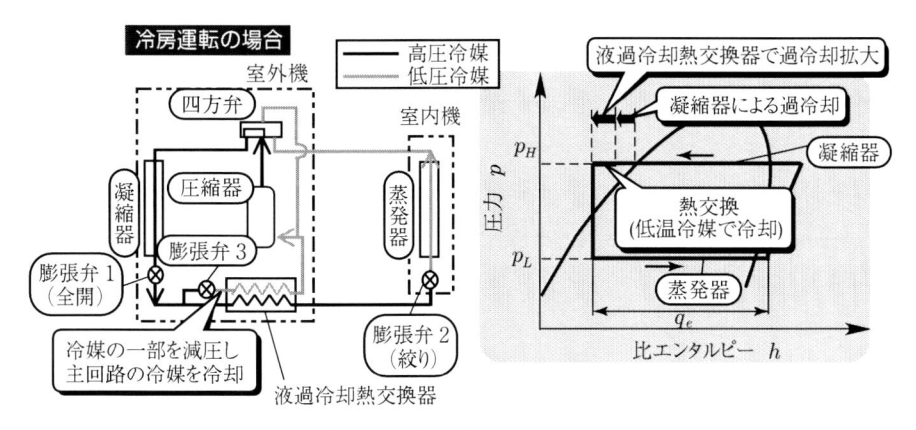

図 3.42 液冷媒過冷却サイクル

をもたずに COP 向上が可能であり，最近はパッケージエアコンに採用されている．

（c）気液分離サイクル：図 3.43 に気液分離サイクル構成とモリエ線図上のサイクルを示す．このサイクルの特徴は気液分離器を設けている点である．凝縮器で冷却された液冷媒は膨張弁で減圧され，ガス冷媒と液冷媒が混合した二相流となる．ガス冷媒は蒸発器で蒸発に寄与しないため，気液分離器で分離し，破線で示すガスバイパス路から圧縮機の吸入側に直接戻される．したがって，蒸発器を流れる冷媒流量を減らすことができ，蒸発器の圧力損失が低減される．その結果圧縮機の吸入圧力が上昇し，省電力となる．本冷凍サイクルによる COP 向上効果は冷房時に 8% 程度と報告されている[65]．

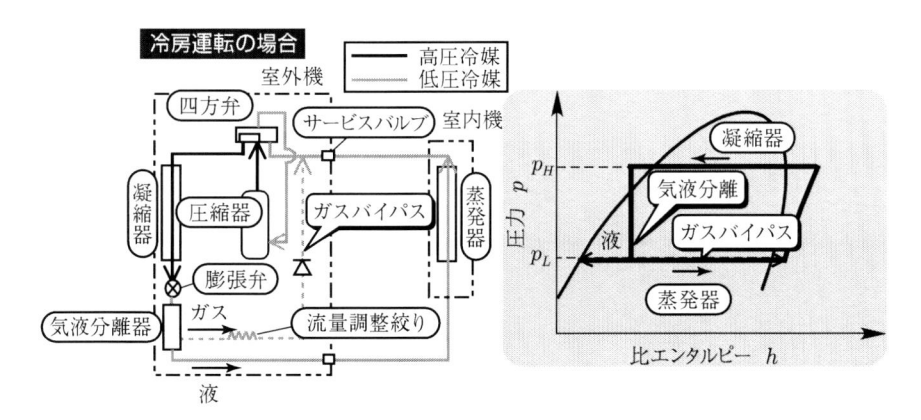

図 3.43 気液分離サイクル

◆ 演習問題 ◆

3.1 乾球温度23 °C，相対湿度80%の空気を乾球温度18 °C，相対湿度40%に冷却するにはどのような手順で行えばよいかを空気線図上に示せ(Q3.5の逆の問題である).

3.2 演習問題3.1において乾球温度23 °C，相対湿度80%の空気を乾球温度18 °C，相対湿度40%に冷却する場合の冷却熱量を求めよ．

3.3 演習問題3.2はQ3.6の逆の問題であるが，演習問題3.2の冷却熱量が例題Q3.6の加熱量より多い理由を述べよ．

3.4 ヒートポンプはなぜエネルギーの有効利用や地球環境にやさしいエネルギー利用に有効かを述べよ．

3.5 冷凍サイクルにおいて過冷却を大きくすると，COPが向上する理由を述べよ．

第4章

伝熱量の計算

これまで述べてきた第2章の冷凍機器，第3章の空気調和における熱量計算には，本章で述べる熱移動の基本的な形態の理解が必要となる．熱移動（伝熱）には三つの基本的形態，すなわち，熱伝導，対流熱伝達，熱放射がある．このうち，とくに冷凍機器，空気調和に深く関係するものは熱伝導と対流熱伝達である．

本章では，冷凍機器や空気調和に用いられる熱交換器の基本要素である平板と円筒の熱伝導理論の基礎や熱伝達について学ぶ．これらの知識をベースとして，熱交換器（凝縮器，蒸発器）の伝熱計算について解説する．さらに，冷凍分野に密接な関係がある凍結問題の取り扱い方について説明する．

◆ 4.1 ◆ 熱伝導による伝熱

4.1.1 非定常と定常熱伝導

冷蔵庫を運転すると，運転開始直後にはそれまで一様温度であった庫内温度が下がり始め，これにともない冷蔵庫の壁内温度分布が時間的に変化する．しかし，長時間運転し続けると壁の温度分布はほとんど変化しなくなる．このような温度変化の状況を図4.1に示す．冷凍開始前は，(a) に示したように壁は一様な温度 T_1 [K,

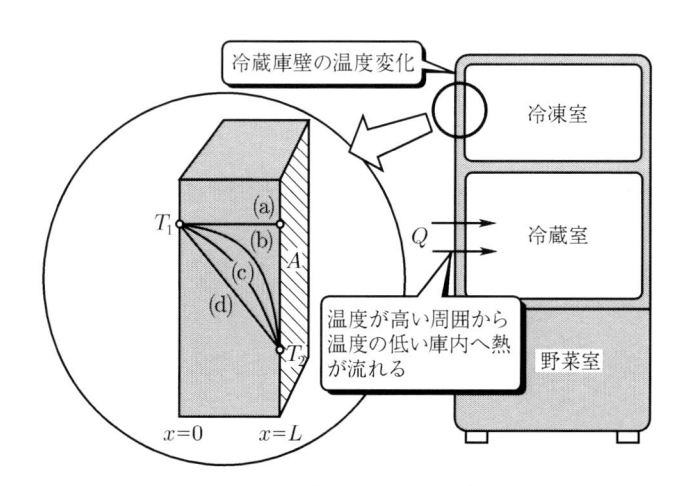

図 4.1 平板内の時間的な温度変化

°C] に保たれている．厚さ L [m] の平板物体 (伝熱面積：A [m^2]) の庫内壁に相当する右面を (b) のように温度 T_2 [K, °C] に下げ，それ以後，庫外に相当する左面温度は T_1 を，右面では T_2 を保つようにする．熱は左面の高温側から右面の低温側に流れる．この場合，両端面を除いた平板物体内の各位置の温度は，(b) から (c) のように時間の経過とともに低下する．このように，時間の進行にともない物体内の温度が変化する状態を非定常状態という．

また，十分に時間が経過した (d) の状態になると物体内の温度はもはや変化しなくなる．このような状態を定常状態という．この場合，物体内への流入熱量は物体外への流出熱量と等しくなる．すなわち，定常状態では物体内においては熱が溜まりも減りもしない．

このように，熱が物体内で高温側から低温側へ向かい，温度傾斜に沿って移動する形態を**熱伝導** (heat conduction) とよぶ．物体内において，温度勾配が x 方向のみに存在する一次元の場合，温度降下のある方向に流れる単位時間あたりの熱量 Q [W] は x 方向の温度勾配 dT/dx [K/m] に比例し，次のように示すことができる．

$$Q = -A\lambda \frac{dT}{dx} \tag{4.1}$$

ここで，A は熱の通過面積 (伝熱面積) を表している．なお，式 (4.1) の関係を**フーリエの法則** (Fourier's law) という．右辺の負号は，熱の流れる方向に温度勾配 dT/dx が負 (マイナス) となるから，熱量を正 (プラス) に表すために付けたものである．また，右辺の比例定数 λ [W/(m·K)] は，物質に固有な値で**熱伝導率** (thermal conductivity) とよばれる．熱伝導率は物体内で一定の温度勾配により移動する熱量の大小を表しており，この値が大きいほど熱が伝わりやすい．一般的に熱伝導率の大きさは，固体，液体，気体の順となっており，温度によって変化する．固体の中でも金属の熱伝導率は他の材料よりも大きい．表 4.1 には代表的な各種物質の熱伝導率の値を示す．

図 4.1 に示した非定常の熱移動の状態を記述するには，微小体積要素における熱量バランスを考え微分方程式を立てる．本書で扱う熱機器では，凍結量の見積もりなどを除いて主に定常状態の熱伝導現象が対象となる．本章では非定常熱伝導方程式の導出結果を示し，それをもとに定常熱伝導を説明する．式 (4.2) は内部発熱がない場合の直交座標系 (x, y, z) の非定常熱伝導方程式を示している．

$$c\rho \frac{\partial T}{\partial t} = \frac{\partial}{\partial x}\left(\lambda \frac{\partial T}{\partial x}\right) + \frac{\partial}{\partial y}\left(\lambda \frac{\partial T}{\partial y}\right) + \frac{\partial}{\partial z}\left(\lambda \frac{\partial T}{\partial z}\right) \tag{4.2}$$

ここで，右辺項は流入と流出熱量の変化を示しており，左辺項はこれにともなう微小領域の温度上昇 (または下降) を表している．熱伝導率 λ が物体内部全域で一定な

表 4.1 各種物質の熱伝導率 (300K)[66]

物質名	熱伝導率 λ [W/(m·K)]
銅	398
アルミニウム	237
鉛	35.2
氷 (273 K)	2.210
石英ガラス	1.38
水	0.61
スピンドル油	0.144
空気	0.0261

らば，式 (4.2) は簡単化され次式で示される．

$$c\rho \frac{\partial T}{\partial t} = \lambda \left(\frac{\partial^2 T}{\partial x^2} + \frac{\partial^2 T}{\partial y^2} + \frac{\partial^2 T}{\partial z^2} \right) \tag{4.3}$$

また，円筒座標系 (r, ϕ, z) に対しては次式の基礎方程式が得られる．

$$c\rho \frac{\partial T}{\partial t} = \lambda \left[\frac{1}{r} \frac{\partial}{\partial r} \left(r \frac{\partial T}{\partial r} \right) + \frac{1}{r^2} \frac{\partial^2 T}{\partial \phi^2} + \frac{\partial^2 T}{\partial z^2} \right] \tag{4.4}$$

非定常熱伝導の状態を記述した式 (4.3) と式 (4.4) において，物体内で時間的な温度変化が認められない定常状態では左辺項は零となる．

ちょっと横道

◇**断熱材について**

表 4.1 に示したように，気体の熱伝導率は固体や液体の熱伝導率より小さくなります．寒冷地での窓に使用されるペアガラス (二重ガラス) は，2 枚のガラス間に熱伝導率の小さな気体層を設けて断熱効果を上げています．また，空気の平均自由行程よりも小さい孔のある多孔質断熱材は，大気圧下の空気の熱伝導率より小さいものもあり，より優れた断熱材です．

4.1.2 平板と円筒の定常熱伝導

（1） 平板の定常熱伝導　冷凍機器や空調機器における，熱交換器の熱量計算の基本となる平板と円筒の定常熱伝導について考えてみる．図 4.1 に示したように，平板の片面を加熱または冷却した後，時間が十分に経過すると，平板内の温度がもはや変化しない (d) の定常状態となる．式 (4.3) で示された三次元の非定常熱伝導方程式を，平板の一次元定常熱伝導問題に適用してみる．この場合，左辺非定常項は零となり，熱伝導率を一定とすると式 (4.3) は一次元定常熱伝導の式として次式

で示される．

$$\frac{d^2 T}{dx^2} = 0 \tag{4.5}$$

式 (4.5) の解としては容易に次式が得られる．

$$T = C_1 x + C_2 \tag{4.6}$$

すなわち，一次元定常熱伝導において，熱伝導率が一定の場合には物体内の温度は直線分布となる．C_1, C_2 は積分定数である．ここで，平板両端の温度が図 4.1 で示されるように，$x = 0$ で $T = T_1$, $x = L$ で $T = T_2$ とし，式 (4.6) に代入し，定数を決めると，

$$T = T_1 + \frac{x}{L}(T_2 - T_1) \tag{4.7}$$

となり，平板内部の温度が求まる．また，平板内部を流れる熱量はフーリエの法則を示した式 (4.1) に式 (4.7) を代入することにより，

$$Q = -A\lambda \frac{T_2 - T_1}{L} \tag{4.8}$$

から求めることができる．式 (4.7) と式 (4.8) は，一次元定常熱伝導における温度分布と熱移動を表す基本的な式である．なお本章では，座標系がとくに定められていない場合は，式 (4.8) の分子である温度差を正の値 $(T_1 - T_2)$ にとり右辺の負号を省略して表示することもある．

Q 4.1 厚さ 25 mm，伝熱面積 0.65 m^2 のアクリル樹脂 ($\lambda = 0.21$ W/(m·K)) の両面温度がそれぞれ 34 °C と 2 °C であるとき，アクリル樹脂を通過する熱量を求めよ．また，厚さ方向の中央位置の温度も求めよ．

A 定常状態における熱移動量を表す式 (4.8) を用いることにより，アクリル樹脂を通過する熱量は以下のとおりとなる．

$$Q = -A\lambda \frac{T_2 - T_1}{L} = -0.65 \times 0.21 \times \frac{2 - 34}{0.025} = 174.7 \text{ W}$$

また，厚さ方向中央位置の温度は，式 (4.7) において $x = 12.5$ mm を代入して以下のようにして求めることができる．

$$T = T_1 + \frac{x}{L}(T_2 - T_1) = 34 + \frac{0.0125}{0.025} \times (2 - 34) = 18 \text{ °C}$$

なお，この例題の場合，アクリル樹脂内部の温度分布は熱伝導率が一定であり直線であるから，厚さ方向中央温度は両面の平均温度としても求めることもできる．

複数の平板が密着している多層板の伝導伝熱について考える．図 4.2 に示した多層平板において各平板を通過する熱量 Q は，定常熱伝導においてはお互いに等しく

なければならないから次式で示される．

$$Q = A\lambda_1 \frac{T_1 - T_2}{L_1} = A\lambda_2 \frac{T_2 - T_3}{L_2} = A\lambda_3 \frac{T_3 - T_4}{L_3} = \cdots = A\lambda_n \frac{T_n - T_{n+1}}{L_n} \tag{4.9}$$

上式において，各平板の熱抵抗 L_k/λ_k $(k = 1, 2, \cdots n)$ が図 4.2 に示すように直列に配置されているとみなせるから，多層平板を通過する熱量は次式として書ける．

$$Q = \frac{A(T_1 - T_{n+1})}{\dfrac{L_1}{\lambda_1} + \dfrac{L_2}{\lambda_2} + \dfrac{L_3}{\lambda_3} + \cdots + \dfrac{L_n}{\lambda_n}} \tag{4.10}$$

すなわち，各平板の熱伝導率と厚さが既知の場合，多層平板の両端温度を計測することで，多層平板に流れる熱量を求めることができる．

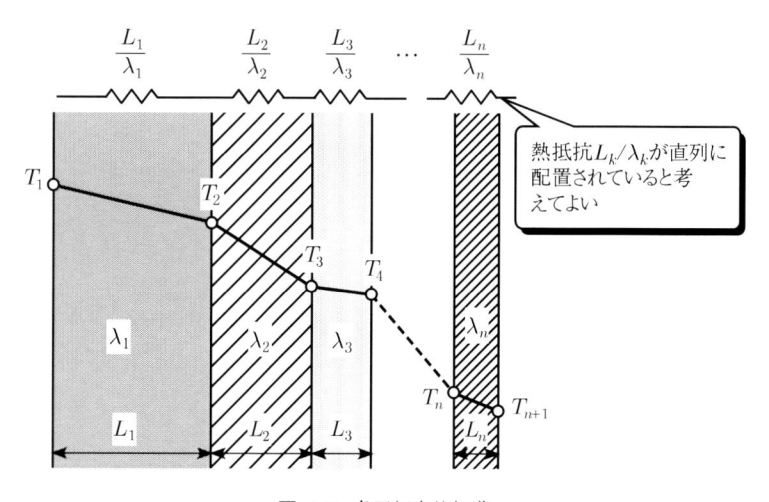

図 4.2 多層板内熱伝導

（2） 円筒の定常熱伝導　　冷凍機器や空調機器の熱交換器には，平板ばかりでなく二重管や管群も多く用いられている．このような管の温度挙動を知りたいときは，円筒座標を使って熱伝導の式を考える必要がある．円筒座標による熱伝導の基礎式 (4.4) において，定常状態を扱ってみる．いま，熱の流れを半径方向のみについて考えると，式 (4.4) は簡略化され次式で表現できる．

$$\frac{1}{r}\frac{d}{dr}\left(r\frac{dT}{dr}\right) = 0 \tag{4.11}$$

上式の一般解は，次のように示される．

$$T = C_1 \ln r + C_2 \tag{4.12}$$

式 (4.12) から円筒座標における温度分布は対数曲線となることがわかる．これは，平板の温度分布を示した式 (4.7) のような直線状態とは異なっている．図 4.3 に示すように，$r = r_1$ で $T = T_1$，$r = r_2$ で $T = T_2$ となる境界条件を満足するように C_1，C_2 を定めると次の温度分布の式が得られる．

$$\frac{T - T_1}{T_2 - T_1} = \frac{\ln(r/r_1)}{\ln(r_2/r_1)} \tag{4.13}$$

したがって，円筒の長さを L とすると，半径方向に流れる熱量 Q は次式によって計算することができる．

$$Q = -2\pi r L \lambda \frac{dT}{dr} = 2\pi L \lambda \frac{T_1 - T_2}{\ln(r_2/r_1)} \tag{4.14}$$

多層平板の場合と同様に，多層円管の熱移動について考えてみる．異なる材質の多層円管の半径方向一次元定常熱伝導において，各材質を通過する熱量はそれぞれ等しいから熱量は次式で示される．

$$Q = 2\pi L \lambda_1 \frac{T_1 - T_2}{\ln(r_2/r_1)} = 2\pi L \lambda_2 \frac{T_2 - T_3}{\ln(r_3/r_2)} = \cdots = 2\pi L \lambda_n \frac{T_n - T_{n+1}}{\ln(r_{n+1}/r_n)} \tag{4.15}$$

したがって，多層平板と同様に多層円管の内面と外面温度を用いて，通過する熱量を表示すると次式となる．

$$Q = \frac{2\pi L(T_1 - T_{n+1})}{\dfrac{\ln(r_2/r_1)}{\lambda_1} + \dfrac{\ln(r_3/r_2)}{\lambda_2} + \cdots + \dfrac{\ln(r_{n+1}/r_n)}{\lambda_n}} \tag{4.16}$$

この式は多層平板の通過熱量の式 (4.10) に対応している．

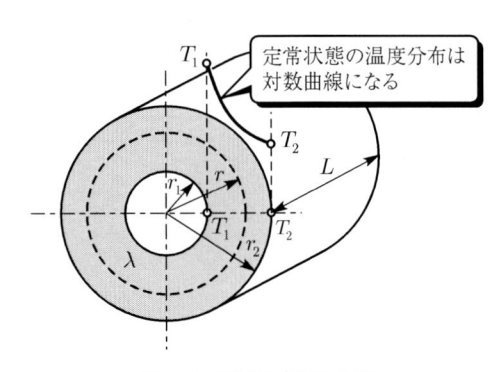

図 4.3　円筒壁内温度分布

4.1 熱伝導による伝熱 151

Q 4.2 内径 60 mm,厚さ 8.0 mm,熱伝導率 0.15 W/(m·K) の材料の外側に厚さ 15 mm,熱伝導率 0.03 W/(m·K) の円管状材料が密着してある.外側の円管外表面温度が 25 °C,内側材料の内面温度が 200 °C のとき,円管単位長さあたりの放熱量を求めよ.

A 本例題は 2 層円管における半径方向熱量計算の例である.
式 (4.16) において,題意より $L = 1$ m,$T_1 = 200$ °C,$T_3 = 25$ °C であるから,

$$Q = \frac{2\pi L(T_1 - T_3)}{\dfrac{\ln(r_2/r_1)}{\lambda_1} + \dfrac{\ln(r_3/r_2)}{\lambda_2}} = \frac{2\pi \times (200 - 25)}{\dfrac{\ln(0.038/0.030)}{0.15} + \dfrac{\ln(0.053/0.038)}{0.03}}$$
$$= 86.8 \text{ W}$$

すなわち,円管の内側から円管外へ 86.8 W の放熱がある.

なお,二つの材料が密着している位置の温度は,式 (4.15) から内面温度または外面温度を用いて得ることができる.すなわち内面温度からは,

$$T_2 = T_1 - \frac{Q}{2\pi L} \frac{\ln(r_2/r_1)}{\lambda_1} = 200 - \frac{86.8}{2\pi} \times \frac{\ln(0.038/0.030)}{0.15} = 178.2 \text{ °C}$$

また,外面温度からは次式で得ることができる.

$$T_2 = T_3 + \frac{Q}{2\pi L} \frac{\ln(r_3/r_2)}{\lambda_2} = 25 + \frac{86.8}{2\pi} \times \frac{\ln(0.053/0.038)}{0.03} = 178.2 \text{ °C}$$

4.1.3 熱通過率

熱交換器における伝熱を考える場合,固体材料における熱伝導と固体周囲の流体の状況を考える必要がある.固体表面が流体に接しており,固体と流体間に熱のやり取りがある状態を熱伝達という.熱伝達の詳細は次節で扱い,ここでは熱伝達の概略のみを示す.熱伝達における熱の授受は流体の温度 T_∞ と物体表面温度 T_w 間の温度差を基本として考える.すなわち,物体の表面積 A [m^2] に単位時間あたり流出入する熱量 Q は,流体温度 T_∞ と固体表面温度 T_w の差に比例し,$T_\infty > T_w$ とすれば次のように表現できる.

$$Q = A\alpha(T_\infty - T_w) \tag{4.17}$$

ここで,α を**熱伝達率** (heat transfer coefficient) [W/(m^2·K)] とよぶ.

壁の内側の流体から壁を通過し,反対側の流体に熱が伝わる場合のように,固体壁の一方の流体から他方の流体への伝熱を熱通過という.このような伝熱の状態は,管内外の流体の熱交換に現れるように工業的に多くみられ,重要な伝熱問題といえる.

図 4.4 に示すような,各流体と固体内を通過する熱量を考えてみる.ただし,ここでは $T_{\text{in}} > T_1 > T_2 > T_{\text{out}}$ とする.壁の左側から高温流体によって平板に流入す

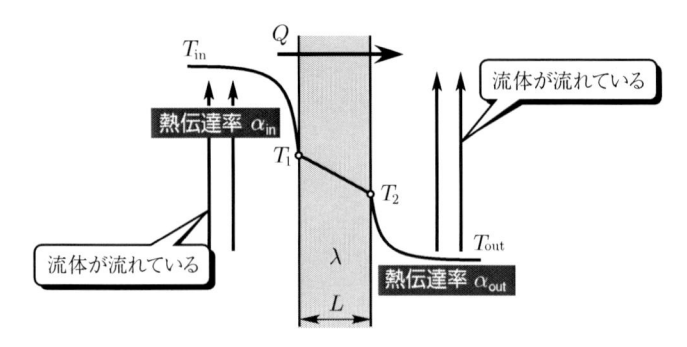

図 4.4 流体に接する固体と温度分布

る熱量は，熱伝達率を $\alpha_{\rm in}$ とすると，

$$Q_1 = A\alpha_{\rm in}(T_{\rm in} - T_1) \tag{4.18}$$

と表せるのは式 (4.17) からも理解できる．壁を通過する熱量はフーリエの法則から式 (4.8) が適用される．壁を通過した熱量は壁の右側の流体へ放熱されるが，このときの熱伝達率を $\alpha_{\rm out}$ とすると，平板に流入する熱量の場合と同様に次式となる．

$$Q_2 = A\alpha_{\rm out}(T_2 - T_{\rm out}) \tag{4.19}$$

ここでは定常状態を考えているから，図 4.4 における各部分を通過する熱量は等しくなければならない．したがって，次の関係式が得られる．

$$Q = A\alpha_{\rm in}(T_{\rm in} - T_1) = -A\lambda\frac{(T_2 - T_1)}{L} = A\alpha_{\rm out}(T_2 - T_{\rm out}) \tag{4.20}$$

ここで，式 (4.20) の関係式において壁の両面温度 T_1 と T_2 を消去し，壁の両側にある流体温度のみを用いて熱量を表現すると以下のように示される．

$$Q = \frac{A(T_{\rm in} - T_{\rm out})}{\dfrac{1}{\alpha_{\rm in}} + \dfrac{L}{\lambda} + \dfrac{1}{\alpha_{\rm out}}} \tag{4.21}$$

壁の両面温度 T_1，T_2 は，式 (4.21) を式 (4.20) に代入することにより簡単に得られる．上式で $1/\alpha$ は熱伝達抵抗をまた L/λ は式 (4.10) で示したように熱伝導抵抗を表し，

$$\frac{1}{K} = \frac{1}{\alpha_{\rm in}} + \frac{L}{\lambda} + \frac{1}{\alpha_{\rm out}} \tag{4.22}$$

は，これらの抵抗が直列に結ばれた全熱抵抗である．式 (4.22) で示された K を**熱通過率** [W/(m²·K)] といい，熱伝達率と同じ次元をもつ．したがって，伝熱面積 A を単位時間に通過する熱量は熱通過率を用い以下のように示すことができる．

$$Q = AK(T_{\text{in}} - T_{\text{out}}) \tag{4.23}$$

多層平板 (n 枚) における熱通過率は，単層平板の熱抵抗の式 (4.22) に多層平板の熱伝導抵抗を考慮することで以下のようになる．

$$\frac{1}{K} = \frac{1}{\alpha_{\text{in}}} + \frac{L_1}{\lambda_1} + \frac{L_2}{\lambda_2} + \cdots + \frac{L_n}{\lambda_n} + \frac{1}{\alpha_{\text{out}}} \tag{4.24}$$

Q 4.3 図 4.4 において，厚さ 150 mm のコンクリート (熱伝導率：1.2 W/(m·K)) の壁があるとき，単位面積あたり (1 m^2) の通過熱量と両壁面温度を求めよ．ただし，壁左側の室内温度は 25 °C，熱伝達率は 6 W/(m^2·K) であり，右側の戸外温度は -15 °C，熱伝達率は 20 W/(m^2·K) とする．

A 単位面積あたりの通過熱量は式 (4.21) より，

$$Q = \frac{A(T_{\text{in}} - T_{\text{out}})}{\frac{1}{\alpha_{\text{in}}} + \frac{L}{\lambda} + \frac{1}{\alpha_{\text{out}}}} = \frac{25 - (-15)}{\frac{1}{6} + \frac{0.15}{1.2} + \frac{1}{20}} = 117.1 \text{ W}$$

として得られる．
　内表面と外表面壁温度は，式 (4.20) からそれぞれ，

$$T_1 = T_{\text{in}} - \frac{Q}{\alpha_{\text{in}}} = 25 - \frac{117.1}{6} = 5.48 \text{ °C}$$

$$T_2 = T_{\text{out}} + \frac{Q}{\alpha_{\text{out}}} = -15 + \frac{117.1}{20} = -9.15 \text{ °C}$$

を得る．通過する熱量が一定な定常状態においては，熱伝達率の大きな場合，物体表面と流体間の温度差が少ないことがこの計算結果からわかる．

円筒座標において半径方向の熱量 Q は式 (4.14) で示された．円管の内外径を流体が通過し，$T_{\text{in}} > T_{\text{out}}$ の場合，管内流体から管外流体への熱量 Q は次式で示される．

$$Q = \frac{2\pi L(T_{\text{in}} - T_{\text{out}})}{\frac{1}{\alpha_{\text{in}} r_1} + \frac{1}{\lambda} \ln \frac{r_2}{r_1} + \frac{1}{\alpha_{\text{out}} r_2}} \tag{4.25}$$

また，多層円管については，

$$Q = \frac{2\pi L(T_{\text{in}} - T_{\text{out}})}{\frac{1}{\alpha_{\text{in}} r_1} + \frac{1}{\lambda_1} \ln \frac{r_2}{r_1} + \frac{1}{\lambda_2} \ln \frac{r_3}{r_2} + \cdots + \frac{1}{\lambda_n} \ln \frac{r_{n+1}}{r_n} + \frac{1}{\alpha_{\text{out}} r_{n+1}}} \tag{4.26}$$

として通過する熱量を計算することができる．

◆4.2◆ 対流による伝熱

4.2.1 対流伝熱の基本事項

空調機器の熱交換器では，高温あるいは低温の熱源に加熱または冷却すべき空気を強制的に当てて熱移動を行わせている．このように固体表面と流体間に温度差があり，流体の対流による熱移動を対流熱伝達(convection heat transfer) あるいは熱伝達という．対流には，送風機などからの強制対流と流体内の密度差による浮力にもとづく自然対流(自由対流)がある．図 4.5 には，強制対流が行われている際の平板に沿う流体の速度と温度の様子を示す．壁面の近くでは流体の粘性により流速が急激に減少し，壁面では流体の速度は零となる．

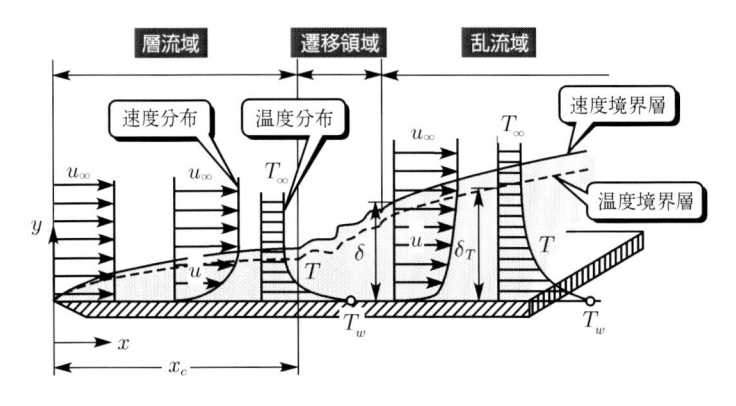

図 4.5 平板に沿う流体の流れ

このように流体の粘性により速度分布が大きく変化する領域を速度境界層 (velocity boundary layer) という．図においてはこの境界層の大きさを δ で表示している．一般には境界層内の流速が主流速度 u_∞ の 99%となる点を取って境界層厚さと定義している．また，平板の前縁からある位置 x_c までは整然とした流れであるが，その下流では境界層の厚さが急激に増大し，流れは不安定になる．前者を層流域，後者を乱流域といい，両者の中間を遷移領域という．層流域における境界層を層流境界層，乱流域における境界層を乱流境界層という．板の前縁からの距離を x とすれば，流体の慣性力 $(0.5\rho u^2)$ と粘性力 $(\mu u/x)$ の比を表す**レイノルズ数** (Reynolds number) $Re_x = u_\infty x/\nu$ がある値に達すると遷移が始まる．平板の場合のこの値は，

$$Re_{xc} = \frac{u_\infty x_c}{\nu} = (3 \sim 5) \times 10^5 \tag{4.27}$$

程度である．ただし，x_c は上述したように遷移点までの距離である．また，図に示したように流体温度は，平板近傍に主流温度 T_∞ から平板表面温度 T_w まで急激に

変化する部分がある．これを流速変化の場合と同様に，温度境界層という．対流熱伝達における熱移動は，境界層内での速度や温度分布と密接な関係がある．このため対流による伝熱現象を解析的に説明するには流体力学的な取り扱いが必要となる．

ここでは，対流熱伝達を考える上でもっとも基本となる基礎方程式である連続の式，運動量方程式，エネルギー方程式を記述する．流体は厳密には三次元状態 (x, y, z 座標) を扱わなければならないが，ここでは図 4.5 に示すような平板に沿った流れを扱い，二次元定常状態について考える．さらに，流体密度や熱伝導率，粘性係数，比熱などの物性値は簡単化のために一定とする．このような仮定のもとで得られる流体の連続の式は，

$$\frac{\partial u}{\partial x} + \frac{\partial v}{\partial y} = 0 \tag{4.28}$$

として表現される．これは，定常状態では微小要素部分に流入する流体の質量は，そこから流出する流体の質量に等しいことを示している．運動量方程式は次式となる．

$$\rho u \frac{\partial u}{\partial x} + \rho v \frac{\partial u}{\partial y} = \mu \frac{\partial^2 u}{\partial y^2} \tag{4.29}$$

これは，微小要素における流体の運動量とこれに加えられる力がつり合っていることを示している．さらに，次式で示されるエネルギー方程式

$$\rho c_p u \frac{\partial T}{\partial x} + \rho c_p v \frac{\partial T}{\partial y} = \lambda \frac{\partial^2 T}{\partial y^2} \tag{4.30}$$

は，流体のエンタルピーの移動と熱移動量のつり合いから求められる．

対流による伝熱を解析するには，上述した三つの基礎方程式を与えられた境界条件で解き，速度分布，温度分布などを求めなければならない．しかし，一般的に解析解は容易には求まらない．いま，流体の温度分布が既知とすると，対流熱伝達における固体－流体間の伝熱量 Q_1 を得るには，フーリェの法則が適用できる．すなわち，固体面上の位置 x における熱量 $Q_1(x)$ は，壁表面の流体温度勾配を用いて次式で与えられる．

$$Q_1(x) = -A\lambda \left(\frac{\partial T}{\partial y}\right)_{y=0} \tag{4.31}$$

また，この熱量は主流温度と壁表面温度が既知であれば，前節で述べたように x での熱伝達率 α_x [W/(m²·K)]（局所熱伝達率という）を用いて次式で記述できる．

$$Q_1(x) = A\alpha_x(T_w - T_\infty) \quad \text{ただし} \quad T_w > T_\infty \tag{4.32}$$

ここで，式 (4.31) と式 (4.32) における両方の熱量は等しいことから，熱伝達率は次式で求められる．

$$\alpha_x = -\lambda \left(\frac{\partial T}{\partial y}\right)_{y=0} \frac{1}{T_w - T_\infty} \tag{4.33}$$

結局，熱伝達率は壁表面の流体温度勾配の大小に直接影響されていることがわかる．しかし，この温度勾配は流れや固体表面の状態により変化し，解析解は限られた場合にしか得られない．このため，流れが単純な場合を除いて各種条件下で実験を行い，それに基づいて熱伝達率を求めている例が多い．

4.2.2 平板に沿う流れの熱伝達

ここでは，境界層内速度と温度分布を多項式で近似し，境界層全体にわたって基礎方程式を積分し，比較的容易に熱伝達率を得ることができるプロフィル法 (積分法) の概略を説明する．ここで扱うプロフィル法は，流れが整然としている層流域を対象としている．図 4.6 に示すような，平板面の任意の位置 x における速度分布と温度分布を三次式で近似する．

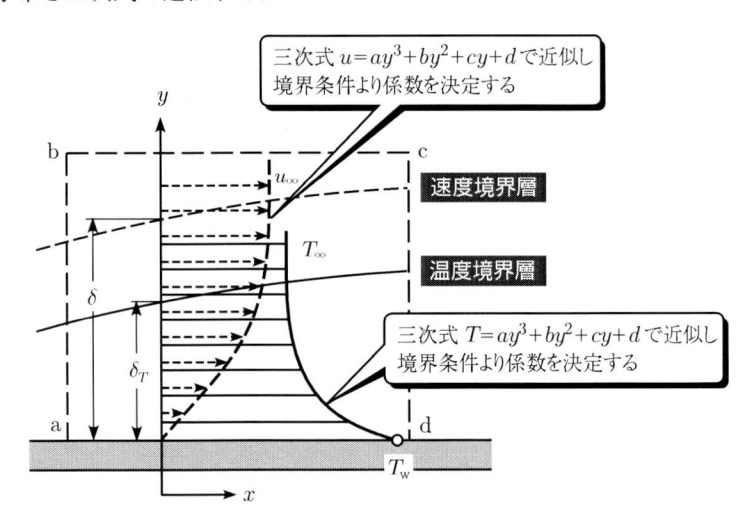

図 4.6 速度境界層と温度境界層

まず，流れと垂直方向に速度分布を y 軸にとり，速度境界層厚さを δ とした場合，速度 u を y についての三次式で近似する．壁面 ($y = 0$) では速度が零 ($u = 0$)，境界層外縁 ($y = \delta$) では速度は主流速度と等しい ($u = u_\infty$) などの境界条件を満足するように係数を決めると，次式の速度分布が得られる．

$$\frac{u}{u_\infty} = \frac{3}{2}\frac{y}{\delta} - \frac{1}{2}\left(\frac{y}{\delta}\right)^3 \tag{4.34}$$

一方,検査面 (a-b-c-d) に働く力の和と運動量の増分を等しいとすると,

$$\frac{d}{dx}\int_0^\delta u(u_\infty - u)dy + \frac{du_\infty}{dx}\int_0^\delta (u_\infty - u)dy = \nu\left(\frac{\partial u}{\partial y}\right)_{y=0} \tag{4.35}$$

となる運動量積分方程式が得られる.式 (4.34) の速度分布を式 (4.35) に代入し,x 方向への圧力勾配がないと仮定して積分することにより,位置 x における層流域の速度境界層厚さ δ は次式のように求められる.

$$\delta = 4.64\sqrt{\frac{\nu x}{u_\infty}} = 4.64\frac{x}{\sqrt{Re_x}} \tag{4.36}$$

ここで,右辺における $Re_x = u_\infty x/\nu$ はレイノルズ数である.式 (4.36) から層流域の速度境界層厚さは,前縁からの距離の平方根に比例して増加していることがわかる.

また,温度分布についても温度境界層内で y 軸に対し三次式で近似し,壁面における温度や主流温度などの境界条件により次のように得ることができる.

$$\frac{T - T_w}{T_\infty - T_w} = \frac{3}{2}\frac{y}{\delta_T} - \frac{1}{2}\left(\frac{y}{\delta_T}\right)^3 \tag{4.37}$$

ただし,δ_T は温度境界層厚さである.運動量積分方程式の場合と同様にエネルギー積分方程式も次式として得られる.

$$\frac{d}{dx}\int_0^{\delta_T}(T_\infty - T)udy = a\left(\frac{\partial T}{\partial y}\right)_{y=0} \tag{4.38}$$

ここで,右辺における $a\ (=\lambda/(\rho c_p))$ は熱拡散率 [m^2/s] とよばれる.式 (4.35),(4.38) に含まれる物性値,すなわち動粘性係数と熱拡散率との比 ($Pr = \nu/a$) を**プラントル数** (Prandtl number) という.プラントル数は,速度場と温度場を結びつける重要な因子である.表 4.2 は,液体と気体のプラントル数を示す.液体のプラントル数は温度依存性が強い.これに対して,気体のプラントル数に対する温度依存性は大きくはなく,その値は 1 以下である.

式 (4.34) の速度分布と式 (4.37) の温度分布を式 (4.38) に代入して整理することにより,平板全面にわたって等温の場合,温度境界層厚さと速度境界層厚さの比がプラントル数により次式で示される.

$$\frac{\delta}{\delta_T} = 1.026 Pr^{\frac{1}{3}} \tag{4.39}$$

表 4.2 液体と気体のプラントル数[66]

物 質	280 K	300 K	320 K
水	10.46	5.85	3.788
メタノール	20.79	15.43	12.05
スピンドル油	130	78.2	52.4
空気	0.720	0.717	0.719
水素	0.708	0.708	0.706
ヘリウム	0.680	0.678	0.676

上式から $Pr=1$ の場合はこの近似解の誤差範囲で温度境界層厚さと速度境界層厚さが一致することがわかる．なお，上式から $Pr>1$ では速度境界層厚さが，また $Pr<1$ では温度境界層厚さが一方の境界層厚さより厚くなることがわかる．

式 (4.33) で与えられた熱伝達率に式 (4.37) の温度分布を代入することで，局所熱伝達率は流体の熱伝導率と温度境界層厚さを用いて次式で示される．

$$\alpha_x = -\lambda\left(\frac{\partial T}{\partial y}\right)_{y=0}\frac{1}{T_w-T_\infty} = \frac{3}{2}\frac{\lambda}{\delta_T} \tag{4.40}$$

温度境界層厚さ δ_T に式 (4.39) と式 (4.36) の関係を用いて書き換えると，任意の x の位置における局所熱伝達率は次式で表現できる．

$$\alpha_x = 0.332\frac{\lambda}{x}Re_x^{\frac{1}{2}}Pr^{\frac{1}{3}} \tag{4.41}$$

これより，熱伝達率を大きくするためには，熱伝導率やプラントル数の大きな流体を用いるか，またはレイノルズ数を大きくすればよいことがわかる．上式両辺に x/λ を乗じて無次元化すると，

$$Nu_x = \frac{\alpha_x x}{\lambda} = 0.332Re_x^{\frac{1}{2}}Pr^{\frac{1}{3}} \tag{4.42}$$

となる．左辺 Nu_x は無次元熱伝達率であり，**ヌッセルト数** (Nusselt number) とよぶ．とくに，任意の位置での値を局所ヌッセルト数という．ヌッセルト数は，熱伝達での移動熱量と静止状態での流体の熱伝導による熱量との比を表している．また，平板の長さを L とした場合の平板全域における平均ヌッセルト数は次のように表せる．

$$Nu = \frac{\alpha L}{\lambda} = 0.664Re^{\frac{1}{2}}Pr^{\frac{1}{3}} \qquad (0.6 < Pr < 15) \tag{4.43}$$

ただし，$Re = u_\infty L/\nu$ である．

平板層流熱伝達で一定熱流束で加熱されている場合，局所ヌッセルト数 Nu_x と平均ヌッセルト数 Nu はそれぞれ次式で示される．

$$Nu_x = 0.458 Re_x^{\frac{1}{2}} Pr^{\frac{1}{3}} \quad (0.5 < Pr) \tag{4.44}$$

$$Nu = 0.916 Re^{\frac{1}{2}} Pr^{\frac{1}{3}} \quad (0.5 < Pr) \tag{4.45}$$

Q 4.4 平板の層流域での平均熱伝達率が局所熱伝達率の 2 倍になることを証明せよ．

A 式 (4.41) の局所熱伝達率 α_x を平板前縁から長さ L まで積分し，全長で除することにより平均の熱伝達率が得られる．

$$\alpha = \frac{1}{L} \int_0^L \alpha_x dx = \frac{1}{L} 0.332 \lambda Pr^{\frac{1}{3}} \left(\frac{u_\infty}{\nu} \right)^{\frac{1}{2}} \int_0^L \frac{dx}{\sqrt{x}} = 0.664 \frac{\lambda}{L} Re^{\frac{1}{2}} Pr^{\frac{1}{3}} = 2\alpha_x$$

すなわち，局所熱伝達率が前縁からの距離の平方根に逆比例する層流域では，平均熱伝達率は局所熱伝達率の 2 倍となることがわかる．

対流熱伝達では，式 (4.43) や式 (4.45) に示されるような無次元関係式を用いて熱伝達率を求め，伝熱量を計算する．この際，流れの状態 (層流か乱流か) を確かめる必要がある．

平板の乱流域における速度境界層厚さは長さ方向位置 x に対し，0.8 乗 (4/5 乗) に比例して増加する．乱流域での無次元熱伝達率[68]は，壁面温度一定の境界条件と一定熱流束の境界条件とも同じ式を用いて適用している．

$$Nu_x = \frac{\alpha x}{\lambda} = 0.0296 Re_x^{\frac{4}{5}} Pr^{\frac{1}{3}} \quad (0.7 < Pr < 120) \tag{4.46}$$

局所ヌッセルト数は式 (4.46) で示されるから，平均ヌッセルト数は Q4.4 の場合と同様に扱うことにより，局所ヌッセルト数の 5/4 倍の値をとる．

$$Nu = \frac{\alpha L}{\lambda} = 0.037 Re^{\frac{4}{5}} Pr^{\frac{1}{3}} \quad (0.7 < Pr < 120) \tag{4.47}$$

なお，熱伝達率やヌッセルト数を算出する際には物性値を考えなければならない．一般には，**膜温度** (主流と壁温度の算術平均温度) を用いて物性値を評価している．

Q 4.5 乱流状態 $Re = 1 \times 10^6$ における平板先端から 1 m の領域の平均熱伝達率を空気と水の場合について求めよ．また，それぞれの流速も求めよ．ただし，温度は 20 °C とし空気の熱伝導率は 0.0256 W/(m·K)，動粘性係数は 0.154×10^{-4} m^2/s，$Pr = 0.71$ であり，水の熱伝導率は 0.602 W/(m·K)，動粘性係数は 1.0×10^{-6} m^2/s，$Pr = 7.09$ である．

A 空気の場合：乱流領域での平均ヌッセルト数を式 (4.47) から算出する．

$$Nu = 0.037 Re^{\frac{4}{5}} Pr^{\frac{1}{3}} = 0.037 \times (10^6)^{\frac{4}{5}} \times (0.71)^{\frac{1}{3}} = 2083$$

平均熱伝達率は次式により求める．

$$\alpha = Nu \frac{\lambda}{L} = 2083 \times \frac{0.0256}{1} = 53.3 \text{ W/(m}^2\text{·K)}$$

なお，$Re = 1 \times 10^6$ における空気の流速は与えられた動粘性係数の値を用いると，$u_m = 15.4$ m/s を得る．また，水の場合も同様にして，

$$Nu = 0.037 Re^{\frac{4}{5}} Pr^{\frac{1}{3}} = 0.037 \times (10^6)^{\frac{4}{5}} \times (7.09)^{\frac{1}{3}} = 4485$$

$$\alpha = Nu \frac{\lambda}{L} = 4485 \times \frac{0.602}{1} = 2700 \text{ W/(m}^2 \cdot \text{K)}$$

を得る．流速も同様にして $u_m = 1$ m/s を得る．同一レイノルズ数においても空気と水の場合，平均熱伝達率が大きく異なることがわかる．流動中の空気の熱伝達率は流速により 10〜250 W/(m^2·K)，水の場合は 250〜5000 W/(m^2·K) のように変化する[69]．

4.2.3 円柱表面の熱伝達

冷凍機や空調機器の熱交換器には，平板ばかりでなく円柱や円管も使用している例が多い．ここでは，円柱の熱伝達の実験式を示す．図 4.7 に示すような円柱に直角によぎる流れを考えると，円柱の背面の熱伝達率はレイノルズ数により複雑に変化する．平均ヌッセルト数を示すと以下のとおりとなる．

$$Nu = \frac{\alpha D}{\lambda} = C Re^n Pr^{0.37} \left(\frac{Pr}{Pr_w} \right)^{0.25} \tag{4.48}$$

ここで $Re = u_\infty D/\nu$ であり，添字 w は壁温の物性値で添字のないのは主流温度の物性値である．C, n はレイノルズ数により異なり，表 4.3 にその値を示す．

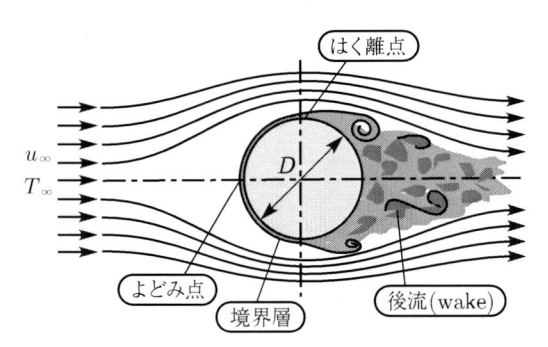

図 4.7 円柱周りの流れ

表 4.3 レイノルズ数による定数と指数の変化

Re	C	n
1〜40	0.75	0.4
40〜1×10^3	0.51	0.5
1×10^3〜2×10^5	0.26	0.6
2×10^5〜1×10^6	0.076	0.7

なお，より限定したレイノルズ数の範囲では，

$$Nu = 0.27Re^{0.6}Pr^{\frac{1}{3}} \quad (10^3 \leq Re \leq 5 \times 10^4) \tag{4.49}$$

として整理しても，式 (4.48) との差は工学的には問題とならない程度である．

4.2.4 円管内の熱伝達

図 4.8 に示すように，管に流入する一様速度の流体は，壁の近傍で減速され最終的には放物線の速度分布となる．境界層が発達し，流体の速度境界層 (図中破線) が管内に充満するまでの領域を助走区間という．この下流では速度境界層は管中心まで達し，速度分布の形は一定となる．このように，速度分布が変わらない状態の流れを管内の発達した流れという．

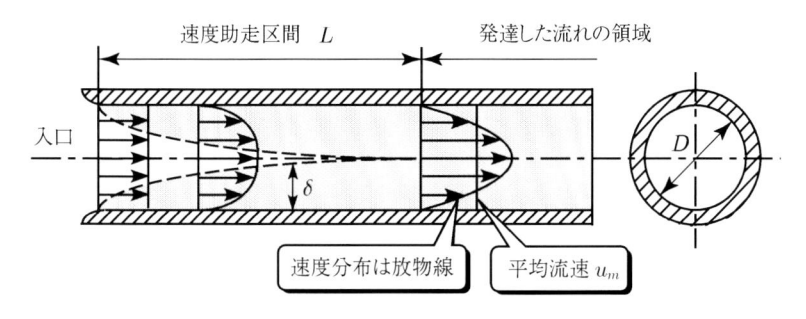

図 4.8 円管内の流速分布

助走区間で層流境界層が続くと，その下流では同じ状態が保持できて乱流の発生とはならない．層流境界層が保たれる臨界レイノルズ数 Re_c は次式の値といわれている．

$$Re_c = \frac{u_m D}{\nu} = 2000 \sim 2300 \tag{4.50}$$

ここで，u_m は管内平均流速であり，D は管内径である．また，層流の助走区間距離 L はレイノルズ数により以下の式で与えられる．

$$\frac{L}{D} = 0.05 \frac{u_m D}{\nu} = 0.05 Re \tag{4.51}$$

管内の発達した流れの領域では，流体の物性値が一定と考えられる場合，速度と温度分布は変化しないから熱伝達率は一定となる．十分に発達した層流領域の無次元局所熱伝達率は次式として示される．

$$Nu = \frac{\alpha D}{\lambda} = 3.66 \tag{4.52}$$

また，管入口から距離 L までの区間の無次元平均熱伝達率は，次式で示される．

$$Nu = 3.66 + \frac{0.0668[Re\,Pr(D/L)]}{1 + 0.04[Re\,Pr(D/L)]^{\frac{2}{3}}} \tag{4.53}$$

図 4.9 は式 (4.53) の計算結果である．図中横軸左側は管入口近傍に相当し，右側は流れが発達した領域に相当しており，平均ヌッセルト数においてもその値は 3.66 に漸近している．

ここで，熱伝達を取り扱う際に必要な温度差について考えてみる．一般に管内の平均熱伝達率は次節で述べる対数平均温度差に対して定義されるが，管入口と出口温度差が小さい場合は

$$\Delta T_m = T_w - \frac{T_{\text{in}} + T_{\text{out}}}{2} \tag{4.54}$$

とする算術平均温度差で近似できる．ただし，T_w，T_{in}，T_{out} はそれぞれ，管壁温度，管入口温度，管出口温度を示す．

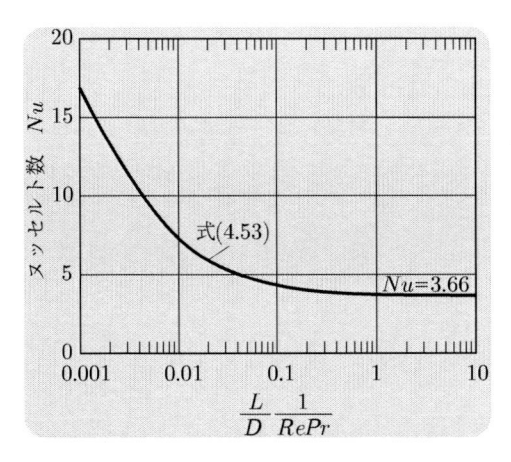

図 4.9 円管内無次元平均熱伝達率

円管内の発達した乱流熱伝達については，流体の物性値が一定と考えられる場合，平均ヌッセルト数は次式で算出できる．

$$Nu = 0.023 Re^{\frac{4}{5}} Pr^{\frac{1}{3}} \tag{4.55}$$

4.2.5 自然対流熱伝達

暖房機のように固体壁温度が流体温度より高い場合，暖房機近傍の流体は加熱されて，離れた周囲の流体より密度が小さくなり軽くなることで浮力が生じる．この浮力により空気が上方に移動し，下方から風を受けたときに生じる強制対流と同様の境界層が生じ，物体からの熱を上方に運ぶことになる．ここで生じる対流を**自然**

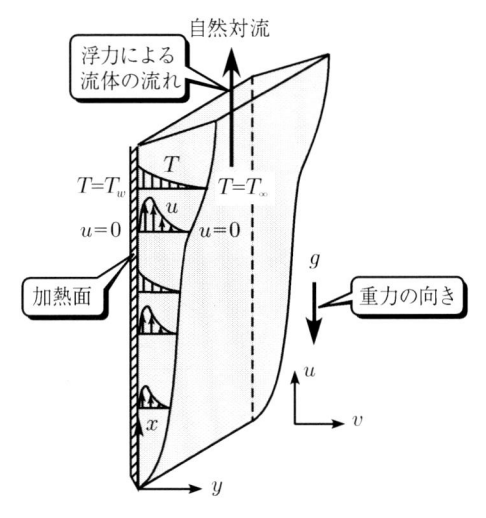

図 4.10 垂直平板の自然対流

対流という．図 4.10 に示すように，垂直加熱平板の場合，平板の下端から境界層が生じる．境界層内の温度分布は壁温度 T_w から周囲温度 T_∞ まで単調減少を示すが，速度分布については，壁と境界層外縁では速度 u が零となっているのが特徴である．自然対流熱伝達では，強制対流熱伝達で定義したレイノルズ数の代わりに，流体の浮力と粘性力の比を表す無次元量である**グラスホフ数** (Grashof number)，

$$Gr = \frac{g\beta(T_w - T_\infty)L^3}{\nu^2} \tag{4.56}$$

を用いて熱伝達を考える．ここで g は重力加速度，β は流体の体膨張係数 (理想気体では $\beta = 1/T_\infty$ [1/K]) である．グラスホフ数は，レイノルズ数と同様に流れの状態を記述する無次元数であり，式 (4.56) における Gr の平方根がほぼ強制対流における Re に相当すると考えてよい．自然対流熱伝達では次式によって無次元熱伝達率を表現するのが一般的である．

表 4.4 定数 C と指数 n の変化

形　状	$Gr\,Pr$	C	n
垂直平板	$10^4 \sim 10^9$	0.59	4
	$10^9 \sim 10^{12}$	0.13	3
水平平板 (上向き面の加熱)	$2 \times 10^4 \sim 2 \times 10^7$	0.54	4
	$2 \times 10^7 \sim 3 \times 10^{10}$	0.14	3
水平平板 (下向き面の加熱)	$3 \times 10^5 \sim 3 \times 10^{10}$	0.27	4
水平円柱	$10^4 \sim 10^8$	0.53	4

$$Nu = C(Gr\,Pr)^{\frac{1}{n}} \tag{4.57}$$

表 4.4 は，各種伝熱面形状に対する式 (4.57) に示した定数 C と指数 n の値を示す．

Q 4.6 周囲温度 30 ℃ の空気中に，110 ℃ に加熱された高さ 140 mm，幅 400 mm の垂直平板片面からの自然対流による放熱量を求めよ．

A 膜温度 70 ℃($= (30+110)/2$) における空気の動粘性係数 $\nu = 2.047 \times 10^{-5}$ m²/s，熱伝導率 $\lambda = 0.0292$ W/(m·K)，プラントル数 $Pr = 0.718$ を用いグラスホフ数を算出する．

$$Gr = \frac{g\beta(T_w - T_\infty)L^3}{\nu^2} = \frac{9.8 \times \dfrac{1}{273+30} \times (110-30) \times 0.14^3}{(2.047 \times 10^{-5})^2}$$
$$= 1.694 \times 10^7$$

表 4.4 から平均ヌッセルト数を計算する．

$$Nu = 0.59(Gr\,Pr)^{\frac{1}{4}} = 0.59 \times (1.694 \times 10^7 \times 0.718)^{\frac{1}{4}} = 34.8$$

平均熱伝達率 α は，

$$\alpha = Nu\frac{\lambda}{L} = 34.8 \times \frac{0.0292}{0.14} = 7.26 \text{ W/(m}^2\text{·K)}$$

したがって，自然対流による放熱量は次式より得ることができる．

$$Q = A\alpha(T_w - T_\infty) = 0.14 \times 0.40 \times 7.26 \times (110 - 30) = 32.5 \text{ W}$$

◆ 4.3 ◆ 熱交換器の伝熱

4.3.1 熱交換器の分類

熱交換器 (heat exchanger) は，その名前のように熱を相互に交換するのではなく，高温の流体から低温の流体へ熱を伝えるための機器である．もっとも有効に熱エネルギーを利用することが熱交換器の目的とするところである．熱交換器は，予熱器，加熱器，蒸発器，再生器，凝縮器，冷却器など用途上は多く分類される．

熱交換器は，流体と流体間に固定隔壁が存在しない直接接触式熱交換器と，固定隔壁が存在する隔壁式熱交換器に分類される．クーリングタワーは細かい水滴がそこを横切る空気により冷却され，熱交換する流体どうしが直接に接触しており，直接接触式熱交換器の例として挙げることができる．また，スターリング冷凍機の再生器は，固体蓄熱材の熱容量を利用する熱交換器であり，隔壁を所有していない．

高温流体，低温流体が固定隔壁で仕切られた隔壁式熱交換器は，熱交換器としてはもっとも一般的な形式のものである．本節では，隔壁式熱交換器を中心に熱移動

の基本を解説する．隔壁式熱交換器では隔壁を挟んでその両面を流体どうしが並行，対向，直交などいずれかの方向に流れる．隔壁の形状として，平板，波状板，二重管など用途に合わせた形状となっている．隔壁式熱交換器で多くみられる例として，図4.11に示した円筒の中に細い管を多数通し，管の内外に高温，低温の流体を流すことで熱交換を行うシェルアンドチューブ式熱交換器がある．熱交換効率向上のため両流体は対向して流れており，管の外側には流速を維持するためバッフルプレートが設けられる．

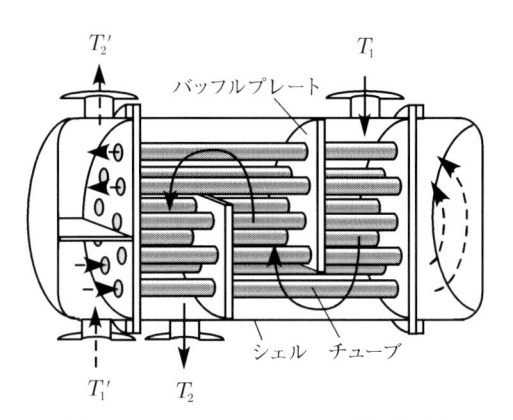

図 4.11 シェルアンドチューブ式熱交換器

4.3.2 熱交換器の特性

隔壁式熱交換器を例に熱交換器の特性を説明する．図4.12に示すように，熱交換を行う高温側と低温側流体の相対的な流れ方向によって，隔壁式熱交換器は並流式と向流式とに分けることができる．並流式熱交換器では高温側，低温側両流体とも図のように同一方向へ並行して流れる形式であり，向流式熱交換器は両流体の流れ方向が対向している形式である．また，二流体が直交する方向に流れる直交流式熱交換器もある．平板と二重管のモデルと温度分布を示した図4.12において，添字 h，c は高温流体と低温流体を，また，添字1，2は入口と出口をそれぞれ示している．たとえば，T_{h2} は高温側流体の出口温度を表している．

熱交換器では，外部への熱損失がなければ，高温流体が失う熱量は低温流体が得る熱量に等しい．この交換熱量は，流体の比熱，出入口温度，質量流量を用いて以下のように示すことができる．

$$Q = c_{ph}G_h(T_{h1} - T_{h2}) = c_{pc}G_c(T_{c2} - T_{c1}) \tag{4.58}$$

ここで，c_{ph}，c_{pc} はそれぞれ高温流体，低温流体の定圧比熱 [kJ/(kg·K)] で，G_h，

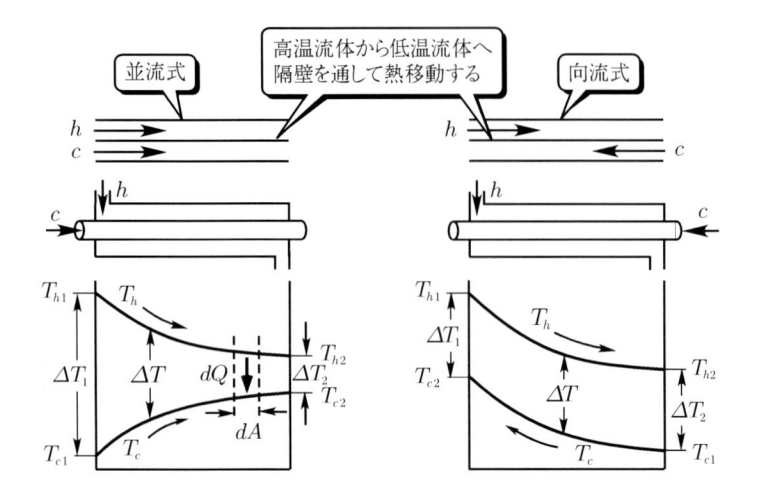

図 4.12 熱交換器の流体温度分布

G_c は高温流体,低温流体の流量 [kg/s] を示している.なお,$c_{ph}G_h$,$c_{pc}G_c$ は一般に水当量とよばれるが熱容量流量ともいう.

ここで扱っている隔壁式熱交換器では,隔壁の両側に流体があり 4.1.3 項で述べたように高温側から低温側流体への移動熱量,すなわち交換熱量は熱通過率を用いて示すことができる.したがって伝熱面積 dA を通じての交換熱量は,以下のように表示できる.

$$dQ = K(T_h - T_c)dA \tag{4.59}$$

ここで,K は**熱通過率**であり,両流体の熱伝達率,隔壁の熱伝導率とその厚さにより定まる.なお,流体の流れ方向位置による熱伝達率は必ずしも一定ではないが,以後,簡単化のために熱伝達率の影響を含んでいる熱通過率を一定として扱うことにする.式 (4.59) を全伝熱面積 A にわたって積分することにより,高温流体から低温流体への移動熱量が次式のように得られる.

$$Q = \int_0^A K(T_h - T_c)dA = KA\left[\frac{1}{A}\int_0^A (T_h - T_c)dA\right] = KA\Delta T_m \tag{4.60}$$

両流体間の温度差は,図 4.12 にみられるように一定ではなく,場所によって異なっているため,上式において温度差 ΔT_m は積分平均値として示されている.ΔT_m は両流体の出入口温度を用いることで以下のようにして得ることができる.

微小面積 dA における両流体間交換熱量とこれに相当するエンタルピー変化は，式 (4.59) と式 (4.58) に対応して次式で示される．

$$dQ = K(T_h - T_c)\,dA = -c_{ph}G_h\,dT_h = \pm c_{pc}G_c\,dT_c \tag{4.61}$$

ここで，エンタルピー変化の項に示される $+$ の符号は並流を，また $-$ の符号は向流を示す．上式を書き換えると，

$$\frac{d(T_h - T_c)}{T_h - T_c} = \frac{d\Delta T}{\Delta T} = -\left(\frac{1}{c_{ph}G_h} \pm \frac{1}{c_{pc}G_c}\right) K\,dA \tag{4.62}$$

となる．上式を全伝熱面積について積分し，熱交換器両端面での流体間温度差を図 4.12 に示すように ΔT_1，ΔT_2 とし，さらに式 (4.58) を用いることで以下の関係式を得る．

$$\ln\frac{\Delta T_2}{\Delta T_1} = -\left(\frac{1}{c_{ph}G_h} \pm \frac{1}{c_{pc}G_c}\right) KA = -\frac{KA}{Q}(\Delta T_1 - \Delta T_2) \tag{4.63}$$

ただし ΔT_1，ΔT_2 は並流，向流により以下の温度差をとる．

並流　$\Delta T_1 = T_{h1} - T_{c1},\ \Delta T_2 = T_{h2} - T_{c2}$ （4.64）

向流　$\Delta T_1 = T_{h1} - T_{c2},\ \Delta T_2 = T_{h2} - T_{c1}$ （4.65）

したがって，式 (4.60) で記述している流体間の平均温度差 ΔT_m は以下のように示される．

$$\Delta T_m = \frac{\Delta T_1 - \Delta T_2}{\ln\dfrac{\Delta T_1}{\Delta T_2}} \tag{4.66}$$

なお，ここで得られた ΔT_m を**対数平均温度差**という．なお，**算術平均温度差** $(\Delta T_1 + \Delta T_2)/2$ を用いても，$\Delta T_1/\Delta T_2$ の値が 1/3〜3 の範囲であれば，両者間の誤差は 10% 以内である．向流式熱交換器でとくに $\Delta T_1 = \Delta T_2$ のとき，平均温度差は次式となり，熱交換器全領域で温度差は変わらない．

$$\Delta T_m = \Delta T_1 = \Delta T_2 \tag{4.67}$$

Q 4.7 流量 2 kg/s の油 (比熱：2.1 kJ/(kg·K)) を 100 ˚C から 44 ˚C まで，流量 5 kg/s の水 (比熱：4.2 kJ/(kg·K)) で冷却する．水の入口温度を 20 ˚C とするとき向流式熱交換器の所要伝熱面積を求めよ．ただし，熱通過率を 600 W/(m²·K) とする．

A 油の放熱量は式 (4.58) より

$$Q = c_{ph}G_h(T_{h1} - T_{h2}) = 2.1 \times 2 \times (100 - 44) = 235\ \text{kW}$$

であるが，これは水の受熱量と等しいから

$$Q = c_{pc}G_c(T_{c2} - T_{c1}) = 4.2 \times 5 \times (T_{c2} - 20) = 235 \text{ kW}$$

となる．これより，水の出口温度は 31.2 °C として求めることができる．なお，熱容量流量 (c_pG) の大きい水の出入口温度差は，熱容量流量の小さい油に比べて少ない．向流式熱交換器における流体出入口における温度差は，

$$\Delta T_1 = T_{h1} - T_{c2} = 100 - 31.2 = 68.8 \text{ °C}$$
$$\Delta T_2 = T_{h2} - T_{c1} = 44 - 20 = 24 \text{ °C}$$

であるから，対数平均温度差は次式から得られる．

$$\Delta T_m = \frac{\Delta T_1 - \Delta T_2}{\ln \frac{\Delta T_1}{\Delta T_2}} = \frac{68.8 - 24}{\ln \frac{68.8}{24}} = 42.5 \text{ °C}$$

したがって，所要伝熱面積は式 (4.60) を用い，

$$A = \frac{Q}{K \Delta T_m} = \frac{234}{0.6 \times 42.5} = 9.2 \text{ m}^2$$

となる．なお，並流式熱交換器については，式 (4.64) で示される出入口の温度差を用いて対数平均温度差を求めると 36.7 °C，また所要伝熱面積は 10.6 m^2 となる．両者を比較すると，向流式熱交換器では温度差を大きくとることができ，その結果伝熱面積を少なくすることが可能となり，熱交換の効率が良いといえる．

4.3.3 熱交換器の温度効率

熱交換器の性能を評価する目安として，理想の交換熱量に対する実際の交換熱量の比を考える．ここで述べた理想の交換熱量とは，二流体間で原理的に可能な最大交換熱量を意味している．これは，両流体のうち熱容量流量 c_pG の小さい流体の温度が，最大で高温流体入口温度と低温流体入口温度の差 $(T_{h1} - T_{c1})$ まで変化可能であることを示している．すなわち，理想の交換熱量 Q_{id} は次式で示される．

$$Q_{id} = (c_pG)_s(T_{h1} - T_{c1}) \tag{4.68}$$

ただし，$(c_pG)_s$ は両流体のうち小さい方の熱容量流量を示す．ここで，式 (4.58) で示した実際の熱交換器での交換熱量との比をとる．

$$\eta = \frac{Q}{Q_{id}} = \frac{c_{ph}G_h(T_{h1} - T_{h2})}{(c_pG)_s(T_{h1} - T_{c1})} = \frac{c_{pc}G_c(T_{c2} - T_{c1})}{(c_pG)_s(T_{h1} - T_{c1})} \tag{4.69}$$

上式が熱交換器の熱効率，すなわち，最大伝熱量と実際の交換熱量の比を示している．ここで，両流体のうち熱容量流量が大きい方は最大温度差 $(T_{h1} - T_{c1})$ をもちろんとれない．式 (4.69) において $(c_pG)_s$ が高温流体または低温流体の場合，それぞれ以下のように温度のみで熱交換器の熱効率を表示でき，

$(c_p G)_s = c_{ph} G_h$ のとき $\quad \eta = \dfrac{T_{h1} - T_{h2}}{T_{h1} - T_{c1}}$ \hfill (4.70)

$(c_p G)_s = c_{pc} G_c$ のとき $\quad \eta = \dfrac{T_{c2} - T_{c1}}{T_{h1} - T_{c1}}$ \hfill (4.71)

と示すことができる．これらの式は，上述したように熱交換器の熱効率を意味しており，二流体間の最大温度差と流体の出入口温度差との比で表していることから，**温度効率** (temperature efficiency) とよぶ．ここで得られた温度効率の式は並流式，向流式いずれの場合も成り立つ．

熱交換器の温度効率に影響をおよぼす要素として，実際の交換熱量を導く際に検討した伝熱面積，熱通過率や熱容量流量が挙げられる．したがって，温度効率とこれらの関係について検討する．たとえば，高温流体の熱容量流量が低温流体より小さい場合を示す式 (4.70) について検討する．並流式熱交換器において，式 (4.63) を書き換えると，

$$\frac{\Delta T_2}{\Delta T_1} = \frac{T_{h2} - T_{c2}}{T_{h1} - T_{c1}} = \exp\left[-KA\left(\frac{1}{c_{ph}G_h} + \frac{1}{c_{pc}G_c}\right)\right] \tag{4.72}$$

となる．ここで，温度 T_{c2} については式 (4.58) の関係を用いて，式 (4.72) を書き換えると，

$$\frac{T_{h1} - T_{h2}}{T_{h1} - T_{c1}} = \frac{1 - \exp\left[-\dfrac{KA}{c_{ph}G_h}\left(1 + \dfrac{c_{ph}G_h}{c_{pc}G_c}\right)\right]}{1 + \dfrac{c_{ph}G_h}{c_{pc}G_c}} \tag{4.73}$$

となり，温度効率の式 (4.70) が伝熱面積，熱通過率や熱容量流量などで表現することが可能となった．同様に，低温流体の熱容量流量が小さい場合を示す式 (4.71) も，

$$\frac{T_{c2} - T_{c1}}{T_{h1} - T_{c1}} = \frac{1 - \exp\left[-\dfrac{KA}{c_{pc}G_c}\left(1 + \dfrac{c_{pc}G_c}{c_{ph}G_h}\right)\right]}{1 + \dfrac{c_{pc}G_c}{c_{ph}G_h}} \tag{4.74}$$

という関係を得る．ここで，式 (4.73), (4.74) の交換熱量と熱容量流量との関係を示す $KA/c_{ph}G_h$ や $KA/c_{pc}G_c$ は**伝熱単位数** (number of transfer unit) とよばれ，NTU として表示される．式 (4.73), (4.74) において，両流体の熱容量流量の小さい方を $(c_p G)_s$ とし，他方を $(c_p G)_l$ で表すと，並流式熱交換器の温度効率は次式で示すことができる．

$$\eta = \frac{1 - \exp\left[-NTU_s\left(1 + \frac{(c_p G)_s}{(c_p G)_l}\right)\right]}{1 + \frac{(c_p G)_s}{(c_p G)_l}} \tag{4.75}$$

ただし，$NTU_s = KA/(c_p G)_s$ である．いま，両流体の熱容量流量が等しいとき，すなわち，$(c_p G)_s = (c_p G)_l$ では，並流式熱交換器の温度効率は簡単化されて次式で表現できる．

$$\eta = \frac{1 - \exp(-2NTU_s)}{2} \tag{4.76}$$

$NTU_s \to \infty$ のとき，すなわち伝熱面積または熱通過率がきわめて大きくなると，式 (4.76) から温度効率は 0.5 となる．並流式では，両流体の流入熱量の 1/2 が最大可能な交換熱量となる．図 4.13 には式 (4.75) から得られる並流式熱交換器の温度効率を示す．

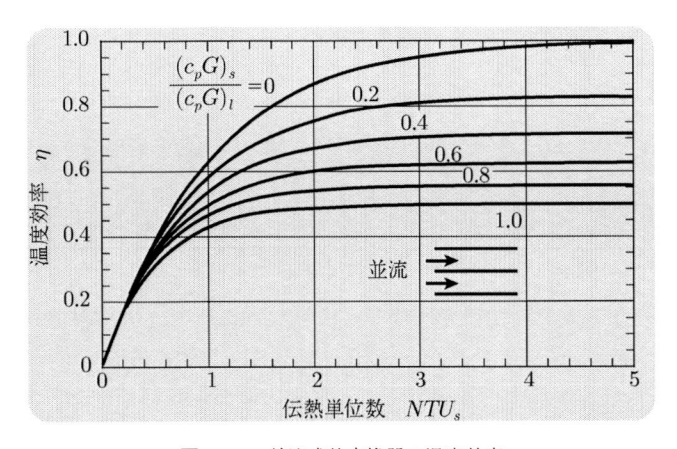

図 4.13 並流式熱交換器の温度効率

向流式熱交換器の場合も同様に，温度効率を得ることができる．熱交換器両端の温度差は式 (4.65) を用いる．結局，向流式熱交換器の温度効率は次式となる．

$$\eta = \frac{1 - \exp\left[-NTU_s\left(1 - \frac{(c_p G)_s}{(c_p G)_l}\right)\right]}{1 - \frac{(c_p G)_s}{(c_p G)_l}\exp\left[-NTU_s\left(1 - \frac{(c_p G)_s}{(c_p G)_l}\right)\right]} \tag{4.77}$$

向流式熱交換器で熱容量流量が等しい場合の温度効率は次式で示される．

$$\eta = \frac{NTU_s}{1 + NTU_s} \tag{4.78}$$

向流式熱交換器では $NTU_s \to \infty$ となると温度効率は 1.0 に漸近する．図 4.14 には式 (4.77) から得られる向流式熱交換器の温度効率を示す．

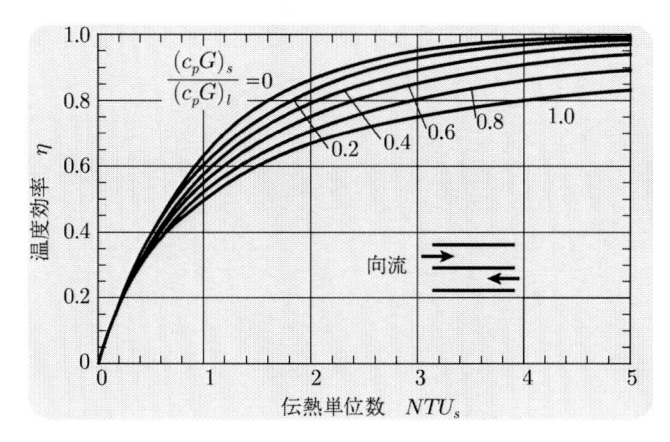

図 4.14 向流式熱交換器の温度効率

温度効率が求まれば，熱交換器の熱効率または温度効率の定義から実際の交換熱量は次式により算出することができる．

$$Q = \eta (c_p G)_s (T_{h1} - T_{c1}) \tag{4.79}$$

Q 4.8 伝熱面積 $1.8\ \mathrm{m}^2$ の向流式熱交換器において，流量 $0.4\ \mathrm{kg/s}$ で入口温度 $80\ ^\circ\mathrm{C}$ の高温流体油 (比熱：$2.1\ \mathrm{kJ/(kg \cdot K)}$) と流量 $0.4\ \mathrm{kg/s}$ で入口温度 $30\ ^\circ\mathrm{C}$ の低温流体水 (比熱：$4.2\ \mathrm{kJ/(kg \cdot K)}$) が熱交換したときのそれぞれの流体の出口温度と交換熱量を求めよ．ただし，熱通過率は $1500\ \mathrm{W/(m^2 \cdot K)}$ とする．

A 伝熱面積，熱通過率が既知であるため熱容量流量を得ることにより伝熱単位数を求め，温度効率を算出する．つぎに，温度効率と流体温度との関係式を利用して出口温度を求めることにより交換熱量を算出する．まず，問題より両流体の熱容量流量を求める．

$$c_{ph} G_h = 2.1 \times 0.4 = 0.84\ \mathrm{kW/K}$$

$$c_{pc} G_c = 4.2 \times 0.4 = 1.68\ \mathrm{kW/K}$$

これより，高温流体油が低温流体水に比べて熱容量流量が小さいから，$(c_p G)_s = c_{ph} G_h$，$(c_p G)_l = c_{pc} G_c$ である．さらに，$(c_p G)_s / (c_p G)_l = 0.5$ となる．また伝熱単位数は，

$$NTU_s = \frac{KA}{(c_p G)_s} = \frac{1.5 \times 1.8}{0.84} = 3.21$$

である．したがって，温度効率は式 (4.77) から $\eta = 0.89$ と算出できる．高温流体油出口温度は式 (4.70) を用い，

$$T_{h2} = T_{h1} - \eta (T_{h1} - T_{c1}) = 80 - 0.89 \times (80 - 30) = 35.5\ ^\circ\mathrm{C}$$

であり，交換熱量は式 (4.79) より，

$$Q = \eta(c_p G)_s (T_{h1} - T_{c1}) = 0.89 \times 0.84 \times (80 - 30) = 37.4 \text{ kW}$$

である．また，低温流体水出口温度は式 (4.58) を用い，

$$T_{c2} = T_{c1} + \frac{Q}{c_{pc} G_c} = 30 + \frac{37.4}{1.68} = 52.3 \text{ °C}$$

を得る．本例題のように流量や入口または出口温度どちらかが既知の場合，温度効率から交換熱量や各温度を算出できる．

隔壁式熱交換器では NTU の値は，一般に 10 以下であるが，蓄熱式熱交換器であるスターリング冷凍機の再生器の NTU は 100 以上となる．これにともない，温度効率もきわめて大きく 1.0 に近い値となる．このことがスターリング冷凍機の熱効率が高い理由となる．ただし，この場合流動抵抗も高くなるため，如何にして流動抵抗が低く，温度効率の高い再生器を設計するかが課題となっている．

熱交換器の性能としては，伝熱特性については温度効率が重要であるが，さらに流路を通過する流体の流動抵抗も考慮しなければならない．一般的に，温度効率が大きくなれば流動抵抗も増加する．また，長期間の熱交換器の使用により，伝熱面にさびやスケール，微生物などが発生して熱抵抗が増加し，伝熱性能が減少する．この場合に伝熱面上の熱抵抗すなわち汚れ係数[70]を含めて熱通過率を決定する必要がある．

4.3.4 フィンの伝熱

一般に，物体からの放熱を促進させるには，熱伝達率または伝熱面積を増加させることが望まれる．熱交換器において，熱交換すべき流体の一方が気体の場合，気体側の熱伝達率が一般的に液体に比較して小さいため，気体側にフィンを設けて伝熱面積を大きくとる工夫をしているものがある．いま，図 4.15 に示すように温度

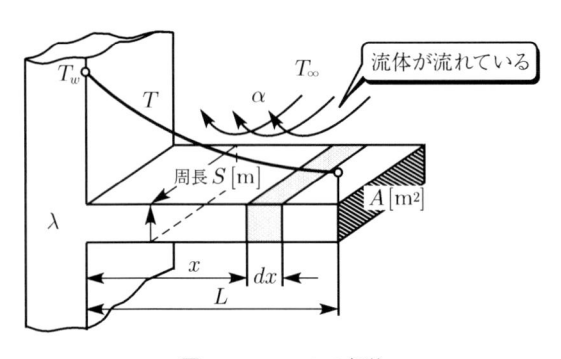

図 4.15 フィンの伝熱

T_w の基板壁面にフィンを設けると，フィン温度 T はフィンの先端に向かって下がる．したがって，周囲との温度差は先端にいくほど減少し，フィンからの放熱量が減少する．ここで，フィンの性能を考えてみる．いま，フィン全領域の温度が基板壁面温度 T_w である理想的なフィンを考える．これに対して実際のフィンからの放熱量との比を**フィン効率**と定義し，次式で表す．

$$\eta = \frac{実際のフィンからの放熱}{フィン全体が基板温度とした理想フィンからの放熱}$$

$$= \frac{\int_0^L \alpha S(T - T_\infty)dx}{\alpha SL(T_w - T_\infty)} \tag{4.80}$$

フィンの温度は，x 方向のみに変化する一次元とする．図において，長さ dx の微小体積要素における熱のつり合いから微分方程式を導くと次式となる．

$$\frac{d^2T}{dx^2} = \frac{\alpha S}{\lambda A}(T - T_\infty) \tag{4.81}$$

ここで，A と S は x 軸と直交するフィン断面積と断面の周長を示す．次の境界条件

$$\begin{aligned} x = 0: & \quad T = T_w \\ x = L: & \quad dT/dx = 0 \end{aligned} \tag{4.82}$$

を適用することにより，フィンの温度分布は次式となる．

$$\frac{T - T_\infty}{T_w - T_\infty} = \frac{e^{m(L-x)} + e^{-m(L-x)}}{e^{mL} + e^{-mL}} = \frac{\cosh m(L-x)}{\cosh mL} \tag{4.83}$$

ただし，上式における m は次式で熱伝達率や熱伝導率，フィン寸法と関係づけられる．

$$m = \sqrt{\frac{\alpha S}{\lambda A}} \tag{4.84}$$

上式で得られる温度分布を用い，フィンからの放熱量を求めると，

$$Q = \alpha S \int_0^L (T - T_\infty)dx = \frac{\alpha S}{m}(T_w - T_\infty)\tanh mL \tag{4.85}$$

を得る．したがって，式 (4.80) で定義したフィン効率は，

$$\eta = \frac{\int_0^L \alpha S(T - T_\infty)dx}{\alpha SL(T_w - T_\infty)} = \frac{1}{mL}\tanh mL \tag{4.86}$$

で与えられる．なお，フィン長さ L が十分に長く $L \to \infty$ を考えるとフィン効率は次のように簡単化される．

$$\eta = \frac{1}{mL} \tag{4.87}$$

図 4.16 は，式 (4.86) と式 (4.87) より得られたフィン効率を示す．横軸の mL の値が 2 以上になると両式による差異がみられない．

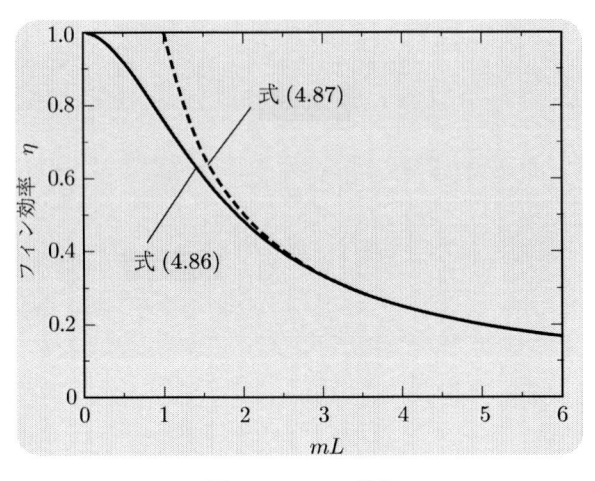

図 4.16 フィン効率

Q 4.9 アルミニウム製 (熱伝導率：237 W/(m·K)) 長方形断面 (幅 80 mm，厚さ 2 mm) をもつ高さ $L = 50$ mm のフィンからの放熱量を求めよ．ただし，平面壁表面温度は 120 °C，外気温度 20 °C，フィン表面における熱伝達率は 60 W/(m²·K) とする．

A フィンからの放熱量を求める式 (4.85) において，

$$m = \sqrt{\frac{\alpha S}{\lambda A}} = \sqrt{\frac{60 \times 2 \times (0.08 + 0.002)}{237 \times 0.08 \times 0.002}} = 16.1$$

であるから，フィン効率は，

$$\eta = \frac{1}{mL} \tanh mL = \frac{0.667}{16.1 \times 0.05} = 0.83$$

となる．したがって，フィンからの放熱量は次式となる．

$$\begin{aligned} Q &= \frac{\alpha S}{m}(T_w - T_\infty) \tanh mL \\ &= \frac{60 \times 2 \times (0.08 + 0.002)}{16.1} \times (120 - 20) \times 0.667 = 40.8 \text{ W} \end{aligned}$$

◆ 4.4 ◆ 凍結における伝熱

4.4.1 凍結量計算の基礎理論

多くの液体のうち我々のもっとも身近な液体である水は，特殊な場合 (たとえば過冷却) を除いて 0 °C で凍結し氷となる．水の凍結は液相 (水) と固相 (氷) との境界面において水が潜熱を放出し，氷に相変化する伝熱現象である．蒸発のように液体から気体へ，または凍結のように液体から固体へ相変化する伝熱現象では，境界面における潜熱を含めた熱量のつり合いを考えることが重要となってくる．

図 4.17 に示すような水の凍結の伝熱状態を考えてみる．いま，温度 T_w の冷却した壁に沿って温度 T_∞ の水が流れており，凍結温度 T_f で凍結が上方に進行しているとする ($T_\infty > T_f > T_w$)．凍結を伝熱の立場から考える場合，凍結の進行を緩慢なものとみなし，準定常状態として取り扱うのが一般的である．すなわち，凍結の初期では凍結速度が比較的に速いため非定常的な扱いが必要となるが，凍結が進行すると凍結の進行が緩慢となるからである．このように凍結ばかりでなく，蒸発現象をともなう乾燥も準定常状態として解析する場合が多いが，このように行っても充分に相変化の伝熱現象を扱うことが可能である．

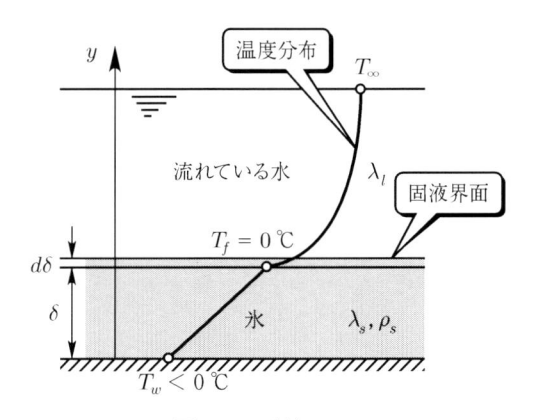

図 4.17 凍結モデル

したがって，本節では準定常状態として凍結の進行状態を検討する．固液界面 ($y = \delta$) である凍結位置が dt 時間に上方に $d\delta$ だけ移動すると，固液界面においては以下の熱量のつり合いが生じている．

$$\lambda_l \left(\frac{\partial T}{\partial y}\right)_{y=\delta} dt + \rho_s h_L d\delta = \lambda_s \left(\frac{\partial T}{\partial y}\right)_{y=\delta} dt \tag{4.88}$$

ここで，λ_l, λ_s はそれぞれ液体 (水)，固体 (氷) の熱伝導率 [W/(m·K)]，ρ_s は氷の密

度 [kg/m³] であり，h_L は凝固熱 [J/kg] である．式 (4.88) 左辺第 1 項は水側から固液界面への伝導熱量であり，第 2 項は固液界面が $d\delta$ だけ移動した際に凍結量 ($\rho_s d\delta$) が放出した潜熱量 (凝固熱) を示している．また，右辺項は氷側への伝導熱量を示している．上式を各種条件で解くことにより時間的な凍結量や凍結厚さが求められる．

4.4.2 水平面や円管内の凍結

(1) 水平面の凍結　単純化したモデルで凍結の進行状態を検討してみる．図 4.18 に示すように，0 ℃ の静止水の下部に表面温度が T_w ($<$ 0 ℃) の冷却板が設けられている．

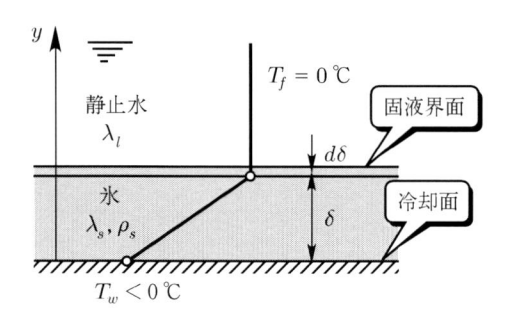

図 4.18 水平面の凍結

水側での熱移動がない状態を考えると，固液界面で発生する凝固熱が氷中の熱伝導により低温壁面に流れ去ることになる．したがって，固液界面における熱のつり合いは，式 (4.88) の左辺第 1 項を除いた形となり次式で示される．

$$\rho_s h_L \frac{d\delta}{dt} = \lambda_s \frac{0 - T_w}{\delta} \tag{4.89}$$

ここで，左辺は凝固による発生熱量を示しており，右辺は界面から熱伝導で除去される熱量である．式 (4.89) を積分し，$t=0$ で $\delta=0$ とすると積分定数は $C=0$ となる．したがって，凍結厚さ δ は凍結時間 t と以下の関係で示される．

$$\delta^2 = -2 \frac{\lambda_s T_w}{\rho_s h_L} t \tag{4.90}$$

Q 4.10 図 4.18 において冷却板の表面温度が -5 ℃ のとき，凍結厚さが下部から 5 mm と 10 mm に達するまでの時間を求めよ．ただし，氷の物性値は以下のとおりとする．$\rho_s = 917$ kg/m³，$\lambda_s = 2.2$ W/(m·K)，$h_L = 333.6$ kJ/kg．

A 式 (4.90) を用い，凍結時間は次式で示される．

$$\delta = 5 \text{ mm}: \quad t = -\frac{\delta^2}{2} \frac{\rho_s h_L}{\lambda_s T_w} = -\frac{0.005^2}{2} \times \frac{917 \times 333.6 \times 10^3}{2.2 \times (-5)} = 347.6 \text{ s}$$

$$\delta = 10 \text{ mm}: \quad t = -\frac{\delta^2}{2}\frac{\rho_s h_L}{\lambda_s T_w} = -\frac{0.01^2}{2} \times \frac{917 \times 333.6 \times 10^3}{2.2 \times (-5)} = 1391 \text{ s}$$

凍結厚さが2倍に成長するには4倍の時間がかかることがわかる．

（2）円管内の凍結 図4.19に示すように，半径 r_w の円筒容器の外壁温度を T_w (< 0 °C) 一定に保ち，内部の 0 °C の水を凍結する場合を考える．

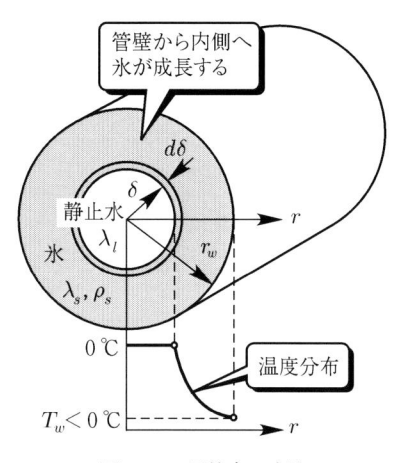

図 4.19 円管内の凍結

この場合，固液界面で発生する凝固熱は，氷中の熱伝導により低温壁面に流れ去る．界面の半径が δ ($T_f = 0$ °C) のとき，氷中の温度分布は，4.1節の式 (4.13) により

$$T = T_w \frac{\ln(r/\delta)}{\ln(r_w/\delta)} \tag{4.91}$$

となる．ここで，時間 dt の間の界面半径の変化量を $d\delta$ (減少するため $d\delta < 0$) とすると，界面における熱量のつり合いは次式となる．

$$-\rho_s h_L 2\pi\delta d\delta = -\lambda_s \left(\frac{\partial T}{\partial r}\right)_{r=\delta} 2\pi\delta dt \tag{4.92}$$

ここで，左辺は凝固による発生熱量であり，右辺は界面から低温壁面へ熱伝導で除去される熱量である．式 (4.92) 右辺の温度勾配は式 (4.91) を代入することにより，

$$\left(\frac{\partial T}{\partial r}\right)_{r=\delta} = \frac{1}{\delta}\frac{T_w}{\ln(r_w/\delta)} \tag{4.93}$$

となるから，式 (4.92) は次式となる．

$$\delta \ln\left(\frac{r_w}{\delta}\right) d\delta = \frac{\lambda_s T_w}{\rho_s h_L} dt \tag{4.94}$$

上式を積分し，凍結は円管内壁から進行する場合を検討しているから，$t = 0$ で $\delta = r_w$ として積分定数を決めれば界面半径は次式となる．

$$\left(\frac{\delta}{r_w}\right)^2 \left[1 - \ln\left(\frac{\delta}{r_w}\right)^2\right] = 1 + \frac{4}{r_w^2}\frac{\lambda_s T_w}{\rho_s h_L}t \tag{4.95}$$

ここで，氷が円管中心に達するまでの時間を t_0 とすると，上式で $\delta \to 0$ とすることにより t_0 は以下の関係式から得ることができる．

$$t_0 = -\frac{r_w^2}{4}\frac{\rho_s h_L}{\lambda_s T_w} \tag{4.96}$$

Q 4.11 図 4.19 において円管表面温度が $-5\,°C$ で円筒半径が 10 mm のとき，氷が半径 5 mm と円管中心まで達する時間を求めよ．ただし，氷の物性値は以下のとおりとする．$\rho_s = 917\ \text{kg/m}^3$, $\lambda_s = 2.2\ \text{W/(m·K)}$, $h_L = 333.6\ \text{kJ/kg}$.

A 氷が半径 5 mm に到達する時間は，式 (4.95) より以下のとおりとなる．

$$t = \frac{r_w^2}{4}\frac{\rho_s h_L}{\lambda_s T_w}\left\{\left(\frac{\delta}{r_w}\right)^2 \times \left[1 - \ln\left(\frac{\delta}{r_w}\right)^2\right] - 1\right\}$$

$$= \frac{0.01^2}{4} \times \frac{917 \times 333.6 \times 10^3}{2.2 \times (-5)} \times \left\{\left(\frac{0.005}{0.01}\right)^2 \times \left[1 - \ln\left(\frac{0.005}{0.01}\right)^2\right] - 1\right\} = 280\ \text{s}$$

氷が円管中心までに達する時間は式 (4.96) を用いて以下のとおりとなる．

$$t_0 = -\frac{r_w^2}{4}\frac{\rho_s h_L}{\lambda_s T_w} = -\frac{0.01^2}{4} \times \frac{917 \times 333.6 \times 10^3}{2.2 \times (-5)} = 695\ \text{s}$$

Q4.10 と比較すると，円管内凍結では円管中心 (10 mm) までの到達時間は水平面凍結の 1/2 の時間となっている．

なお，0 °C の静止水中に設置された円管外周の凍結問題も同様の取り扱いで解くことができる．

ちょっと横道

◇凍結速度を調整してきれいな氷を！

凍結速度は，その用途によって決定する必要があります．液体に不純物が混入しているスラリーなどの凍結では，凍結速度が速いと不純物も同時に凍結されます．凍結速度を緩慢にすると液体のみ凍結して不純物は液体側に押し出され，比較的清純な氷を精製することができます．この性質を利用すると，たとえば汚泥を凍結させて泥と水分とを分離することができます．

◆ 演 習 問 題 ◆

4.1 厚さ 50 mm のレンガ壁 (熱伝導率：0.41 W/(m·K)) の一面が 460 °C 一定に保たれ，他面が 25 °C の外気にさらされている．外気流体の熱伝達率が 10 W/(m²·K) と 40 W/(m²·K) のときの外壁温度と単位面積あたり (1 m²) の通過熱量を求めよ．

4.2 20 °C の空気が流速 3 m/s の速度で 80 °C の平板 (幅 0.4 m，長さ 0.8 m) に沿って流れている．平板から流体への伝熱量を求めよ．ただし，空気の熱伝導率は 0.0278 W/(m·K)，動粘性係数は 0.185×10^{-4} m²/s，$Pr = 0.71$ である．

4.3 80 °C の温水が内径 40 mm, 肉厚 10 mm, 長さ 1.5 m の鋼管 (熱伝導率：54 W/(m·K)) 内に流れており，鋼管の外部には 20 °C の液体が流れている．温水側と液体側の熱伝達率がそれぞれ 1200 W/(m²·K)，300 W/(m²·K) のときの移動熱量を求めよ．

4.4 演習問題 4.3 において円管内温水の熱伝達率が 1200 W/(m²·K) を満足する温水の管内平均流速と流量を求めよ．ただし，80 °C における水の熱伝導率は 0.672 W/(m·K)，動粘性係数は 0.368×10^{-6} m²/s，密度は 972 kg/m³ また $Pr = 2.23$ とする．

4.5 演習問題 4.3 において，高温水と低温液体の入口温度をそれぞれ 80 °C, 20 °C とし，熱交換器各流体の出口温度を求めよ．ただし，高温水の流量は演習問題 4.4 の結果を用い，高温水比熱は 4.2 kJ/(kg·K) として，低温液体の熱容量流量を 0.50 kW/K とする．

付図　R134aのモリエ線図[71]

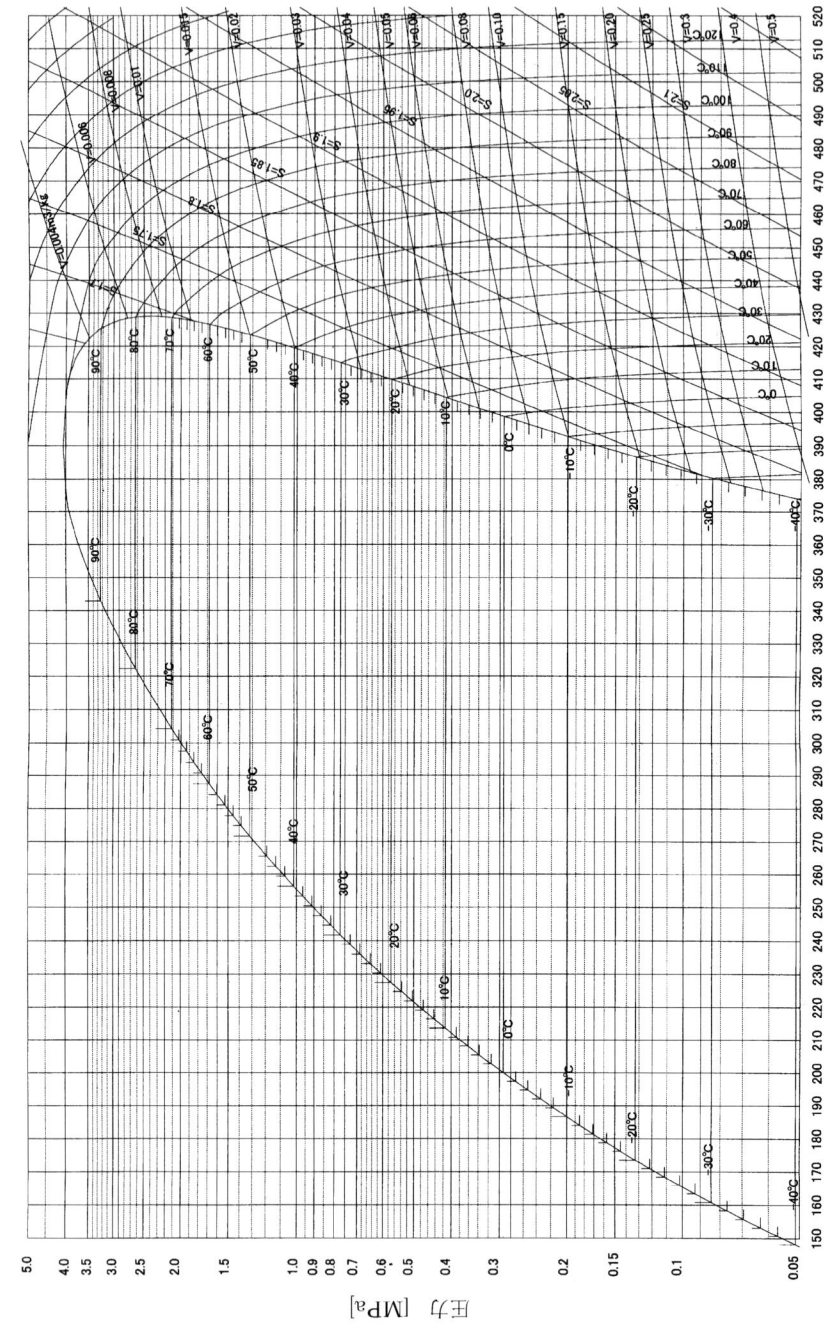

演習問題略解

第1章

1.1 モリエ線図より，$h_1 = 404$ kJ/kg, $h_2 = 426$ kJ/kg, $h_4 = 264$ kJ/kg であるから，COP は 6.36 となる．冷媒循環量 G [kg/s] は，$G \times (404 - 264) = 2$ より $G = 0.0143$ kg/s となる．

1.2 モリエ線図より，過冷却度が 5 ℃ である場合，$h_1 = 404$ kJ/kg, $h_2 = 426$ kJ/kg, $h_4 = 256$ kJ/kg であるから COP は 6.73 となる．過熱度が 5 ℃ である場合は，$h_1 = 409$ kJ/kg, $h_2 = 431$ kJ/kg, $h_4 = 264$ kJ/kg であるから COP は 6.59 となる．

1.3 中間の圧力は 0.35 MPa となるので，図 1.14 の記号を用いて各点の比エンタルピーを求めると，$h_5 = 401$, $h_2 = 426$, $h_3 = 264$, $h_6 = 207$, $h_8 = 383$（すべて単位は kJ/kg）となる．COP は式 (1.36) より 3.30 となる．冷凍効果は式 (1.33) より 124.3 kJ/kg となるから，式 (1.5) より $G = 2 \times 3.861/124.3 = 0.062$ kg/s となる．

1.4 圧縮機モータへの入力を w_0 [J/kg] とすると，作動ガス圧縮仕事 w [J/kg] との関係は $w_0 \times 0.8 \times 0.85 = w$ となるから，正味の COP は $\varepsilon_R = 6.36 \times 0.8 \times 0.85 = 4.32$ となる．

1.5 スターリングサイクルの理論 COP は式 (1.46) を用いて，$(-10+273.15)/[45-(-10)] = 4.78$ となる．R134a を用いたサイクルは，モリエ線図より $h_1 = 393$ kJ/kg, $h_2 = 429$ kJ/kg, $h_4 = 264$ kJ/kg であるから，COP は 3.58 となる．

第2章

2.1 冷凍機の冷媒循環量は $G = W/(h_2' - h_1) = 0.263$ kg/s となる．理論ピストン押しのけ量は $V = (\pi D^2/4) \times LZ \times (n/60) = 0.0452$ m^3/s．よって体積効率は $\eta_v = Gv/V = 0.722$．理論断熱圧縮効率は $W_{th} = G(h_2 - h_1) = 8.65$ kJ/s であるから，全断熱効率は $\eta_{tad} = W_{th}/W = 0.676$ となる．

2.2 冷凍能力は $Q_e = G(h_1 - h_4) = 41.87$ kJ/s であるから，凝縮熱量は $Q_c = Q_e + W = 54.67$ kJ/s となる．COP は $\varepsilon = Q_e/W = 3.27$ となる．

2.3 凝縮熱量は $Q_c = G(h_1 - h_2) = 28.83$ kJ/s である．冷媒と冷却水の算術平均温度差は $\Delta T_m = (\Delta T_1 + \Delta T_2)/2 = 7.5$ K であり，伝熱面積は，$A = Q_c/(K\Delta T_m) = 4.52$ m^2 となるので，冷却水流量は $q_w = Q_c/[\rho_w c_w (T_{w2} - T_{w1})] = 0.00139$ m^3/s となる．

2.4 フィンコイル蒸発器の対数平均温度差は $\Delta T_{m1} = (\Delta T_1 - \Delta T_2)/\ln(\Delta T_1/\Delta T_2) =$

11.43 K，算術平均温度差は $\Delta T_{m2} = [(18-5)+(15-5)]/2 = 11.50$ K となり，フィンコイル蒸発器の伝熱計算に上記の算術平均温度差を用いた場合の誤差は，$(\Delta T_{m2} - \Delta T_{m1})/\Delta T_{m1} \times 100 = 0.61\%$ となる．一方，シェルアンドチューブ蒸発器の対数平均温度差は，$\Delta T_{m1} = (\Delta T_1 - \Delta T_2)/\ln(\Delta T_1/\Delta T_2) = 5.81$ K，算術平均温度差は $\Delta T_{m2} = 6.50$ K となり，シェルアンドチューブ蒸発器の伝熱計算に上記の算術平均温度差を用いた場合の誤差は，$(\Delta T_{m2} - \Delta T_{m1})/\Delta T_{m1} \times 100 = 11.88\%$ となる．

フィンコイル蒸発器の $\Delta T_1/\Delta T_2$ は 1.3，シェルアンドチューブ蒸発器の $\Delta T_1/\Delta T_2$ は 3.3 であり，$\Delta T_1/\Delta T_2$ の値が大きくなると両平均温度差の差が大きくなる．一般に平均熱通過率 K の値は対数平均温度差を用いて計算されているので，$\Delta T_1/\Delta T_2 > 2$ の場合には対数平均温度差を用いた方がよい．

第3章

3.1 図 A において，x_2 から x_1 に減湿し，23 °C から 18 °C に冷却すれば良いわけであるが，実際にはそのような冷却の仕方は難しい．したがって，点 2 の空気を点 3 まで冷却し，さらに点 4 まで冷却することにより $x_1 = 0.0051$ まで減湿する．その後，点 4 の空気を点 1 まで加熱する．

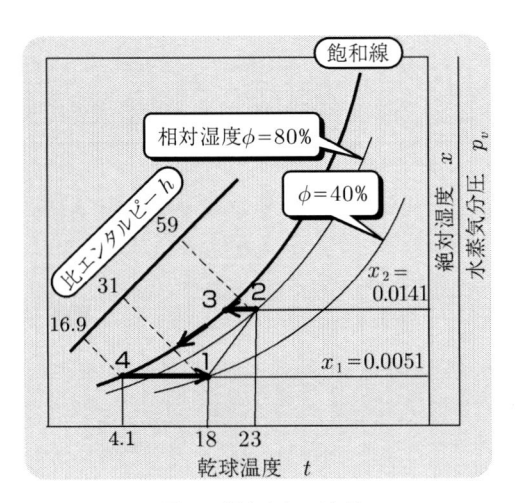

図 A 湿り空気の冷却

3.2 図 A において，点 4 のエンタルピーは 16.9 kJ/kg′．したがって，$h_2 - h_1 = 59 - 16.9 = 42.1$ kJ/kg′．

3.3 図 A において点 2 から点 1 に直接冷却できれば，冷却熱量が Q3.6 の加熱量と同じになるが，x_1 まで除湿するために点 4 まで冷却したためである．すなわち，点 4 から点 1 までの空気の加熱は $31 - 16.9 = 14.1$ kJ/kg′ であり，その分だけ冷却に必要な熱量が多くなる．

演習問題略解　**183**

冷却の仕方により熱量が変わることに注意されたい.

3.4　電気ストーブで電気エネルギーを熱エネルギーに変えて暖房を行う場合, これはエネルギー変換を行っているため, 効率は 1 を超えることができず電気エネルギー以上の熱エネルギーを得ることはできない. それに対して, ヒートポンプでは温度の低い外気からそれより温度の高い室内に熱エネルギーをくみ上げる, すなわち, エネルギー輸送を行っているので, 消費電力以上の暖房能力が得られる. たとえば, 図 3.29 に示したように, 燃焼一次エネルギーを 100% としたとき, 発電, 送電, 変電効率を 35%, 暖房 COP が 6.5 の場合, 暖房に利用できるエネルギーは 227% となる.

さらに, ヒートポンプは低温の熱源から熱エネルギーをくみ上げそれよりも温度の高い熱エネルギーに改質することができる. したがって, 大気中に無尽蔵に存在する熱エネルギーをヒートポンプにより利用可能な温度に改質することにより, 大気を再生可能エネルギーとして利用することができる.

3.5　過冷却のないサイクルは図 B のモリエ線図上の 1-2-3-4 であり, 蒸発器での冷凍効果は q_{e0} である. 過冷却をとるとサイクルは 1-2-3'-4' となるので, 蒸発器での冷凍効果は q_e となり $q_e > q_{e0}$ となる. また, 過冷却の有無にかかわらず, 圧縮機の圧縮仕事 q_c は変わらないため, 両者の COP はそれぞれ次のようになる. $\varepsilon_0 = q_{e0}/q_c$, $\varepsilon = q_e/q_c$. したがって, $q_e > q_{e0}$ であるから, $\varepsilon > \varepsilon_0$ となる.

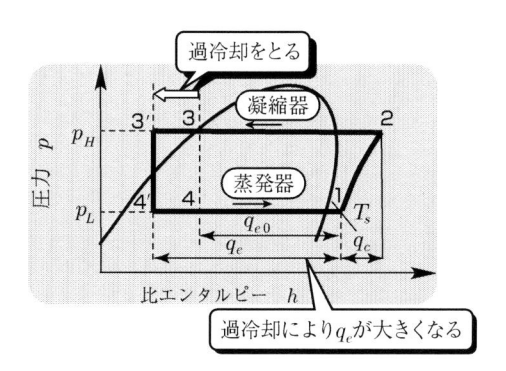

図 B　過冷却サイクル

第 4 章

4.1　図 4.4 において $T_1 = 460$ °C, $T_\text{out} = 25$ °C に対応しており, 各部分を通過する熱量は式 (4.20) を用いて, $Q = -A\lambda(T_2 - T_1)/L = A\alpha_\text{out}(T_2 - T_\text{out})$ となるから, T_2 を消去すると通過熱量は $Q = A(T_1 - T_\text{out})/(L/\lambda + 1/\alpha_\text{out})$ で表せる. したがって, 熱伝達率が 10 W/(m²·K) の場合 $Q = 1960$ W, $T_2 = 221$ °C, 熱伝達率が 40 W/(m²·K) の場合 $Q = 2960$ W, $T_2 = 99$ °C となる. 熱伝達率が増加すると通過熱量も増加する.

4.2 平板上を流れる空気のレイノルズ数を算出すると $Re = 1.3 \times 10^5$ となり，流れは層流状態である (式 (4.27) 参照)．したがって式 (4.43) より平均ヌッセルト数を求めると $Nu = 213.6$．平均熱伝達率は式 (4.43) の関係から求めると $\alpha = 7.42 \text{ W/(m}^2\cdot\text{K)}$ となる．平板から流体への熱量は $Q = A\alpha(T_w - T_\infty) = 142.5$ W となる．

4.3 式 (4.25) により管内流体から管外流体への熱量を求めることができ，$Q = 3528$ W を得る．ここで，伝熱抵抗のとくに小さい鋼管の熱伝導抵抗部分は移動熱量に与える影響が少ないことが確認できる．

4.4 題意より $Nu = 71.4$．円管内の無次元層流熱伝達率の式 (4.53) または図 4.9 から層流状態ではない．乱流における無次元熱伝達率の式 (4.55) を適用し，$Re = 16590$，$u_m = 0.15$ m/s，流量 $G_h = \rho u_m A = 0.183$ kg/s を得る．

4.5 高温水の熱容量流量 $c_{ph} G_h = 0.769$ kW/K．式 (4.58) から出口温度を算出する．熱量は演習問題 4.3 の結果を用いる．$T_{h2} = 75.4$ °C，$T_{c2} = 27.1$ °C．なお，両流体間平均温度差はこれらの結果を用いて再度計算し，これにもとづき，より正確な熱量と出口温度を求めることが重要であるが，ここでは考え方のみを示した．

参 考 文 献

第1章

[1] 池本幸信：冷凍, **73**, 854 (1998), pp.1089-1091.
[2] 柴沼俊：冷凍, **78**, 905 (2003), pp.170-176.
[3] 上田孝：冷凍, **72**, 835 (1997), pp.445-449.
[4] 高市侃：冷凍, **72**, 835 (1997), pp.450-458.
[5] 渡部康一：冷凍, **73**, 853 (1998), pp.961-967.
[6] 豊中俊之：冷凍, **73**, 853 (1998), pp.976-984.
[7] 藤原健一, 山中康司, 平田敏夫：冷凍, **73**, 853 (1998), pp.1009-1012.
[8] 足立知康, 萩田貴幸：冷凍, **77**, 893 (2002), pp.198-203.
[9] 片岡修身：冷凍, **73**, 854 (1998), pp.1066-1072.
[10] 稲葉英男：冷凍, **80**, 928 (2005), pp.79-87.
[11] 宮坂明男：冷凍, **80**, 928 (2005), pp.1092-1098.
[12] 大久保英敏：冷凍, **80**, 928 (2005), pp.95-99.
[13] 澁谷誠司：冷凍, **80**, 928 (2005), pp.121-125.
[14] 藤井石根：冷凍, **71**, 823 (1996), pp.469-475.
[15] 堀部明彦：冷凍, **71**, 823 (1996), pp.116-120.
[16] 野間口有：冷凍, **62**, 719 (1987), pp.937-943.
[17] 関谷弘志：冷凍, **73**, 853 (1998), pp.1029-1035.
[18] Noboru Kagawa：IIR (2000), pp.6-7.
[19] 香川澄：冷凍, **77**, 893 (2002), pp.247-253.

第2章

[20] 関信弘編：冷凍空調工学, 森北出版 (1990), p.92.
[21] 山本隆夫, 小津政雄：冷凍, **50**, 578 (1975), pp.960-965.
[22] 関信弘編：冷凍空調工学, 森北出版 (1990), p.97.
[23] 関信弘編：冷凍空調工学, 森北出版 (1990), p.111.
[24] 枷場重男, 植村正：冷凍, **36**, 405 (1961), p.630.
[25] 松村昭, 河本恭爾：冷凍, **39**, 443 (1964), p.12.
[26] 関信弘編：冷凍空調工学, 森北出版 (1990), p.128.
[27] 栗田忠四郎：熱電気工学, 啓学出版 (1973), p.205.
[28] 日本冷凍協会編：冷凍空調便覧 基礎編, 日本冷凍協会 (1981), p.51.
[29] 日本冷凍協会編：冷凍空調便覧 基礎編, 日本冷凍協会 (1981), p.58, 454, 460.

第3章

[30] 関信弘編：冷凍空調工学, 森北出版 (1990).
[31] 内田秀雄：湿り空気と冷却塔, 裳華房 (1972).

[32] 篠原正明, 篠崎暢幸：冷凍, **79**, 921(2004), p.546.
[33] 関信弘編：蓄熱工学 応用編, 森北出版 (1995), p.15.
[34] エアコンセンター AC：http://www.e-aircon.jp/ac-setsubi/ac-built.html.
[35] 高野憲康：冷凍, **80**, 929 (2005), p.187.
[36] 濱本芳徳：冷凍, **80**, 929 (2005), p.197.
[37] 得居卓司：冷凍, **80**, 929 (2005), p.203.
[38] 日立ホーム＆ライフソリューション㈱：ルームエアコン総合カタログ, 2005－秋冬.
[39] 赤嶺育雄, 沢田太助：冷凍, **79**, 925 (2004), p.832.
[40] 木幡至宏：冷凍, **80**, 938 (2005), p.1055.
[41] 藤井石根：日本機械学会誌, **107**, 1023 (2004), p104.
[42] 牛山泉：日本機械学会誌, **107**, 1023 (2004), p107.
[43] 橋田俊之：日本機械学会誌, **107**, 1023 (2004), p110.
[44] 益田光信：日本機械学会誌, **107**, 1023 (2004), p116.
[45] 矢田部隆志：冷凍, **80**, 935 (2005), p.750.
[46] 中曽康壽, 杉山明彦, 伊藤伸二：日本機械学会, 2005 年度年次大会講演論文集 Vol.3, p.301.
[47] 社団法人日本冷凍空調工業会, http://www.jraia.or.jp/statistic/index01.html.
[48] 榊原久介, 山本憲, 秋山訓孝, 小早川智明, 斎藤路之：冷凍, **77**, 896 (2002), p.470.
[49] 伊藤英樹：冷凍, **80**, 933 (2005), p.591.
[50] 今西正美：冷凍, **75**, 870 (2000), p.277.
[51] 松下電気産業：
http://panasonic.co.jp/corp/news/official.data/data.dir/jn060302-1/jn060302-1.html.
[52] 財団法人省エネルギーセンター：http://www.eccj.or.jp/strategy/3-matter.html.
[53] 関信弘編：蓄熱工学 応用編, 森北出版 (1995), p.20.
[54] 小早川智明：冷凍, **80**, 935 (2005), p.783.
[55] 関信弘編：低温環境利用技術ハンドブック, 森北出版 (2001), p17.
[56] 岩田博, 小暮博志：電気評論, 第 355 号, **80**, 6 (1995), p.75.
[57] 中山雅弘, 隅田嘉裕, 谷村佳昭：冷凍, **72**, 835 (1997), p.502.
[58] 矢嶋龍三郎：冷凍, **72**, 835 (1997), p.507.
[59] 関信弘編：低温環境利用技術ハンドブック, 森北出版 (2001), p19.
[60] G. Lorentzen, et al.: Int.J.Refrig., **16**, 1 (1993), p.4.
[61] 長澤敦氏：冷凍, **75**, 869 (2000), p.168.
[62] 日本経済新聞：2006 年 1 月 29 日.
[63] 野中正之：日本機械学会誌, **108**, 1045 (2005), p.940.
[64] 小国研作：2005 年度日本冷凍空調学会年次大会講演論文集, B201.
[65] 岩田博, 小森徹矢, 度会和孝, 鹿園直毅：第 40 回空気調和・冷凍連合講演会論文集 (2006.4), p.53.

第 4 章

[66] 日本機械学会編：伝熱工学資料 (改訂第 4 版), 日本機械学会 (1986), pp.314-329.
[67] 日本機械学会編：流体の熱物性値集, 日本機械学会 (2000), pp.59-191.
[68] H. A. Johnson and M. W. Rubesin：Trans. ASME, **71** (1949), pp.447-456.
[69] 甲藤好郎：伝熱概論, 養賢堂 (1969), p23.
[70] 日本機械学会編：伝熱工学資料 (改訂第 4 版), 日本機械学会 (1986), p.256.

図表の出典

[71] 冷凍サイクル計算プログラムソフト Ver.2, ㈳日本冷凍空調学会.
[72] ㈱前川製作所カタログ.
[73] 東京大学　内田研究室：(1978).
[74] 日立ホーム＆ライフソリューション㈱：ルームエアコン総合カタログ, 2005–秋冬.
[75] 内田秀雄：湿り空気と冷却塔, 裳華房, (1972), p.201.
[76] ㈱鷺宮製作所カタログ, (2006,9), 5 版.
[77] 数値データ出典：㈱日本冷凍空調工業会, http://www.jraia.or.jp/statistic/index01.html.

索 引

英 数

COP　9
GWP　137
ODP　137

あ 行

アイススラリー　30
アキュムレータ　77
圧縮機　10
圧縮効率　49
油分離器　75
安全弁　74
往復式圧縮機　45
オゾン層破壊　136
　──係数　137
温暖化係数　137
温度効率　169
温度自動膨張弁　70

か 行

解放形圧縮機　45
過熱　13
過冷却　13
乾き空気　105
乾球温度　108
機械効率　49
汽水分離器　19
機能性二次冷媒　30
逆転温度　100
キャピラリチューブ　72
吸収冷凍機　82
吸着冷凍機　82
吸入圧力調整弁　74
凝縮器　10
空気調和　104

空冷式凝縮器　57
グラスホフ数　163
クロウドサイクル　99
クロロフルオロカーボン　26
混合器　19
混合冷媒　28
コンパウンド圧縮機　47

さ 行

再生器　34
算術平均温度差　167
シェルアンドチューブ凝縮器　60
シェルアンドチューブ蒸発器　67
軸封装置　46
自然対流　162
自然冷媒　139
湿球温度　108
湿り空気　105
　──線図　112
受液器　76
シュミットサイクル　36
ジュール–トムソン効果　11, 99
蒸気圧縮式　8
状態量　1
蒸発圧力調整弁　74
蒸発器　10, 64
蒸発式凝縮器　63
除霜　77
水冷式凝縮器　60
スクリュー圧縮機　55
スクロール圧縮機　54
スターリングサイクル　9
成績係数　9
性能指数　97
絶対湿度　106

ゼーベック効果　94
全断熱効率　49
相対湿度　106

た　行

対数平均温度差　167
体積効率　47
多気筒冷凍機　47
ターボ冷凍機　78
断熱効率　49
暖房　117
地球温暖化　136
中間冷却　23
定圧膨張弁　71
ディスプレーサ　34
電磁弁　74
電子膨張弁　71
電動機　45
伝熱単位数　169

な　行

二元冷凍サイクル　15
二重管凝縮器　62
二次冷媒　29
二段圧縮冷凍サイクル　19
ニュートンの冷却法則　7
ヌッセルト数　158
熱交換器　164
熱通過率　152, 166
熱伝達率　7, 151
熱伝導　146
　── 率　6, 146

は　行

背圧　40
ハイドロクロロフルオロカーボン　26
ハイドロフルオロカーボン　26
ハーメティック型　41
パワーピストン　34
反密閉形圧縮機　46

比エンタルピー　2
比エントロピー　2
ピストン押しのけ量　47
ヒートポンプ　8, 128
フィンコイル蒸発器　67
フィン効率　173
不飽和空気　106
ブライン　29
プラントル数　157
フーリエの法則　6, 146
プレート式凝縮器　62
プレート式蒸発器　67
フロン　27
ペルチェ効果　94
ボイル–シャルルの法則　1
膨張弁　10, 70
飽和空気　106

ま　行

膜温度　159
密閉形圧縮機　46
モリエ線図　4, 11

や　行

容量制御　73

ら　行

理想気体　1
冷凍機　8
冷凍効果　12
冷凍サイクル　8
冷凍トン　10
冷凍能力　10
レイノルズ数　154
冷媒　8
　── 規制　137
冷房　117
ろ過乾燥器　76
ロータリー圧縮機　51
露点温度　108

著者略歴

平田 哲夫（ひらた・てつお）
- 1976年　北海道大学大学院工学研究科博士課程機械工学第二専攻単位取得退学
- 1977年　カナダ，アルバータ州立大学博士研究員
- 1994年　信州大学工学部教授
- 2012年　信州大学名誉教授
  現在に至る　工学博士（北海道大学）

岩田 博（いわた・ひろし）
- 1971年　北海道大学大学院工学研究科修士課程機械工学第二専攻修了
- 1971年　株式会社日立製作所入社
- 2002年　日立ホーム・アンド・ライフソリューション株式会社分社転属
- 2004年　日冷工業株式会社技術顧問
  現在に至る　工学博士（北海道大学）

田中 誠（たなか・まこと）
- 1975年　北海道大学大学院工学研究科博士課程機械工学第二専攻単位取得退学
- 1998年　通商産業省機械技術研究所研究室長
- 2001年　日本大学理工学部教授
- 2013年　日本大学理工学部特任教授
- 2015年　日本大学理工学部退職
  現在に至る　工学博士（北海道大学）

石川 正昭（いしかわ・まさあき）
- 1989年　東京大学大学院工学系研究科修士課程機械工学専攻修了
- 1997年　信州大学工学部助教授
- 2006年　三浦工業株式会社入社
  現在に至る　博士（工学）（東京大学）

西田 耕作（にしだ・こうさく）
- 1989年　信州大学大学院工学研究科修士課程機械工学専攻修了
- 1989年　石川島播磨重工業株式会社入社
- 1997年　株式会社前川製作所入社
  現在に至る　博士（工学）（信州大学）

基礎からの冷凍空調　　© 平田・岩田・田中・石川・西田　2007

2007年 4月 9日　第1版第1刷発行　【本書の無断転載を禁ず】
2025年 2月10日　第1版第6刷発行

著　者	平田哲夫・岩田　博・田中　誠・石川正昭・西田耕作
発行者	森北博巳
発行所	森北出版株式会社

東京都千代田区富士見1-4-11（〒102-0071）
電話 03-3265-8341 ／ FAX 03-3264-8709
https://www.morikita.co.jp/
日本書籍出版協会・自然科学書協会　会員
JCOPY　<（一社）出版者著作権管理機構 委託出版物>

落丁・乱丁本はお取替えいたします　　印刷・製本／ワコー

Printed in Japan ／ ISBN978-4-627-67311-3

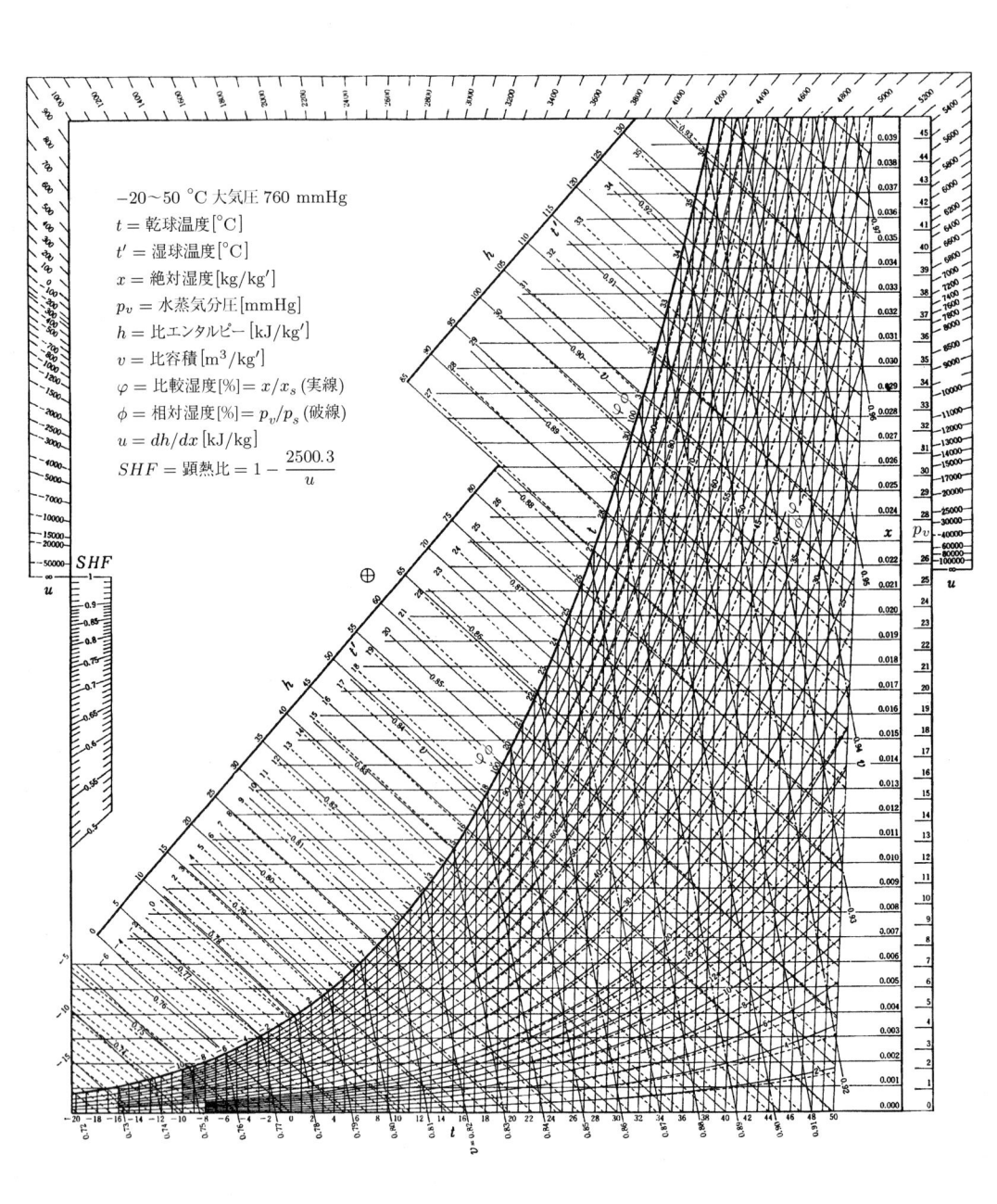

$-20 \sim 50$ °C 大気圧 760 mmHg
$t =$ 乾球温度 [°C]
$t' =$ 湿球温度 [°C]
$x =$ 絶対湿度 [kg/kg']
$p_v =$ 水蒸気分圧 [mmHg]
$h =$ 比エンタルピー [kJ/kg']
$v =$ 比容積 [m³/kg']
$\varphi =$ 比較湿度 [%] $= x/x_s$ (実線)
$\phi =$ 相対湿度 [%] $= p_v/p_s$ (破線)
$u = dh/dx$ [kJ/kg]
$SHF =$ 顕熱比 $= 1 - \dfrac{2500.3}{u}$